高 等 数 学

（上）

刘鹏飞　李仲庆　主　编
滕　飞　付　军　副主编

清华大学出版社
北　京

内 容 简 介

"高等数学"是高等院校的一门重要的基础理论课程。本书参照《高等数学课程教学基本要求》，并结合作者多年的教学实践和经验精心编写而成，并配有对应的《高等数学习题解析(上)》(ISBN:978-7-302-47810-2)。

本书共6章。第1章介绍了函数及其运算，数列极限、函数极限的定义与性质，无穷小量与无穷大量的概念与比较，函数的连续性与间断点；第2章介绍了导数的概念和求导法则，隐函数、参变量函数的导数，函数微分的概念和求微公式；第3章介绍了微分中值定理，洛必达法则，函数单调性、极值与最值问题，曲线的凹凸性与拐点；第4章介绍了不定积分的概念与性质，换元积分法和分部积分法；第5章介绍了定积分的概念、性质与应用，微积分基本公式，换元积分法和分部积分法，广义积分的概念与应用；第6章介绍了微分方程的基本概念，一阶微分方程、二阶微分方程。此外，根据章节的知识点内容，本书设置了节习题和总习题模块，便于学生巩固加深对知识点的认知与理解。

本书结构严谨、逻辑清晰、要点突出，既可作为普通高等院校各专业数学课程的教材，也可作为数学教育工作者的参考资料。

本书课件可能过网站 http://www.tupwk.com.cn/downpage 免费下载

图书在版编目(CIP)数据

高等数学.上／刘鹏飞，李仲庆　主编. —北京：清华大学出版社，2018 (2022.9重印)
ISBN 978-7-302-47529-3

Ⅰ.①高… Ⅱ.①刘… ②李… Ⅲ.①高等数学－高等学校－教材 Ⅳ.①O13

中国版本图书馆 CIP 数据核字(2017)第 140344 号

责任编辑： 王　定　程　琪
封面设计： 周晓亮
版式设计： 思创景点
责任校对： 曹　阳
责任印制： 宋　林

出版发行： 清华大学出版社
网　　址： http://www.tup.com.cn，http://www.wqbook.com
地　　址： 北京清华大学学研大厦A座　　**邮　　编：** 100084
社 总 机： 010-83470000　　**邮　　购：** 010-62786544
投稿与读者服务： 010-62776969，c-service@tup.tsinghua.edu.cn
质 量 反 馈： 010-62772015，zhiliang@tup.tsinghua.edu.cn
印 装 者： 三河市金元印装有限公司
经　　销： 全国新华书店
开　　本： 185mm×260mm　　**印　　张：** 13.25　　**字　　数：** 288千字
版　　次： 2018年1月第1版　　**印　　次：** 2022年9月第3次印刷
印　　数： 3501～4000
定　　价： 45.00元

产品编号：071017-01

前　　言

“高等数学”是高等院校的一门重要的基础理论课程。为了适应普通高等院校学生学习高等数学课程的需要，我们参照《高等数学课程教学基本要求》，并结合多年的教学实践和经验，精心组织编写了本套教材和相应的习题解析。

本套教材在编写过程中，力求结构严谨、逻辑清晰，尽可能以通俗易懂的语言介绍“高等数学”课程中最为基础的，也是最主要的知识点。同时也注重体现时代的特点，吸收了国内外同类教材的精华，本着打好基础、够用为度、服务专业、学以致用的原则，重视理论产生、发展及演变，加强应用，力争做到科学性、系统性和可行性的统一，使传授数学知识和培养数学素养得到较好的结合。期望读者通过学习能在较短时间内掌握“高等数学”课程的基本概念、基本原理、基本技能和基本方法，从而为学习其他基础课程和专业课程打下必要的基础。

本套教材包括如下书目：

《高等数学（上）》　ISBN：978-7-302-47529-3　定价：45.00 元

《高等数学习题解析（上）》　ISBN：978-7-302-47810-2　定价：45.00 元

《高等数学（下）》　ISBN：978-7-302-47530-9　定价：45.00 元

《高等数学习题解析（下）》　ISBN：978-7-302-47577-4　定价：45.00 元

本书为《高等数学（上）》，共有 6 章。第 1 章介绍了函数及其运算，数列极限、函数极限的定义与性质，无穷小量与无穷大量的概念与比较，函数的连续性与间断点；第 2 章介绍了导数的概念和求导法则，隐函数、参变量函数的导数，函数微分的概念和求微公式；第 3 章介绍了微分中值定理，洛必达法则，函数单调性、极值与最值问题，曲线的凹凸性与拐点；第 4 章介绍了不定积分的概念与性质，换元积分法和分部积分法；第 5 章介绍了定积分的概念、性质与应用，微积分基本公式，换元积分法和分部积分法，广义积分的概念与应用；第 6 章介绍了微分方程的基本概念，一阶微分方程、二阶微分方程。此外，根据章节的知识点内容，本书设置了节习题和总习题模块，便于读者巩固加深对知识点的认知与理解。

本书可以作为普通高等院校各专业基础课教材，以及其他数学教育工作者的参考资料。

在编写本书过程中，我们参阅并应用了国内外学者的有关著作和论述，并从中受到了启迪，特向他们表示诚挚的谢意!

由于编者水平有限，书中难免有不妥之处，恳请同行、专家及读者指正。

编者著

2017 年 8 月

前 言

目　　录

第1章　函数、极限与连续

高等数学研究的主要对象是定义在实数集上的函数．函数关系是指变量之间的依赖关系．极限是研究高等数学的基本工具．函数与极限几乎贯穿于整个高等数学始终．本章着重介绍函数、极限、连续等微积分的基本概念.

1.1　函　　数

1.1.1　函数及其运算

1. 函数的概念

定义 1.1.1　设数集 $D\subset\mathbf{R}$，则称映射 $f: D\to\mathbf{R}$ 为定义在 D 上的函数，简记为

$$y=f(x),\quad x\in D.$$

其中，x 称为自变量；y 称为因变量；D 称为这个函数的定义域，记作 D_f，即 $D_f=D$；函数值 $f(x)$ 的全体组成的集合称为 f 的值域，记为 R_f 或 $f(D)$，即 $R_f=f(D)=\{y: y=f(x),\ x\in D\}$.

例 1.1.1　绝对值函数

$$y=|x|=\begin{cases}-x, & x<0,\\ x, & x\geqslant 0\end{cases}$$

的定义域 $D=\mathbf{R}$，值域 $R_f=[0,+\infty)$.

例 1.1.2　符号函数

$$y=\operatorname{sgn}x=\begin{cases}-1, & x<0,\\ 0, & x=0,\\ 1, & x>0\end{cases}$$

的定义域 $D=\mathbf{R}$，值域 $R_f=\{-1,0,1\}$.

符号函数与绝对值函数有如下关系：

$$|x|=x(\operatorname{sgn}x),\quad x=|x|\operatorname{sgn}x.$$

例 1.1.3 设 $x\in\mathbf{R}$，称不超过 x 的最大整数为 x 的整数部分，记为 $[x]$.

例如，

$$\left[\frac{6}{7}\right]=0，[\sqrt{3}]=1，[-3.4]=-4$$

注 1.1.1 若 $x>0$，则称 $x-[x]$ 为 x 的小数部分．容易证明

$$0\leqslant x-[x]<1 \text{ 或 } x-1<[x]\leqslant x.$$

注 1.1.2 若把 x 看作变量，则 $y=[x]$ 称为取整函数.

2. 反函数与复合函数

定义 1.1.2 设函数 $y=f(x)$，$x\in D$ 满足：对于值域 $f(D)$ 中的每一个值 y，在 D 中有且只有一个值 x 使得 $f(x)=y$，则按此对应法则得到一个定义在 $f(D)$ 上的函数，称这个函数为 f 的反函数，记作

$$x=f^{-1}(y)，y\in f(D).$$

注 1.1.3 反函数 f^{-1} 的对应法则是完全由函数 f 的对应法则所确定的．f 与 f^{-1} 互为反函数，并且有

$$f^{-1}(f(x))=x，x\in D,$$
$$f(f^{-1}(y))=y，y\in f(D).$$

定义 1.1.3 设函数 $y=f(u)$ 的定义域为 D_f，函数 $u=g(x)$ 的定义域为 D_g，且其值域 $R_g\subset D_f$，则由

$$y=f[g(x)]，x\in D_g$$

确定的函数，称为由函数 $u=g(x)$ 与函数 $y=f(u)$ 所构成的复合函数，记为 $f\circ g$，即

$$(f\circ g)(x)=f[g(x)].$$

它的定义域为 D_g，变量 u 称为中间变量.

g 与 f 构成复合函数 $f\circ g$ 的条件是：函数 g 在 D 上的值域 $g(D)$ 必须包含于 f 的定义域 D_f 内，即 $g(D)\subset D_f$．否则不能构成复合函数.

例 1.1.4 $y=f(u)=\arcsin u$ 的定义域为 $[-1，1]$，$u=g(x)=\sqrt{1-x^2}$ 在 $D=[-1，1]$ 上有定义，且 $g(D)=[0，1]\subset[-1，1]$，则 g 与 f 可构成复合函数

$$y=\arcsin\sqrt{1-x^2}，x\in[-1，1].$$

3. 函数的运算

给定两个函数 $f(x)$，$x\in D_f$ 和 $g(x)$，$x\in D_g$．记 $D=D_f\cap D_g\neq\varnothing$，我们定义这两个函数的下列运算：

和(差) $f\pm g$：$(f\pm g)(x)=f(x)\pm g(x)$，$x\in D$；

积 $f\cdot g$：$(f\cdot g)(x)=f(x)\cdot g(x)$，$x\in D$；

商 $\dfrac{f}{g}$：$\left(\dfrac{f}{g}\right)(x)=\dfrac{f(x)}{g(x)}$，$x\in D-\{x:g(x)=0，x\in D\}$.

4. 初等函数

在中学数学中，读者已经熟悉下面六类函数.

(1) 常值函数：$y=C$，C 为常数.

(2) 幂函数：$y=x^{\mu}$，$\mu\in\mathbf{R}$ 是常数.

(3) 指数函数：$y=a^{x}$，$a>0$ 且 $a\neq 1$.

(4) 对数函数：$y=\log_{a}x$，$a>0$ 且 $a\neq 1$. 特别地，当 $a=\mathrm{e}$ 时，记为 $y=\ln x$.

(5) 三角函数：$y=\sin x$，$y=\cos x$，$y=\tan x$，$y=\cot x$，$y=\sec x$，$y=\csc x$.

(6) 反三角函数：$y=\arcsin x$，$y=\arccos x$，$y=\arctan x$，$y=\operatorname{arccot} x$.

这六类函数称为基本初等函数.

定义 1.1.4 由基本初等函数经过有限次的四则运算和有限次的函数复合所得到的函数，称为初等函数.

例如，$y=\sqrt{10-x^3}$，$y=\cos 2x$，$y=\ln(1+x^2)+\sin^2 x$ 等都是初等函数．又如，

双曲正弦函数：$\operatorname{sh}x=\dfrac{\mathrm{e}^x-\mathrm{e}^{-x}}{2}$；双曲余弦函数：$\operatorname{ch}x=\dfrac{\mathrm{e}^x+\mathrm{e}^{-x}}{2}$；

双曲正切函数：$\operatorname{th}x=\dfrac{\operatorname{sh}x}{\operatorname{ch}x}=\dfrac{\mathrm{e}^x-\mathrm{e}^{-x}}{\mathrm{e}^x+\mathrm{e}^{-x}}$；双曲余切函数：$\operatorname{coth}x=\dfrac{\operatorname{ch}x}{\operatorname{sh}x}$.

这些双曲函数也是初等函数.

1.1.2 具有某些特性的函数

1. 有界函数

定义 1.1.5 设函数 $f(x)$的定义域为 D.

若存在数 M_1，使得对任一 $x\in D$，有 $f(x)\leqslant M_1$，则称函数 $f(x)$为 D 上的有上界函数，称 M_1 为函数 $f(x)$在 D 上的一个上界.

若存在数 M_2，使得对任一 $x\in D$，有 $f(x)\geqslant M_2$，则称函数 $f(x)$为 D 上的有下界函数，称 M_2 为函数 $f(x)$在 D 上的一个下界.

若存在 $M>0$，使得对任一 $x\in D$ 有

$$|f(x)|\leqslant M, \tag{1.1.1}$$

则称函数 $f(x)$在 D 上有界，$f(x)$是 D 上的有界函数．如果这样的 M 不存在，则称函数$f(x)$在 D 上无界，此时也就是说对任何 $G>0$，总存在 $x\in D$，使得$|f(x)|>G$.

注 1.1.4 $f(x)$在 D 上有界等价于 $f(x)$在 D 上既有上界又有下界.

式(1.1.1)的几何意义：如果 $f(x)$是 D 上的有界函数，那么其图像介于直线 $y=M$ 和 $y=-M$ 之间.

例 1.1.5 函数 $f(x)=\cos 2017x$ 是实数集 $\mathbf{R}$ 上的有界函数．这是因为对任意的 $x\in\mathbf{R}$，都有$|\cos 2017x|\leqslant 1$.

2. 单调函数

定义 1.1.6 设函数 $f(x)$定义在区间 D 上．如果对任意的 x_1，$x_2 \in D$，当 $x_1 < x_2$ 时，恒有

$$f(x_1) \leqslant f(x_2),$$

那么称 $f(x)$是 D 上的**增函数**．如果对任意的 x_1，$x_2 \in D$，当 $x_1 < x_2$ 时，恒有

$$f(x_1) \geqslant f(x_2),$$

那么称 $f(x)$是 D 上的**减函数**．增函数与减函数统称为**单调函数**．

注 1.1.5 特别地，在增函数的定义中，当成立严格不等式 $f(x_1) < f(x_2)$时，我们称 $f(x)$是区间 D 上的**严格增函数**．严格减函数的定义类似可写出．

注 1.1.6 函数的单调性与区间有关．例如，函数 $y=-x^2$ 在区间$(-\infty, 0]$上是单调增加的，在区间$[0, +\infty)$上是单调减少的，但是它在$(-\infty, +\infty)$上不是单调的．

3. 奇函数与偶函数

定义 1.1.7 设函数 $f(x)$的定义域 D 关于原点对称．

若对于任一 $x \in D$ 有

$$f(-x)=-f(x),$$

则称 $f(x)$为 D 上的**奇函数**．奇函数的图形关于原点对称．

若对于任一 $x \in D$，有

$$f(-x)=f(x),$$

则称 $f(x)$为 D 上的**偶函数**．偶函数的图形关于 y 轴对称．

例 1.1.6 $y=|x|$，$y=\cos x$ 都是 $\mathbf{R}$ 上的偶函数．

$y=x$，$y=\sin x$ 都是 $\mathbf{R}$ 上的奇函数．

$y=\sin x-\cos x$ 是非奇非偶函数．

4. 周期函数

定义 1.1.8 设函数 $f(x)$的定义域为 D. 如果存在一个正数 T，使得对于任一 $x \in D$，有 $x \pm T \in D$，并且有

$$f(x \pm T)=f(x),$$

则称 $f(x)$为**周期函数**，T 称为 $f(x)$的一个周期．通常我们说的周期是指最小正周期．

注 1.1.7 并不是每个周期函数都有最小正周期．例如，常值函数 $f(x)=C$ 是以任何正数为周期的函数．狄里克雷(Dirichlet)函数

$$D(x)=\begin{cases}1, & \text{当 } x \text{ 为有理数}, \\ 0, & \text{当 } x \text{ 为无理数}\end{cases}$$

是周期函数，但是它没有最小正周期．

习题 1.1

1. 求下列函数的定义域：

(1) $y=\sqrt{2018x-1}$；

(2) $y=\dfrac{1}{4-x^2}$；

(3) $y=\dfrac{1}{x}+\sqrt{1-x^2}$；

(4) $y=\dfrac{1}{\sqrt{1-x^2}}$；

(5) $y=\cos\sqrt{x}$；

(6) $y=\tan(x-1)$；

(7) $y=\arcsin(x-1)$；

(8) $y=\sqrt{1-x}+\arctan\dfrac{1}{x}$；

(9) $y=\ln(1+x^2)$；

(10) $y=e^{\frac{1}{x^2}}$；

(11) $y=\sqrt{x-2}+\dfrac{1}{x-3}+\dfrac{1}{\lg(5-x)}$；

(12) $y=\arcsin\dfrac{x-1}{2}+\dfrac{1}{\sqrt{x^2-x-2}}$；

(13) $y=2^{\frac{1}{x}}+\arccos\ln\sqrt{1-x}$；

(14) $y=\begin{cases}x^2+3, & x<0,\\ \lg x, & x>0;\end{cases}$

(15) $y=e^{\frac{1}{\sqrt{x}}}+\dfrac{1}{1-\ln x}$；

(16) 已知 $y=f(x)$的定义域是$[0,1]$，求下列函数的定义域：

① $f(x-4)$；

② $f(\lg x)$.

2. 下列各题中，函数 $f(x)$和 $g(x)$是否相同？为什么？

(1) $f(x)=\lg x^2$，$g(x)=2\lg x$；

(2) $f(x)=x$，$g(x)=\sqrt{x^2}$；

(3) $f(x)=\sqrt[3]{x^4-x^3}$，$g(x)=x\sqrt[3]{x-1}$；

(4) $f(x)=1$，$g(x)=\sec^2x-\tan^2x$.

3. 求下列函数的解析式：

(1) 设 $f(x)=\dfrac{1-x}{1+x}$，求 $f(x+1)$与 $f\left(\dfrac{1}{x}\right)$；

(2) 设 $f\left(x+\dfrac{1}{x}\right)=x^2+\dfrac{1}{1+x^2}$，求 $f(x-1)$；

(3) 设 $f\left(x-\dfrac{1}{x}\right)=\dfrac{x^2}{1+x^4}$，求 $f(x)$.

4. 讨论下列函数的奇偶性：

(1) $f(x)=\dfrac{\sin x}{x}+\cos x$；

(2) $f(x)=x\sqrt{x^2-1}+\tan x$；

(3) $f(x)=x(1-x)$； (4) $f(x)=\ln(\sqrt{x^2+1}-x)$.

5. 下列各函数中哪些是周期函数？对于周期函数，指出其周期.

(1) $y=\cos(x-2)$； (2) $y=\cos 4x$；

(3) $y=1+\sin\pi x$； (4) $y=x\cos x$；

(5) $y=\sin^2 x$.

6. 求下列函数的反函数：

(1) $y=\sqrt[3]{x+1}$； (2) $y=\dfrac{1-x}{1+x}$；

(3) $y=\dfrac{ax+b}{cx+d}$ $(ad-bc\neq 0)$； (4) $y=2\sin 3x$；

(5) $y=1+\ln(x+2)$； (6) $y=\dfrac{2^x}{2^x+1}$.

7. 指出下列各函数是由哪些基本初等函数复合而成：

(1) $y=\ln\sin^2 x$； (2) $y=5^{\cos\sqrt{x}}$；

(3) $y=\arctan e^{\frac{1}{x}}$； (4) $y=\cos^2(\ln x)$.

8. 求下列复合函数：

(1) 设 $f(x)=\begin{cases}\sqrt{1-x^2}, & |x|<1,\\ x^2+1, & |x|\geqslant 1,\end{cases}$ 求 $f[f(x)]$.

(2) 设 $f(x)=\begin{cases}1, & |x|<1,\\ 0, & |x|=1,\\ -1, & |x|>1,\end{cases}$ $g(x)=e^x$，求 $f[g(x)]$和 $g[f(x)]$.

9. 分别就 $a=2$，$a=\dfrac{1}{2}$，$a=-2$ 讨论 $y=\lg(a-\sin x)$是不是复合函数. 如果是，求其定义域.

10. 设 $f(x)=\begin{cases}1-x, & x\leqslant 0,\\ x+2, & x>0;\end{cases}$ $g(x)=\begin{cases}x^2, & x<0,\\ -x, & x\geqslant 0.\end{cases}$ 求 $f[g(x)]$.

11. 设 $f(x+2)=2^{x^2+4x}-x$，求 $f(x-2)$.

12. 设 $\varphi(x)=\begin{cases}1, & |x|\leqslant 1,\\ 0, & |x|>1;\end{cases}$ $\psi(x)=\begin{cases}2-x^2, & |x|\leqslant 1,\\ 2, & |x|>1.\end{cases}$ 求 $\varphi[\varphi(x)]$，$\varphi[\psi(x)]$.

1.2 数列极限

我国古代哲学家庄周所著的《庄子·天下篇》引用过“一尺之棰，日取其半，万世不竭”，其含义是：一根长为一尺的木棒，每天截取一半，这样的过程可以无限地进行下去．它包含了朴素的极限思想．在整个高等数学中，极限占据着重要地位．本节和下面的1.3节，我们分别关注数列的极限和函数的极限.

1.2.1 数列极限的 ε-N 语言

1. 数列的定义

若函数 f 的定义域为全体正整数集合 $\mathbf{N}_+$，则称函数

$$f(n),\ n\in\mathbf{N}_+$$

为数列．因 $\mathbf{N}_+$ 的元素可按从小到大的顺序排列，故数列 $f(n)$ 也可写作

$$x_1,\ x_2,\ \cdots,\ x_n,\ \cdots$$

或者简记为 $\{x_n\}$，其中 x_n 称为该数列的一般项或通项.

例如，

$$\left\{\frac{1}{n}\right\}:\ 1,\ \frac{1}{2},\ \frac{1}{3},\ \cdots,\ \frac{1}{n},\ \cdots$$

$$\left\{\frac{(-1)^n}{n}\right\}:\ -1,\ \frac{1}{2},\ -\frac{1}{3},\ \cdots,\ \frac{(-1)^n}{n},\ \cdots$$

$$\{3^n\}:\ 3,\ 9,\ 27,\ \cdots,\ 3^n,\ \cdots$$

$$\left\{\frac{1}{3^n}\right\}:\ \frac{1}{3},\ \frac{1}{9},\ \frac{1}{27},\ \cdots,\ \frac{1}{3^n},\ \cdots$$

它们的一般项依次为 $\frac{1}{n}$，$\frac{(-1)^n}{n}$，3^n，$\frac{1}{3^n}$.

2. 数列极限的通俗定义（不精确）

对于数列 $\{x_n\}$，如果当 n 无限增大时，数列的一般项 x_n 无限地接近于某一确定的数值 a，则称常数 a 是数列 $\{x_n\}$ 的极限，或称数列 $\{x_n\}$ 收敛于 a.

3. 数列极限的精确定义（ε-N 语言）

定义 1.2.1 设 $\{x_n\}$ 为一数列，a 为定值．如果对任意给定的 $\varepsilon>0$，总存在正整数 N，使得当 $n>N$ 时有

$$|x_n-a|<\varepsilon.$$

则称数列 $\{x_n\}$ 收敛于 a，定值 a 是数列 $\{x_n\}$ 的极限，记为

$$\lim_{n\to\infty}x_n=a \text{ 或 } x_n\to a(n\to\infty).$$

上述数列极限的 **ε-N** 语言可以简写为

$$\lim_{n\to\infty}x_n=a\Leftrightarrow\forall\varepsilon>0,\ \exists N\in\mathbf{N}_+,\text{ 当 } n>N \text{ 时, 有 } |x_n-a|<\varepsilon.$$

其中，记号∀表示“对任意的”“对每一个”，∃表示“总存在”.

如果数列$\{x_n\}$没有极限，就说数列$\{x_n\}$不收敛，或称$\{x_n\}$是**发散数列**.

例 1.2.1 证明$\lim\limits_{n\to\infty}\dfrac{(-1)^n}{n}=0$.

分析 $|x_n-0|=\left|\dfrac{(-1)^n}{n}-0\right|=\dfrac{1}{n}$. $\forall\varepsilon>0$，要使$|x_n-0|<\varepsilon$，需要$\dfrac{1}{n}<\varepsilon$，即 $n>\dfrac{1}{\varepsilon}$.

证明 $\forall\varepsilon>0$，只要取 $N=\left[\dfrac{1}{\varepsilon}\right]\in\mathbf{N}_+$，则当 $n>N$ 时，便有

$$|x_n-0|=\left|\frac{(-1)^n}{n}-0\right|=\frac{1}{n}<\varepsilon.$$

这样就证明了$\lim\limits_{n\to\infty}\dfrac{(-1)^n}{n}=0$.

例 1.2.2 设 $0<|q|<1$，证明$\lim\limits_{n\to\infty}q^{n-1}=0$.

分析 要使

$$|x_n-0|=|q^{n-1}-0|=|q|^{n-1}<\varepsilon,$$

只要 $n>\log_{|q|}\varepsilon+1$ 就可以了，故可取 $N=[\log_{|q|}\varepsilon+1]$.

证明 对于任意给定的 $\varepsilon>0$，只要取 $N=[\log_{|q|}\varepsilon+1]$，则当 $n>N$ 时，就有

$$|q^{n-1}-0|=|q|^{n-1}<\varepsilon.$$

这样就有$\lim\limits_{n\to\infty}q^{n-1}=0$.

1.2.2 收敛数列的性质

定理 1.2.1(唯一性) 如果数列$\{x_n\}$收敛，那么它的极限唯一.

证明(反证法) 假设同时有$\lim\limits_{n\to\infty}x_n=a$ 及$\lim\limits_{n\to\infty}x_n=b$，且 $a<b$，按数列极限的定义，对于 $\varepsilon=\dfrac{b-a}{2}>0$，存在充分大的正整数 N，使得当 $n>N$ 时，有

$$|x_n-a|<\varepsilon=\frac{b-a}{2}$$

及

$$|x_n-b|<\varepsilon=\frac{b-a}{2}.$$

因此同时有

$$x_n<\frac{a+b}{2} \text{ 及 } x_n>\frac{a+b}{2}.$$

这是不可能的．所以只能有 $a=b$.

对于数列$\{x_n\}$，如果存在$M>0$，使得对一切正整数n都有

$$|x_n|\leqslant M.$$

则称数列$\{x_n\}$是有界的．如果这样的正数M不存在，就说数列$\{x_n\}$是无界的．

例如，数列$\{(-1)^n\}$是有界的．因为可取$M=1$，则对一切正整数n都有

$$|(-1)^n|\leqslant 1.$$

定理 1.2.2(有界性)　如果数列$\{x_n\}$收敛，那么数列$\{x_n\}$一定有界．

证明　设$x_n\to a(n\to\infty)$．根据数列极限的定义，对于$\varepsilon=1$，存在正整数N，对一切$n>N$，有

$$|x_n-a|<\varepsilon=1,$$

于是当$n>N$时有

$$|x_n|=|x_n-a+a|\leqslant|x_n-a|+|a|<1+|a|,$$

记

$$M=\max\{1+|a|,\ |x_1|,\ |x_2|,\ \cdots,\ |x_N|\},$$

则对一切正整数n都有

$$|x_n|\leqslant M.$$

这就证明了数列$\{x_n\}$是有界的．

注 1.2.1　若数列$\{x_n\}$无界，则$\{x_n\}$必发散．这是定理 1.2.2 的逆否命题．

定理 1.2.3(保号性)　如果$\lim\limits_{n\to\infty}x_n=a$，且$a>0$(或$a<0$)，那么存在正整数$N$，使得当$n>N$时有$x_n>0$(或$x_n<0$)．

证明　设$a>0$（$a<0$的情形可类似证明)，由数列极限的定义，对于$\varepsilon=\frac{a}{2}>0$，存在正整数$N$，使得当$n>N$时，有

$$|x_n-a|<\frac{a}{2},$$

从而

$$x_n>a-\frac{a}{2}=\frac{a}{2}>0.$$

推论 1.2.1　如果数列$\{x_n\}$从某项起有$x_n\geqslant 0$(或$x_n\leqslant 0$)，且数列$\{x_n\}$收敛于a，那么$a\geqslant 0$(或$a\leqslant 0$)．

证明　设$x_n\geqslant 0$($x_n\leqslant 0$的情形可类似证明)，数列$\{x_n\}$从N_1项起，即当$n>N_1$时，有$x_n\geqslant 0$，现在用反证法证明．倘若$a<0$，则由定理 1.2.3 知，存在正整数N_2，当$n>N_2$时，有$x_n<0$，取$N=\max\{N_1,\ N_2\}$，当$n>N$时，按假定有$x_n\geqslant 0$，但是按定理 1.2.3 有$x_n<0$，这引起矛盾．所以必有$a\geqslant 0$．

接下来我们给出一个数列极限的存在准则．

定理 1.2.4(夹挤原理)　如果数列$\{x_n\}$，$\{y_n\}$及$\{z_n\}$满足下列条件：

(1) 从某项起，即 $\exists n_0\in\mathbf{N}_+$，当 $n>n_0$ 时，有 $y_n\leqslant x_n\leqslant z_n$；

(2) $\lim\limits_{n\to\infty}y_n=a$，$\lim\limits_{n\to\infty}z_n=a$.

那么数列$\{x_n\}$的极限存在，且$\lim\limits_{n\to\infty}x_n=a$.

在数列$\{x_n\}$中任意抽取无限多项并保持这些项在原数列中的先后次序，这样得到的一个数列称为原数列$\{x_n\}$的**子数列**.

定理 1.2.5 (收敛数列与其子数列间的关系) 如果数列$\{x_n\}$收敛于 a，那么它的任一子数列也收敛，且极限也是 a.

证明 设数列$\{x_{n_k}\}$是数列$\{x_n\}$的任一子数列．因为数列$\{x_n\}$收敛于 a，所以 $\forall\varepsilon>0$，存在正整数 N，当 $n>N$ 时，有$|x_n-a|<\varepsilon$，取 $K=N$，则当 $k>K$ 时，$n_k>n_K=n_N\geqslant N$. 于是$|x_{n_k}-a|<\varepsilon$.

注 1.2.2 如果数列$\{x_n\}$有两个子数列收敛于不同的极限，那么数列$\{x_n\}$发散.

注 1.2.3 有界的数列不一定收敛．例如，$\{(-1)^n\}$是有界的但却是发散的．这是因为它的奇数子列收敛于-1，但是其偶数子列收敛于 1.

注 1.2.4 若数列$\{x_n\}$的奇数子列和偶数子列均收敛于 a，则数列$\{x_n\}$收敛于 a.

最后我们给出数列极限的四则运算法则.

定理 1.2.6 (四则运算法则) 设有数列$\{x_n\}$和$\{y_n\}$，如果

$$\lim_{n\to\infty}x_n=A,\ \lim_{n\to\infty}y_n=B,$$

那么$\{x_n\pm y_n\}$，$\{x_n\cdot y_n\}$也都是收敛数列，且有

$$\lim_{n\to\infty}(x_n\pm y_n)=\lim_{n\to\infty}x_n\pm\lim_{n\to\infty}y_n=A\pm B,$$

$$\lim_{n\to\infty}(x_n\cdot y_n)=\lim_{n\to\infty}x_n\cdot\lim_{n\to\infty}y_n=A\cdot B.$$

当 $y_n\neq0(n=1,2,\cdots)$且 $B\neq0$ 时，$\left\{\dfrac{x_n}{y_n}\right\}$也是收敛数列，且有

$$\lim_{n\to\infty}\frac{x_n}{y_n}=\frac{\lim\limits_{n\to\infty}x_n}{\lim\limits_{n\to\infty}y_n}=\frac{A}{B}.$$

习题 1.2

1. 观察如下数列$\{x_n\}$的变化趋势，写出它们的极限：

(1) $x_n=\dfrac{1}{2^n}$；　　(2) $x_n=(-1)^n\dfrac{1}{n^2}$；

(3) $x_n=2+\dfrac{1}{n}$；　　(4) $x_n=\dfrac{n-1}{n+1}$；

(5) $x_n=n\cdot(-1)^n$.

2. 用数列极限的定义验证：

(1) $\lim\limits_{n\to\infty}\frac{n+1}{2n+1}=\frac{1}{2}$；　　(2) $\lim\limits_{n\to\infty}(\sqrt{n+1}-\sqrt{n})=0$；

(3) $\lim\limits_{n\to\infty}\frac{\sqrt{n^2+1}}{n}=1$；　　(4) $\lim\limits_{n\to\infty}\frac{n^2-2}{n^2+n+1}=1$.

3. 根据数列极限的定义证明：

(1) $\lim\limits_{n\to\infty}\frac{1}{n^2}=0$；　　(2) $\lim\limits_{n\to\infty}\frac{3n+1}{2n+1}=\frac{3}{2}$；

(3) $\lim\limits_{n\to\infty}\frac{\sqrt{n^2+a^2}}{n}=1$.

4. 设 $x_n=1+\frac{1}{1+2}+\frac{1}{1+2+3}+\cdots+\frac{1}{1+2+\cdots+n}$，求$\lim\limits_{n\to\infty}x_n$.

5. 求极限$\lim\limits_{n\to\infty}\sqrt[n]{1+\frac{1}{2}+\frac{1}{3}+\cdots+\frac{1}{n}}$.

1.3 函数的极限

1.2 节给出了数列极限的定义及其性质，事实上数列可以看作是一类特殊的、定义在正整数集上的函数．本节研究函数的极限，首先需要了解邻域及去心邻域的相关概念．

以点 x_0 为中心的任何开区间称为点 x_0 的邻域，记作 $U(x_0)$．

在 $U(x_0)$ 中去掉中心 x_0 后，称为点 x_0 的去心邻域，记作 $\mathring{U}(x_0)$．

设 δ 是一正数，则称开区间 $(x_0-\delta, x_0+\delta)$ 为点 x_0 的 **δ 邻域**，记作 $U(x_0, \delta)$，即

$$U(x_0, \delta)=\{x: |x-x_0|<\delta\}=(x_0-\delta, x_0+\delta).$$

其中点 x_0 称为邻域的中心，δ 称为邻域的半径．

在 $U(x_0, \delta)$ 中去掉中心 x_0 后，称为点 x_0 的去心 δ 邻域，记作 $\mathring{U}(x_0, \delta)$，即

$$\mathring{U}(x_0, \delta)=\{x: 0<|x-x_0|<\delta\}=(x_0-\delta, x_0)\cup(x_0, x_0+\delta).$$

$U_+(x_0)$ 表示点 x_0 的右邻域；$U_-(x_0)$ 表示点 x_0 的左邻域．

$U_+(x_0, \delta)=[x_0, x_0+\delta)$ 表示点 x_0 的 δ 右邻域；$U_-(x_0, \delta)=(x_0-\delta, x_0]$ 表示点 x_0 的 δ 左邻域．

$U_+(x_0, \delta)$ 与 $U_-(x_0, \delta)$ 去除点 x_0 后，分别称为点 x_0 的 δ 右、左去心邻域，分别记为 $\mathring{U}_+(x_0, \delta)$ 与 $\mathring{U}_-(x_0, \delta)$，即

$$\mathring{U}_+(x_0, \delta)=(x_0, x_0+\delta);\ \mathring{U}_-(x_0, \delta)=(x_0-\delta, x_0).$$

1.3.1 函数极限的定义

1. 自变量趋于有限值时函数的极限

定义 1.3.1 设函数 $f(x)$ 在某 $\mathring{U}(x_0)$ 内有定义，A 为常数．如果对任给的 $\varepsilon>0$，总存在正数 δ，使得当 $0<|x-x_0|<\delta$ 时，有

$$|f(x)-A|<\varepsilon,$$

则称 $f(x)$ 当 $x\to x_0$ 时以 A 为极限，常数 A 就叫做函数 $f(x)$ 当 $x\to x_0$ 时的极限，记为

$$\lim_{x\to x_0} f(x)=A \text{ 或 } f(x)\to A(x\to x_0).$$

上述定义称为函数极限的 ε-δ 语言，可简写为

$$\lim_{x\to x_0} f(x)=A \Leftrightarrow \forall\varepsilon>0, \exists\delta>0, \text{当 } 0<|x-x_0|<\delta \text{ 时}, |f(x)-A|<\varepsilon.$$

注 1.3.1 $f(x)$ 在 x_0 点有无极限与 $f(x)$ 在 x_0 点有无定义没有关系．

注 1.3.2 $x\to x_0$ 指 x 沿数轴以各种方式趋于 x_0（从左、从右、左右同时）．

例 1.3.1　证明$\lim\limits_{x\to x_0}c=c$.

证明　因为$\forall\varepsilon>0$，可任取$\delta>0$，当$0<|x-x_0|<\delta$时，有

$$|f(x)-A|=|c-c|=0<\varepsilon,$$

所以$\lim\limits_{x\to x_0}c=c$.

例 1.3.2　证明$\lim\limits_{x\to x_0}x=x_0$.

分析　$|f(x)-A|=|x-x_0|$，因此$\forall\varepsilon>0$，要使$|f(x)-A|<\varepsilon$，只要$|x-x_0|<\varepsilon$.

证明　因为$\forall\varepsilon>0$，可取$\delta=\varepsilon$，当$0<|x-x_0|<\delta$时，有

$$|f(x)-A|=|x-x_0|<\varepsilon.$$

所以$\lim\limits_{x\to x_0}x=x_0$.

2. 单侧极限

引入记号$x\to x_0^-$表示x仅从x_0左侧趋于x_0；$x\to x_0^+$表示x仅从x_0右侧趋于x_0.

若当$x\to x_0^-$时，$f(x)$无限接近于某常数A，则常数A叫做函数$f(x)$当$x\to x_0$时的左极限，记为$\lim\limits_{x\to x_0^-}f(x)=A$或$f(x_0^-)=A$.

若当$x\to x_0^+$时，$f(x)$无限接近于某常数A，则常数A叫做函数$f(x)$当$x\to x_0$时的右极限，记为$\lim\limits_{x\to x_0^+}f(x)=A$或$f(x_0^+)=A$.

左、右极限更为精确的定义由下面的ε-δ语言来描述：

$\lim\limits_{x\to x_0^-}f(x)=A\Leftrightarrow\forall\varepsilon>0$，$\exists\delta>0$，$\forall x$：$x_0-\delta<x<x_0$，有$|f(x)-A|<\varepsilon$；

$\lim\limits_{x\to x_0^+}f(x)=A\Leftrightarrow\forall\varepsilon>0$，$\exists\delta>0$，$\forall x$：$x_0<x<x_0+\delta$，有$|f(x)-A|<\varepsilon$.

左、右极限统称为单侧极限．根据$x\to x_0$时极限及单侧极限的定义，可以证明下面的定理．

定理 1.3.1　$f(x)$当$x\to x_0$时极限存在等价于其左、右极限都存在并且相等，即

$$\lim_{x\to x_0}f(x)=A\Leftrightarrow\lim_{x\to x_0^-}f(x)=A\text{ 且 }\lim_{x\to x_0^+}f(x)=A.$$

例 1.3.3　设函数

$$f(x)=\begin{cases}x-1, & x<0,\\ 0, & x=0,\\ x+1, & x>0.\end{cases}$$

证明当$x\to 0$时，$f(x)$的极限不存在.

证明

$$\lim_{x\to 0^-}f(x)=\lim_{x\to 0^-}(x-1)=-1.$$

$$\lim_{x\to 0^+}f(x)=\lim_{x\to 0^+}(x+1)=1.$$

这样

$$\lim_{x\to 0^-}f(x)\neq\lim_{x\to 0^+}f(x).$$

根据左、右极限与极限存在之间的关系，当 $x\to 0$ 时，$f(x)$的极限不存在.

3. 自变量趋于无穷大时函数的极限

定义 1.3.2 设 $f(x)$当$|x|$大于某一正数时有定义，A 是常数．如果对任意给定的 $\varepsilon>0$，总存在着 $M>0$，使得当$|x|>M$时，有

$$|f(x)-A|<\varepsilon,$$

则常数 A 叫做函数 $f(x)$当 $x\to\infty$时的极限，记作

$$\lim_{x\to\infty}f(x)=A \text{ 或 } f(x)\to A(x\to\infty).$$

几何意义：当$|x|>M$时，$f(x)$的图像落在了 $y=A+\varepsilon$ 与 $y=A-\varepsilon$ 之间(如图 1.3.1 所示).

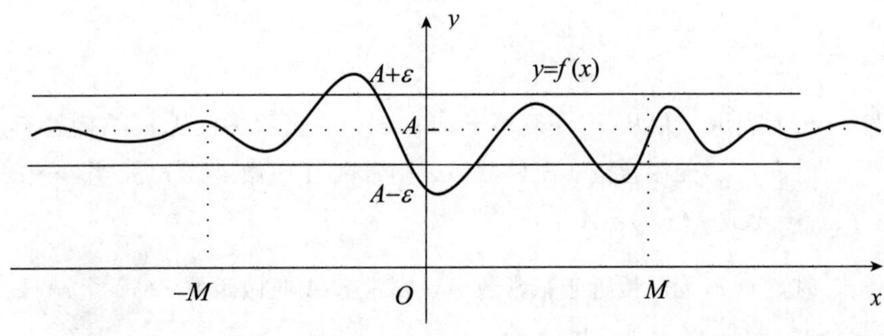

图 1.3.1

类似于$\lim\limits_{x\to\infty}f(x)=A$ 的定义，读者可以写出 $\lim\limits_{x\to-\infty}f(x)=A$ 和 $\lim\limits_{x\to+\infty}f(x)=A$ 的定义.

例 1.3.4 证明$\lim\limits_{x\to\infty}\dfrac{1}{x}=0$.

分析 $|f(x)-A|=\left|\dfrac{1}{x}-0\right|=\dfrac{1}{|x|}$，$\forall\,\varepsilon>0$，要使$|f(x)-A|<\varepsilon$，只要$|x|>\dfrac{1}{\varepsilon}$.

证明 $\forall\,\varepsilon>0$，取 $M=\dfrac{1}{\varepsilon}>0$，则当$|x|>M$时，有

$$|f(x)-A|=\left|\frac{1}{x}-0\right|=\frac{1}{|x|}<\varepsilon.$$

所以$\lim\limits_{x\to\infty}\dfrac{1}{x}=0$.

直线 $y=0$ 是函数 $y=\dfrac{1}{x}$的水平渐近线.

一般地，如果$\lim\limits_{x\to\infty}f(x)=c$，则直线 $y=c$ 称为函数 $y=f(x)$图形的水平渐近线.

1.3.2 函数极限的性质

下面仅以$\lim\limits_{x\to x_0}f(x)$这种形式为代表给出函数极限的性质，其他形式的极限性质做相应修改即可.

定理 1.3.2(唯一性) 如果极限$\lim\limits_{x\to x_0}f(x)$存在，那么此极限值唯一.

定理 1.3.3(局部有界性) 如果$\lim\limits_{x\to x_0}f(x)$存在，那么存在 $M>0$ 和 $\delta>0$，使得当 $0<|x-x_0|<\delta$ 时，有$|f(x)|\leqslant M$.

定理 1.3.4(局部保号性) 如果$\lim\limits_{x\to x_0}f(x)=A>0$(或 $A<0$)，那么存在 $\delta>0$，使得当 $0<|x-x_0|<\delta$ 时，有 $f(x)>0$(或 $f(x)<0$).

推论 1.3.1 如果在某$\mathring{U}(x_0)$内 $f(x)\geqslant 0$(或 $f(x)\leqslant 0$)，而且$\lim\limits_{x\to x_0}f(x)=A$，那么 $A\geqslant 0$(或 $A\leqslant 0$).

定理 1.3.5(四则运算法则) 若极限$\lim\limits_{x\to x_0}f(x)$与$\lim\limits_{x\to x_0}g(x)$都存在，则函数 $f\pm g$，$f\cdot g$ 当 $x\to x_0$ 时极限也存在，且

$$\lim_{x\to x_0}[f(x)\pm g(x)]=\lim_{x\to x_0}f(x)\pm\lim_{x\to x_0}g(x);$$

$$\lim_{x\to x_0}[f(x)\cdot g(x)]=\lim_{x\to x_0}f(x)\cdot\lim_{x\to x_0}g(x).$$

又若$\lim\limits_{x\to x_0}g(x)\neq 0$，则$\dfrac{f}{g}$当 $x\to x_0$ 时极限也存在，且

$$\lim_{x\to x_0}\frac{f(x)}{g(x)}=\frac{\lim\limits_{x\to x_0}f(x)}{\lim\limits_{x\to x_0}g(x)}.$$

推论 1.3.2 如果$\lim\limits_{x\to x_0}f(x)$存在，而 C 为常数，则

$$\lim_{x\to x_0}[Cf(x)]=C\lim_{x\to x_0}f(x).$$

推论 1.3.3 如果$\lim\limits_{x\to x_0}f(x)$存在，而 n 是正整数，则

$$\lim_{x\to x_0}[f(x)]^n=[\lim_{x\to x_0}f(x)]^n.$$

例 1.3.5 求$\lim\limits_{x\to 1}(2018x-1)$.

解 原式$=\lim\limits_{x\to 1}2018x-\lim\limits_{x\to 1}1=2018\lim\limits_{x\to 1}x-1=2018\times 1-1=2017$.

讨论 若 $P(x)=a_0x^n+a_1x^{n-1}+\cdots+a_{n-1}x+a_n$，则$\lim\limits_{x\to x_0}P(x)=?$

提示
$$\begin{aligned}\lim_{x\to x_0}P(x)&=\lim_{x\to x_0}(a_0x^n)+\lim_{x\to x_0}(a_1x^{n-1})+\cdots+\lim_{x\to x_0}(a_{n-1}x)+\lim_{x\to x_0}a_n\\&=a_0\lim_{x\to x_0}(x^n)+a_1\lim_{x\to x_0}(x^{n-1})+\cdots+a_{n-1}\lim_{x\to x_0}x+\lim_{x\to x_0}a_n\\&=a_0(\lim_{x\to x_0}x)^n+a_1(\lim_{x\to x_0}x)^{n-1}+\cdots+a_{n-1}x_0+a_n\\&=a_0x_0^n+a_1x_0^{n-1}+\cdots+a_{n-1}x_0+a_n\\&=P(x_0).\end{aligned}$$

因此，若 $P(x)=a_0x^n+a_1x^{n-1}+\cdots+a_n$，则$\lim\limits_{x\to x_0}P(x)=P(x_0)$.

例 1.3.6 求$\lim\limits_{x\to 2}\dfrac{x^2-1}{x^2-5x+1}$.

解 原式 $=\dfrac{\lim\limits_{x\to 2}(x^2-1)}{\lim\limits_{x\to 2}(x^2-5x+1)}$

$$=\frac{\lim\limits_{x\to 2}x^2-\lim\limits_{x\to 2}1}{\lim\limits_{x\to 2}x^2-5\lim\limits_{x\to 2}x+\lim\limits_{x\to 2}1}$$

$$=\frac{\left(\lim\limits_{x\to 2}x\right)^2-1}{\left(\lim\limits_{x\to 2}x\right)^2-5\times 2+1}$$

$$=\frac{2^2-1}{2^2-10+1}=-\frac{3}{5}.$$

例 1.3.7 求 $\lim\limits_{x\to 2}\dfrac{x-2}{x^2-4}$.

解 原式 $=\lim\limits_{x\to 2}\dfrac{x-2}{(x-2)(x+2)}$

$$=\lim_{x\to 2}\frac{1}{x+2}$$

$$=\frac{\lim\limits_{x\to 2}1}{\lim\limits_{x\to 2}(x+2)}=\frac{1}{4}.$$

例 1.3.8 求 $\lim\limits_{x\to\infty}\dfrac{2019x^{2018}+2017x+2016}{x^{2018}-2018x^{2017}+2017}$.

解 先用 x^{2018} 去除分子及分母，然后取极限.

$$原式=\lim_{x\to\infty}\frac{2019+\dfrac{2017}{x^{2017}}+\dfrac{2016}{x^{2018}}}{1-\dfrac{2018}{x}+\dfrac{2017}{x^{2018}}}=2019.$$

例 1.3.9 求 $\lim\limits_{x\to\infty}\dfrac{x+1}{x^2+2}$.

解 先用 x^2 去除分子及分母，然后取极限.

$$原式=\lim_{x\to\infty}\frac{\dfrac{1}{x}+\dfrac{1}{x^2}}{1+\dfrac{2}{x^2}}=\frac{0}{1}=0.$$

例 1.3.10 求 $\lim\limits_{x\to\infty}\dfrac{x^2+2017x+2016}{x+1}$.

解 原式 $=\lim\limits_{x\to\infty}\dfrac{1+\dfrac{2017}{x}+\dfrac{2016}{x^2}}{\dfrac{1}{x}+\dfrac{1}{x^2}}=\infty$.

事实上，有理整函数当 $x\to\infty$ 时，

$$\lim_{x\to\infty}\frac{a_0x^n+a_1x^{n-1}+\cdots+a_n}{b_0x^m+b_1x^{m-1}+\cdots+b_m}=\begin{cases}0, & n<m,\\ \dfrac{a_0}{b_0}, & n=m,\\ \infty, & n>m.\end{cases}$$

定理 1.3.6(复合函数的极限运算法则) 设函数 $y=f[g(x)]$是由函数 $u=g(x)$与函数 $y=f(u)$复合而成，$f[g(x)]$在点 x_0 的某一去心邻域内有定义．若

$$\lim_{x\to x_0}g(x)=u_0,\quad \lim_{u\to u_0}f(u)=A,$$

且存在 $\delta_0>0$，当 $x\in\mathring{U}(x_0,\delta_0)$时有 $g(x)\neq u_0$，则

$$\lim_{x\to x_0}f[g(x)]=\lim_{u\to u_0}f(u)=A.$$

例 1.3.11 求$\lim\limits_{x\to 3}\sqrt{\dfrac{x^2-9}{x-3}}$.

解 $y=\sqrt{\dfrac{x^2-9}{x-3}}$是由 $y=\sqrt{u}$与 $u=\dfrac{x^2-9}{x-3}$复合而成的.

因为$\lim\limits_{x\to 3}\dfrac{x^2-9}{x-3}=6$，所以$\lim\limits_{x\to 3}\sqrt{\dfrac{x^2-9}{x-3}}=\lim\limits_{u\to 6}\sqrt{u}=\sqrt{6}$.

习题 1.3

1. 根据函数极限的定义证明：

(1) $\lim\limits_{x\to 3}(3x-1)=8$；　　(2) $\lim\limits_{x\to 2}(5x+2)=12$.

2. 根据函数极限的定义证明：

(1) $\lim\limits_{x\to\infty}\dfrac{1+x^3}{2x^3}=\dfrac{1}{2}$；　　(2) $\lim\limits_{x\to+\infty}\dfrac{\sin x}{\sqrt{x}}=0$.

3. 求 $f(x)=\dfrac{x}{x}$，$\varphi(x)=\dfrac{|x|}{x}$当$x\to 0$ 时的左、右极限，并说明它们在 $x\to 0$ 时的极限是否存在.

4. 设 $f(x)=\begin{cases}e^x, & x\leqslant 0,\\ x^2+1, & 0<x<1,\\ 2x+1, & x\geqslant 1.\end{cases}$ 求$\lim\limits_{x\to 0}f(x)$，$\lim\limits_{x\to 1}f(x)$，$\lim\limits_{x\to 2}f(x)$.

1.4 两个重要极限

判定极限存在有两个重要的准则：夹挤原理和单调有界原理．由这两个判别准则分别可以得到两个重要极限$\lim\limits_{x\to 0}\dfrac{\sin x}{x}=1$和$\lim\limits_{x\to\infty}\left(1+\dfrac{1}{x}\right)^x=\mathrm{e}$.

1.4.1 $\lim\limits_{x\to 0}\dfrac{\sin x}{x}=1$

与数列极限的夹挤原理类似，我们给出函数极限的夹挤原理，并且利用它去证明重要极限$\lim\limits_{x\to 0}\dfrac{\sin x}{x}=1$.

定理 1.4.1(夹挤原理) 如果函数$f(x)$，$g(x)$，$h(x)$满足下列条件：

(1) 当$x\in\mathring{U}(x_0, r)$(或$|x|>M$)时，$g(x)\leqslant f(x)\leqslant h(x)$；

(2) $\lim\limits_{\substack{x\to x_0\\(x\to\infty)}} g(x)=A$，$\lim\limits_{\substack{x\to x_0\\(x\to\infty)}} h(x)=A$.

那么

$$\lim_{\substack{x\to x_0\\(x\to\infty)}} f(x)=A.$$

下面根据夹挤原理证明第一个重要极限

$$\lim_{x\to 0}\frac{\sin x}{x}=1.$$

证明 首先注意到，函数$\dfrac{\sin x}{x}$对于一切$x\neq 0$有定义．参看图 1.4.1，该图中的圆为单位圆，$BC\perp OA$，$DA\perp OA$. 圆心角$\angle AOB=x$，$0<x<\dfrac{\pi}{2}$.

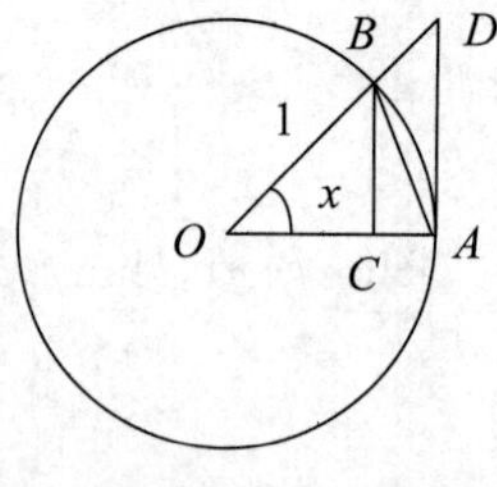

图 1.4.1

显然$\sin x=CB$，$x=\overset{\frown}{AB}$，$\tan x=AD$，因为

$$S_{\triangle AOB}<S_{扇形AOB}<S_{\triangle AOD},$$

所以

$$\frac{1}{2}\sin x<\frac{1}{2}x<\frac{1}{2}\tan x,$$

即

$$\sin x<x<\tan x.$$

不等号各边都除以 $\sin x$，就有

$$1<\frac{x}{\sin x}<\frac{1}{\cos x}\quad 或\quad \cos x<\frac{\sin x}{x}<1.$$

注意此不等式当$-\frac{\pi}{2}<x<0$时也成立．而$\lim\limits_{x\to0}\cos x=1$，根据夹挤原理得

$$\lim_{x\to0}\frac{\sin x}{x}=1.$$

注 1.4.1　在极限$\lim\limits_{x\to0}\frac{\sin\alpha(x)}{\alpha(x)}$中，只要$\lim\limits_{x\to0}\alpha(x)=0$，就有$\lim\limits_{x\to0}\frac{\sin\alpha(x)}{\alpha(x)}=1$. 这是因为，令$u=\alpha(x)$，则$u\to0$，于是

$$\lim_{x\to0}\frac{\sin\alpha(x)}{\alpha(x)}=\lim_{u\to0}\frac{\sin u}{u}=1,$$

即

$$\lim_{x\to0}\frac{\sin\alpha(x)}{\alpha(x)}=1(\alpha(x)\to0).$$

例 1.4.1　求$\lim\limits_{x\to0}\frac{\tan x}{x}$.

解　原式$=\lim\limits_{x\to0}\frac{\sin x}{x}\cdot\frac{1}{\cos x}=\lim\limits_{x\to0}\frac{\sin x}{x}\cdot\lim\limits_{x\to0}\frac{1}{\cos x}=1.$

例 1.4.2　求$\lim\limits_{x\to0}\frac{1-\cos x}{\frac{1}{2}x^2}$.

$$\textbf{解}\quad 原式=\lim_{x\to0}\frac{2\sin^2\frac{x}{2}}{\frac{1}{2}x^2}=\lim_{x\to0}\frac{\sin^2\frac{x}{2}}{\left(\frac{x}{2}\right)^2}=\lim_{x\to0}\left(\frac{\sin\frac{x}{2}}{\frac{x}{2}}\right)^2=1^2=1.$$

例 1.4.3　求$\lim\limits_{x\to0}\frac{\arcsin x}{x}$.

解　令$t=\arcsin x$，则$x=\sin t$. 当$x\to0$时，$t\to0$，这样

$$原式=\lim_{t\to0}\frac{t}{\sin t}=1.$$

1.4.2　$\lim\limits_{x\to\infty}\left(1+\frac{1}{x}\right)^x=\mathrm{e}$

这一小节首先给出数列极限存在的另外一个准则——单调有界原理，然后运用它证明第

二个重要极限$\lim\limits_{n\to\infty}\left(1+\frac{1}{n}\right)^n=\mathrm{e}$以及$\lim\limits_{x\to\infty}\left(1+\frac{1}{x}\right)^x=\mathrm{e}$.

定义 1.4.1 如果数列$\{x_n\}$满足条件

$$x_1\leqslant x_2\leqslant x_3\leqslant\cdots\leqslant x_n\leqslant x_{n+1}\leqslant\cdots,$$

就称数列$\{x_n\}$是**单调增加**的；如果数列$\{x_n\}$满足条件

$$x_1\geqslant x_2\geqslant x_3\geqslant\cdots\geqslant x_n\geqslant x_{n+1}\geqslant\cdots,$$

就称数列$\{x_n\}$是**单调减少**的．单调增加和单调减少的数列统称为**单调数列**.

定理 1.4.2(单调有界原理) 单调有界数列必有极限．具体来说，

(1) 有上界的单调增加数列必有极限；

(2) 有下界的单调减少数列必有极限.

我们知道，收敛的数列一定有界，但是有界的数列不一定收敛．单调有界原理表明：如果数列不仅有界，而且是单调的，那么这数列的极限必定存在．运用单调有界原理可以证明极限$\lim\limits_{n\to\infty}\left(1+\frac{1}{n}\right)^n$存在.

证明 设$x_n=\left(1+\frac{1}{n}\right)^n$，现证明数列$\{x_n\}$是单调增加并且有上界的.

(1) 证明单调性.

由牛顿二项公式得到

$$\begin{aligned}x_n&=\left(1+\frac{1}{n}\right)^n\\&=1+\frac{n}{1!}\cdot\frac{1}{n}+\frac{n(n-1)}{2!}\cdot\frac{1}{n^2}+\cdots+\frac{n(n-1)\cdots(n-(n-1))}{n!}\cdot\frac{1}{n^n}\\&=1+1+\frac{1}{2!}\left(1-\frac{1}{n}\right)+\cdots+\frac{1}{n!}\left(1-\frac{1}{n}\right)\left(1-\frac{2}{n}\right)\cdots\left(1-\frac{n-1}{n}\right).\end{aligned}$$

而

$$\begin{aligned}x_{n+1}=&1+1+\frac{1}{2!}\left(1-\frac{1}{n+1}\right)+\cdots+\frac{1}{n!}\left(1-\frac{1}{n+1}\right)\left(1-\frac{2}{n+1}\right)\cdots\left(1-\frac{n-1}{n+1}\right)\\&+\frac{1}{(n+1)!}\left(1-\frac{1}{n+1}\right)\left(1-\frac{2}{n+1}\right)\cdots\left(1-\frac{n}{n+1}\right).\end{aligned}$$

比较x_{n+1}与x_n发现$x_n<x_{n+1}$.

(2) 证明有界性.

$$\begin{aligned}x_n&\leqslant1+\left(1+\frac{1}{2!}+\cdots+\frac{1}{n!}\right)\\&\leqslant1+\left(1+\frac{1}{2}+\cdots+\frac{1}{2^{n-1}}\right)\\&=3-\frac{1}{2^{n-1}}<3.\end{aligned}$$

由单调有界原理，当 $n\to\infty$ 时，$x_n=\left(1+\dfrac{1}{n}\right)^n$ 的极限是存在的，用字母 e 来表示此极限值，即

$$\lim_{n\to\infty}\left(1+\frac{1}{n}\right)^n=\mathrm{e}.$$

e 是一个无理数，它的值是 e=2.718281828459045⋯.

我们还可以证明 $\lim\limits_{x\to\infty}\left(1+\dfrac{1}{x}\right)^x=\mathrm{e}$.

证明　设 $n\leqslant x<n+1$，那么 n 与 x 同时趋于 $+\infty$；并且

$$\left(1+\frac{1}{n+1}\right)^n<\left(1+\frac{1}{x}\right)^x<\left(1+\frac{1}{n}\right)^{n+1}.$$

由于

$$\lim_{n\to\infty}\left(1+\frac{1}{n+1}\right)^n=\lim_{n\to\infty}\left[\left(1+\frac{1}{n+1}\right)^{n+1}\right]^{\frac{n}{n+1}}=\mathrm{e},$$

$$\begin{aligned}\lim_{n\to\infty}\left(1+\frac{1}{n}\right)^{n+1}&=\lim_{n\to\infty}\left[\left(1+\frac{1}{n}\right)^n\left(1+\frac{1}{n}\right)\right]\\&=\lim_{n\to\infty}\left(1+\frac{1}{n}\right)^n\lim_{n\to\infty}\left(1+\frac{1}{n}\right)=\mathrm{e},\end{aligned}$$

利用夹挤原理得

$$\lim_{x\to+\infty}\left(1+\frac{1}{x}\right)^x=\mathrm{e}.$$

然后令 $x=-(t+1)$，则当 $x\to-\infty$ 时，$t\to+\infty$，利用换元可得

$$\begin{aligned}\lim_{x\to-\infty}\left(1+\frac{1}{x}\right)^x&=\lim_{t\to+\infty}\left(1-\frac{1}{t+1}\right)^{-(t+1)}\\&=\lim_{t\to+\infty}\left(\frac{t}{t+1}\right)^{-(t+1)}\\&=\lim_{t\to+\infty}\left(1+\frac{1}{t}\right)^{t+1}=\mathrm{e}.\end{aligned}$$

这样就有

$$\lim_{x\to\infty}\left(1+\frac{1}{x}\right)^x=\mathrm{e}.$$

例 1.4.4　求 $\lim\limits_{x\to\infty}\left(1-\dfrac{1}{x}\right)^{2017x}$.

解　原式 $=\lim\limits_{x\to\infty}\left(1+\dfrac{1}{-x}\right)^{-x(-2017)}$

$=\left[\lim\limits_{x\to\infty}\left(1+\dfrac{1}{-x}\right)^{-x}\right]^{-2017}$

$=\mathrm{e}^{-2017}$.

习题 1.4

1. 求$\lim\limits_{x\to 0}(1+3x)^{\frac{2}{\sin x}}$.

2. 设$\lim\limits_{x\to\infty}\left(\frac{x+2a}{x-a}\right)^{\frac{x}{3}}=8$，求 a.

3. 求$\lim\limits_{x\to 0}\frac{\mathrm{e}^{x^2}-\cos x}{\ln\cos x}$.

4. 求$\lim\limits_{x\to\frac{\pi}{2}}(\sin x)^{\tan x}$.

5. 求$\lim\limits_{x\to 0}(\cos 2x)^{\frac{1}{x^2}}$.

1.5　无穷小量与无穷大量

1.5.1　无穷小量

定义 1.5.1　设函数 $f(x)$ 在某 $\mathring{U}(x_0)$ 内有定义，如果 $\lim\limits_{x\to x_0}f(x)=0$，那么称 $f(x)$ 为当 $x\to x_0$ 时的无穷小量．若 $\lim\limits_{n\to\infty}x_n=0$，则称数列 $\{x_n\}$ 为 $n\to\infty$ 时的无穷小量.

无穷小量也称为无穷小，它表示以 0 为极限的函数.

例如，因为 $\lim\limits_{x\to\infty}\dfrac{1}{x^2}=0$，所以函数 $\dfrac{1}{x^2}$ 为当 $x\to\infty$ 时的无穷小量．因为 $\lim\limits_{n\to\infty}\dfrac{1}{n}=0$，所以数列 $\left\{\dfrac{1}{n}\right\}$ 为当 $n\to\infty$ 时的无穷小量．

由无穷小量的定义，立刻可以得到如下定理.

定理 1.5.1　设 α，β 为同一极限过程下的无穷小量，则 $\alpha+\beta$，$\alpha-\beta$，$\alpha\beta$ 仍是无穷小量.

定理 1.5.2　无穷小量与有界量的乘积是无穷小量.

例 1.5.1　求 $\lim\limits_{x\to 0}x^2\sin\dfrac{1}{x}$.

解　函数 x^2 是当 $x\to 0$ 时的无穷小量，$\sin\dfrac{1}{x}$ 是有界量，所以

$$\lim_{x\to 0}x^2\sin\frac{1}{x}=0.$$

例 1.5.2　求 $\lim\limits_{x\to\infty}\dfrac{\sin x}{x}$.

分析　当 $x\to\infty$ 时，分子及分母的极限都不存在，故关于商的极限的运算法则不能应用．

解　因为 $\dfrac{\sin x}{x}=\dfrac{1}{x}\sin x$ 是当 $x\to\infty$ 时的无穷小量与有界函数的乘积，所以

$$\lim_{x\to\infty}\frac{\sin x}{x}=0.$$

注 1.5.1　要区别 $\lim\limits_{x\to 0}\dfrac{\sin x}{x}=1$ 与 $\lim\limits_{x\to\infty}\dfrac{\sin x}{x}=0$，这说明求极限与极限过程(自变量的变化过程)密切相关.

1.5.2　无穷大量

如果当 $x\to x_0$(或 $x\to\infty$)时，对应的函数值的绝对值 $|f(x)|$ 无限增大，就称函数 $f(x)$ 为当 $x\to x_0$(或 $x\to\infty$)时的无穷大量．记为 $\lim\limits_{x\to x_0}f(x)=\infty$(或 $\lim\limits_{x\to\infty}f(x)=\infty$).

定义 1.5.2 设 $f(x)$在点 x_0 的某一去心邻域内有定义(或$|x|$大于某一正数时有定义).如果对于任意给定的正数 G(不论它多么大)，总存在着正数 δ(或正数 M)，只要 x 适合不等式 $0<|x-x_0|<\delta$(或$|x|>M$)，对应的函数值 $f(x)$总满足不等式

$$|f(x)|>G,$$

则称函数 $f(x)$为当 $x\to x_0$(或 $x\to\infty$)时的**无穷大量**.

应特别注意的问题：对于当 $x\to x_0$(或 $x\to\infty$)时为无穷大量的函数 $f(x)$来说，按函数极限的定义，极限是不存在的．但为了便于叙述函数的这一性态，我们习惯上说“函数的极限是无穷大量”，并记作

$$\lim_{x\to x_0}f(x)=\infty(\text{或}\lim_{x\to\infty}f(x)=\infty).$$

$\lim\limits_{x\to x_0}f(x)=\infty\Leftrightarrow\forall G>0$，$\exists\delta>0$，当 $0<|x-x_0|<\delta$ 时，有$|f(x)|>G.$

$\lim\limits_{x\to\infty}f(x)=\infty\Leftrightarrow\forall G>0$，$\exists M>0$，当$|x|>M$ 时，有$|f(x)|>G.$

把定义中$|f(x)|>G$ 换成$f(x)>G$ （或 $f(x)<-G$)，就记作 $\lim\limits_{\substack{x\to x_0\\(x\to\infty)}}f(x)=+\infty$ 或 $\lim\limits_{\substack{x\to x_0\\(x\to\infty)}}f(x)=-\infty$.

定义 1.5.3 如果$\lim\limits_{x\to x_0}f(x)=\infty$，则称直线 $x=x_0$ 是函数 $y=f(x)$的图形的**垂直渐近线**.

例如，直线 $x=1$ 是函数 $y=\dfrac{1}{x-1}$的图形的垂直渐近线.

定理 1.5.3(无穷大量与无穷小量之间的关系) 在自变量的同一变化过程中，若 $f(x)$为无穷大量，则$\dfrac{1}{f(x)}$为无穷小量；反之，若 $f(x)$为无穷小量，且 $f(x)\neq0$，则$\dfrac{1}{f(x)}$为无穷大量.

例 1.5.3 求$\lim\limits_{x\to1}\dfrac{2x-3}{x^2-5x+4}$.

解

$$\lim_{x\to1}\frac{x^2-5x+4}{2x-3}=\frac{1^2-5\times1+4}{2\times1-3}=0,$$

根据无穷大量与无穷小量的关系得

$$\lim_{x\to1}\frac{2x-3}{x^2-5x+4}=\infty.$$

习题 1.5

1. 两个无穷小量的商是否一定是无穷小量？举例说明之.

2. 根据定义证明：

(1) $y=\dfrac{x^2-9}{x+3}$当 $x\to3$ 时为无穷小量；

（2）$y=x\sin\frac{1}{x}$当$x\to 0$时为无穷小量.

3. 求下列极限并说明理由：

（1）$\lim\limits_{x\to\infty}\frac{2x+1}{x}$；　　（2）$\lim\limits_{x\to 0}\frac{1-x^2}{1-x}$.

4. 计算下列极限：

（1）$\lim\limits_{h\to 0}\frac{(x+h)^2-x^2}{h}$；　　（2）$\lim\limits_{x\to 4}\frac{x-4}{\sqrt{x}-2}$；

（3）$\lim\limits_{x\to 3}\frac{\sqrt[3]{x+5}-2}{x-3}$；　　（4）$\lim\limits_{n\to\infty}\left(1+\frac{1}{2}+\frac{1}{2^2}+\cdots+\frac{1}{2^n}\right)$；

（5）$\lim\limits_{n\to\infty}\left[\frac{1}{1\times 2}+\frac{1}{2\times 3}+\cdots+\frac{1}{n(n+1)}\right]$；　　（6）$\lim\limits_{n\to\infty}\left(\frac{1}{n^2}+\frac{2}{n^2}+\cdots+\frac{n}{n^2}\right)$；

（7）$\lim\limits_{x\to\infty}\frac{x^2-1}{2x^2-x+1}$；　　（8）$\lim\limits_{x\to\infty}\frac{x^2+x}{x^3-3x^2+5}$.

5. 若极限$\lim\limits_{x\to\infty}\left[\frac{x^2+1}{x+1}-ax-b\right]=0$，求$a$与$b$的值.

6. 计算下列极限：

（1）$\lim\limits_{n\to\infty}\frac{n^2}{n^3+1}\sin\frac{1}{n}$；　　（2）$\lim\limits_{x\to 2}(x^2-4)\sin\frac{1}{x-2}$；

（3）$\lim\limits_{x\to 0}\frac{x^2\cos\frac{1}{x}}{\sin x}$；　　（4）$\lim\limits_{x\to\infty}\frac{2x+\sin x}{x-\sin x}$.

7. 求下列极限：

（1）$\lim\limits_{x\to 0}\frac{\sqrt[m]{(1+x)^n}-1}{x}$；　　（2）$\lim\limits_{x\to 5}\frac{1-\sqrt{x-4}}{x-5}$.

8. 求极限$\lim\limits_{x\to+\infty}\sqrt{x}(\sqrt{x+2}-2\sqrt{x+1}+\sqrt{x})$.

1.6 无穷小量的比较

两个无穷小量的和、差、积仍为无穷小量，但商未必，例如

$$\lim_{x\to 0}\frac{x^2}{2x}=0,\quad \lim_{x\to 0}\frac{2x}{x^2}=\infty,\quad \lim_{x\to 0}\frac{\sin x}{x}=1.$$

无穷小量是以 0 为极限的函数，然而不同的无穷小量收敛于 0 的速度有快有慢．我们通过考察两个无穷小量的比值的极限，来判断两个无穷小量的收敛速度.

下面的 α 和 β 都是在同一个自变量的变化过程中的无穷小量，且 $\alpha\neq 0$，而 $\lim\frac{\beta}{\alpha}$ 也是在这个变化过程中的极限.

定义 1.6.1 如果 $\lim\frac{\beta}{\alpha}=0$，就说 β 是比 α 高阶的无穷小量，记作 $\boldsymbol{\beta=o(\alpha)}$.

如果 $\lim\frac{\beta}{\alpha}=\infty$，就说 β 是比 α 低阶的无穷小量.

如果 $\lim\frac{\beta}{\alpha}=c\neq 0$，就说 β 与 α 是同阶无穷小量.

如果 $\lim\frac{\beta}{\alpha^k}=c\neq 0, k>0$，就说 β 是关于 α 的 k 阶无穷小量.

如果 $\lim\frac{\beta}{\alpha}=1$，就说 β 与 α 是等价无穷小量，记作 $\boldsymbol{\alpha\sim\beta}$.

例如，$\lim\limits_{x\to 0}\frac{2017x^2}{x}=0$，所以当 $x\to 0$ 时，$2017x^2=o(x)$；

$\lim\limits_{n\to\infty}\frac{\frac{1}{n^2}}{\frac{1}{n^3}}=\infty$，故当 $n\to\infty$ 时，$\frac{1}{n^2}$ 是比 $\frac{1}{n^3}$ 低阶的无穷小量；

$\lim\limits_{x\to 0}\frac{\sin x}{x}=1$，所以当 $x\to 0$ 时，$\sin x$ 与 x 是等价无穷小量，即 $\sin x\sim x(x\to 0)$.

例 1.4.1、例 1.4.2、例 1.4.3 说明：当 $x\to 0$ 时，$\tan x\sim x$，$1-\cos x\sim\frac{1}{2}x^2$，$\arcsin x\sim x$. 在第 1.8 节,我们将得到当 $x\to 0$ 时，$e^x-1\sim x$，$\ln(1+x)\sim x$，$(1+x)^\alpha-1\sim\alpha x$(其中 $\alpha\neq 0$).

定理 1.6.1 设函数 f，g，h 在某 $\mathring{U}(x_0)$ 内有定义，且当 $x\to x_0$ 时，

$$f(x)\sim g(x).$$

(1) 若 $\lim\limits_{x\to x_0}f(x)h(x)=A$，则 $\lim\limits_{x\to x_0}g(x)h(x)=A$.

(2) 若 $\lim\limits_{x\to x_0}\frac{h(x)}{f(x)}=B$，则 $\lim\limits_{x\to x_0}\frac{h(x)}{g(x)}=B$.

重要应用：等价无穷小量用于简化极限的计算.

例 1.6.1　求$\lim\limits_{x\to 0}\dfrac{1-\cos x}{\sin^2 4x}$.

解　原式$=\lim\limits_{x\to 0}\dfrac{\frac{1}{2}x^2}{(4x)^2}=\dfrac{1}{32}$.

例 1.6.2　求$\lim\limits_{x\to 0}\dfrac{\sin x}{\arcsin 2x}$.

解　原式$=\lim\limits_{x\to 0}\dfrac{x}{2x}=\dfrac{1}{2}$.

注 1.6.1　只能对所求的极限式相乘或相除的因式用等价无穷小量代换，相加和相减部分不可随意替代，比如下面的例题.

例 1.6.3　求$\lim\limits_{x\to 0}\dfrac{\tan x-\sin x}{x^3}$.

解　原式$=\lim\limits_{x\to 0}\dfrac{\frac{\sin x}{\cos x}-\sin x}{x^3}$

$$=\lim_{x\to 0}\frac{\sin x(1-\cos x)}{x^3\cos x}$$

$$=\lim_{x\to 0}\frac{x\cdot\frac{1}{2}x^2}{x^3\cos x}=\frac{1}{2}.$$

习题 1.6

1. 当 $x\to 1$ 时，无穷小量 $1-x$ 和以下式是否同阶？是否等价？

(1) $1-x^3$；　　(2) $\dfrac{1}{2}(1-x^2)$

2. 当 $x\to 0$ 时，证明下式：

(1) $\arctan x\sim x$；　　(2) $\sec x-1\sim\dfrac{x^2}{2}$.

3. 利用等价无穷小量的性质，求下列极限：

(1) $\lim\limits_{x\to 0}\dfrac{\tan(2018x)}{x}$；　　(2) $\lim\limits_{x\to 0}\dfrac{\arcsin(x^n)}{(\sin x)^m}$（$n$，$m$ 为正整数）；

(3) $\lim\limits_{x\to 0}\dfrac{\tan x-\sin x}{x^2\sin x}$；　　(4) $\lim\limits_{x\to 0}\dfrac{\sin x-\tan x}{(\sqrt[3]{1+x^2}-1)(\sqrt{1+\sin x}-1)}$.

4. 证明无穷小量的等价关系具有下列性质：

(1) $\alpha\sim\alpha$（自反性）；

(2) 若 $\alpha\sim\beta$，则 $\beta\sim\alpha$(对称性)；

(3) 若 $\alpha\sim\beta$，$\beta\sim\gamma$，则 $\alpha\sim\gamma$(传递性).

5. 当 $x\to 0$ 时，设无穷小量 $\sqrt{a+x^3}-\sqrt{a}(a>0)$是关于 x 的 k 阶无穷小量，则 k 是多少？

6. 当 $x\to 0$ 时，$\sqrt{1+ax^2}-1$ 与 $\sin^2 x$ 为等价无穷小量，求 a 的值.

7. 已知当 $x\to 0$ 时，$(1+ax^2)^{\frac{1}{3}}-1$ 与 $1-\cos x$ 是等价无穷小量，求常数 a.

8. 当 $x\to 0$ 时，$\mathrm{e}^{x\cos x^2}-\mathrm{e}^x$ 与 x^n 是同阶无穷小量，则 n 为(　　).

(A) 5　　(B) 4　　(C) $\frac{5}{2}$　　(D) 2

9. 当 $x\to 0$ 时，下列 4 个无穷小量中比其他 3 个更加高阶的无穷小量是(　　).

(A) $\ln(1+x)$　　(B) e^x-1　　(C) $\tan x-\sin x$　　(D) $1-\cos x$

10. 设 $x\to 0$ 时，$\mathrm{e}^{x^2}-(ax^2+bx+c)$是比 x^2 高阶的无穷小量，其中 a，b，c 是常数，则(　　).

(A) $a=b=1$，$c=0$　　(B) $a=c=1$，$b=0$

(B) $a=c=2$，$b=0$　　(D) $a=b=1$，$c=0$

11. 设$\lim\limits_{x\to x_0}f(x)$及$\lim\limits_{x\to x_0}g(x)$均存在，则$\lim\limits_{x\to x_0}\frac{f(x)}{g(x)}$(　　).

(A) 存在　　(B) 不存在

(C) 不一定存在　　(D) 存在但非零

12. 证明$\lim\limits_{x\to\infty}\frac{\mathrm{e}^x-\mathrm{e}^{-x}}{\mathrm{e}^x+\mathrm{e}^{-x}}$不存在.

13. 求下列极限：

(1) $\lim\limits_{x\to 1}\frac{x^2-4x+3}{x^4-x+3}$；　　(2) $\lim\limits_{x\to 0}\frac{(1+x)^5-(1+5x)}{x^2+2x^5}$；

(3) $\lim\limits_{x\to\infty}\frac{x^2-x+6}{x^3-x-1}$；　　(4) $\lim\limits_{x\to\infty}\frac{(4x+1)^{30}(9x+2)^{20}}{(6x-1)^{50}}$.

14. 求下列极限：

(1) $\lim\limits_{x\to\frac{\pi}{2}}\frac{\cos x}{x-\frac{\pi}{2}}$；　　(2) $\lim\limits_{x\to\frac{\pi}{4}}\tan 2x\tan\left(\frac{\pi}{4}-x\right)$；

(3) $\lim\limits_{x\to 0}\frac{\cos 3x-\cos 5x}{x^3}$.

15. 分析下面求极限$\lim\limits_{x\to 0}\frac{\tan x-\sin x}{x^3}$的解法是否正确.

当 $x\to 0$ 时，$\tan x\sim x$，$\sin x\sim x$，$\lim\limits_{x\to 0}\frac{\tan x-\sin x}{x^3}=\lim\limits_{x\to 0}\frac{x-x}{x^3}=0$.

16. 计算下列极限：

(1) $\lim\limits_{x\to 0}x\cot x$；　　(2) $\lim\limits_{x\to 0}\frac{2\arcsin x}{3x}$；

(3) $\lim\limits_{x\to\infty}\dfrac{3x^2+5}{5x+3}\sin\dfrac{2}{x}$；

(4) $\lim\limits_{n\to\infty}2^n\sin\dfrac{x}{2^n}$，$x$ 是不为 0 的常数；

(5) $\lim\limits_{x\to\pi}\dfrac{\sin x}{\pi-x}$；

(6) $\lim\limits_{x\to 0^+}\dfrac{x}{\sqrt{1-\cos x}}$；

(7) $\lim\limits_{x\to 0}\dfrac{x-\sin 2x}{x+\sin 3x}$；

(8) $\lim\limits_{x\to 0}\dfrac{\sqrt{1+x}-1}{\sin x}$；

(9) $\lim\limits_{x\to 0}(1-x)^{\frac{2}{x}}$；

(10) $\lim\limits_{x\to\infty}\left(1-\dfrac{2}{x}\right)^{\frac{x}{2}-1}$；

(11) $\lim\limits_{x\to\infty}\left(\dfrac{1+x}{x}\right)^{2x}$.

1.7　函数的连续性与间断点

连续函数是高等数学着重研究的一类函数．从几何图形上来看，连续函数的图象是一条连绵不断的曲线．然而这仅仅是一种直观上浅显的认识．本节给出连续性的精确定义，1.8节在此基础上研究其性质.

1.7.1　连续函数的概念

定义 1.7.1　设函数 $y=f(x)$在某$U(x_0)$内有定义，如果

$$\lim_{x\to x_0} f(x)=f(x_0), \tag{1.7.1}$$

那么就称函数 $f(x)$在点 x_0 处连续.

注 1.7.1　式(1.7.1)又可以表示为

$$\lim_{x\to x_0} f(x)=f(\lim_{x\to x_0} x).$$

这样 $y=f(x)$在点 x_0 处连续意味着极限运算$\lim\limits_{x\to x_0}$与对应法则 f 可交换次序.

例 1.7.1　证明

$$f(x)=\begin{cases} x^{2017}\sin\dfrac{1}{x^{2017}}, & x\neq 0, \\ 0, & x=0 \end{cases}$$

在 $x=0$ 处连续.

证明　按照函数在一点处连续的定义，

$$\lim_{x\to 0} f(x)=\lim_{x\to 0} x^{2017}\sin\frac{1}{x^{2017}}=0=f(0),$$

所以 $f(x)$在 $x=0$ 处连续．事实上，上述极限为 0 是因为有界量与无穷小量的乘积仍为无穷小量.

为了引入函数 $y=f(x)$在点 x_0 处连续的等价定义，记 $\Delta x=x-x_0$，称为自变量 x 在点 x_0 的增量或改变量，相应的函数 y 在点 x_0 的增量记为

$$\Delta y=f(x)-f(x_0)=f(x_0+\Delta x)-f(x_0).$$

引入增量的概念后，有函数 $y=f(x)$在点 x_0 处连续的等价定义

定义 1.7.2　设函数 $y=f(x)$在某$U(x_0)$内有定义，如果

$$\lim_{\Delta x\to 0}\Delta y=\lim_{\Delta x\to 0}[f(x_0+\Delta x)-f(x_0)]=0,$$

那么就称函数 $y=f(x)$在点 x_0 处连续.

也就是说，当自变量的增量 $\Delta x=x-x_0$ 趋于零时，对应的函数的增量 $\Delta y=f(x_0+\Delta x)-f(x_0)$也趋于零.

函数 $y=f(x)$ 在点 x_0 处连续的定义，也可用如下 ε-δ 语言来描述.

定义 1.7.3 设函数 $y=f(x)$ 在某 $U(x_0)$ 内有定义．如果对于任意给定的 $\varepsilon>0$，总存在着 $\delta>0$，使得当 $|x-x_0|<\delta$ 时有

$$|f(x)-f(x_0)|<\varepsilon,$$

那么就称函数 $y=f(x)$ 在点 x_0 处连续.

定义 1.7.4 设函数 $y=f(x)$ 在某 $U_-(x_0)$ 内有定义，如果

$$\lim_{x\to x_0^-}f(x)=f(x_0),$$

则称 $y=f(x)$ 在点 x_0 处**左连续**；设函数 $y=f(x)$ 在某 $U_+(x_0)$ 内有定义，如果

$$\lim_{x\to x_0^+}f(x)=f(x_0),$$

则称 $y=f(x)$ 在点 x_0 处**右连续**.

左、右连续与连续的关系：函数 $y=f(x)$ 在点 x_0 处连续等价于 $y=f(x)$ 在点 x_0 处既右连续又左连续.

在区间上每一点都连续的函数，叫做在该区间上的**连续函数**，或者说函数在该区间上连续．如果区间包括端点，那么函数在右端点连续是指左连续，在左端点连续是指右连续.

例 1.7.2 证明函数 $y=\sin x$ 在区间 $(-\infty, +\infty)$ 内是连续的.

证明 根据和差化积公式有

$$\Delta y=\sin(x+\Delta x)-\sin x=2\cos\left(x+\frac{\Delta x}{2}\right)\sin\frac{\Delta x}{2}.$$

注意到

$$0\leqslant|\Delta y|\leqslant 2\left|\sin\frac{\Delta x}{2}\right|\leqslant|\Delta x|,$$

运用夹挤原理，当 $\Delta x\to 0$ 时，有 $\Delta y\to 0$，所以 $y=\sin x$ 在区间 $(-\infty, +\infty)$ 内连续.

1.7.2 函数的间断点

设函数 $f(x)$ 在某 $\mathring{U}(x_0)$ 内有定义，如果函数 $f(x)$ 有下列三种情形之一：

(1) 在 x_0 没有定义；

(2) 虽在 x_0 有定义，但 $\lim\limits_{x\to x_0}f(x)$ 不存在；

(3) 虽在 x_0 有定义且 $\lim\limits_{x\to x_0}f(x)$ 存在，但 $\lim\limits_{x\to x_0}f(x)\neq f(x_0)$；

则 $f(x)$ 在点 x_0 不连续，而点 x_0 称为函数 $f(x)$ 的不连续点或间断点.

定义 1.7.5 若 $\lim\limits_{x\to x_0}f(x)=A$，而 f 在点 x_0 没有定义或者有定义但是 $f(x_0)\neq A$，则称点 x_0 为 f 的**可去间断点**.

例 1.7.3 函数 $y=\dfrac{x^2-4}{x-2}$ 在 $x=2$ 没有定义，但 $\lim\limits_{x\to 2}\dfrac{x^2-4}{x-2}=4$. 所以点 $x=2$ 是该函数的间

断点，而且是可去间断点.

例 1.7.4 设函数

$$y=f(x)=\begin{cases}x, & x\neq 1,\\ \dfrac{1}{3}, & x=1.\end{cases}$$

指出 $f(x)$的间断点.

解 因为

$$\lim_{x\to 1}f(x)=\lim_{x\to 1}x=1,\ f(1)=\frac{1}{3},\ \lim_{x\to 1}f(x)\neq f(1),$$

所以 $x=1$ 是函数 $f(x)$的间断点，并且是可去间断点.

定义 1.7.6 若函数 f 在点 x_0 的左、右极限都存在，然而 $\lim\limits_{x\to x_0^+}f(x)\neq\lim\limits_{x\to x_0^-}f(x)$，则称点 x_0 为 f 的**跳跃间断点**.

例 1.7.5 设函数

$$f(x)=\begin{cases}x-1, & x<0,\\ 0, & x=0,\\ x+1, & x>0.\end{cases}$$

指出 $f(x)$的间断点.

解 因为

$$\lim_{x\to 0^-}f(x)=\lim_{x\to 0^-}(x-1)=-1,$$
$$\lim_{x\to 0^+}f(x)=\lim_{x\to 0^+}(x+1)=1,$$
$$\lim_{x\to 0^-}f(x)\neq\lim_{x\to 0^+}f(x),$$

所以极限$\lim\limits_{x\to 0}f(x)$不存在，$x=0$ 是函数 $f(x)$的间断点，并且是跳跃间断点.

可去间断点和跳跃间断点统称为**第一类间断点**，其特点是函数在该点处左、右极限都存在．函数的所有其他形式的间断点，即使得函数至少有一侧极限不存在的点，称为**第二类间断点**．

例 1.7.6 正切函数 $y=\tan x$ 在 $x=\dfrac{\pi}{2}$处没有定义，所以点 $x=\dfrac{\pi}{2}$是函数 $\tan x$ 的间断点．又因为$\lim\limits_{x\to\frac{\pi}{2}}\tan x=\infty$，故 $x=\dfrac{\pi}{2}$为函数 $\tan x$ 的第二类间断点.

习题 1.7

1. 已知 $f(x)=\begin{cases}(\cos x)^{\frac{1}{x^2}}, & x\neq 0,\\ a, & x=0\end{cases}$ 在 $x=0$ 处连续，则 $a=$________.

2. 设 $f(x)=\begin{cases} a+bx^2, & x\leqslant 0, \\ \dfrac{\sin bx}{x}, & x>0 \end{cases}$ 在 $x=0$ 处间断，则常数 a 与 b 应满足怎样的关系？

3. 设 $f(x)$ 和 $g(x)$ 在 $(-\infty,+\infty)$ 内有定义，$f(x)$ 为连续函数，且 $f(x)\neq 0$，$g(x)$ 有间断点，则(　　).

(A) $g[f(x)]$ 必有间断点　　(B) $g(x)/f(x)$ 必有间断点

(C) $[g(x)]^2$ 必有间断点　　(D) $f[g(x)]$ 必有间断点

4. 设函数 $f(x)=\lim\limits_{n\to\infty}\dfrac{1+x}{1+x^{2n}}$，讨论函数 $f(x)$ 的间断点，其结论为(　　).

(A) 不存在间断点　　(B) 存在间断点 $x=1$

(C) 存在间断点 $x=0$　　(D) 存在间断点 $x=-1$

5. 讨论函数 $f(x)=\lim\limits_{n\to\infty}\dfrac{x^{n+2}-x^{-n}}{x^n+x^{-n}}$ 的连续性.

6. 研究下列函数的连续性：

(1) $f(x)=\begin{cases} x^2, & 0\leqslant x\leqslant 1, \\ 2-x, & 1<x\leqslant 2; \end{cases}$

(2) $f(x)=\begin{cases} x, & -1\leqslant x\leqslant 1, \\ 1, & |x|>1. \end{cases}$

7. 下列函数在指出的点处间断，说明这些间断点属于哪一类，如果是可去间断点，则补充或改变函数的定义使它连续.

(1) $y=\dfrac{x^2-1}{x^2-3x+2}$，$x=1$，$x=2$；

(2) $y=\dfrac{x}{\tan x}$，$x=k\pi$，$x=k\pi+\dfrac{\pi}{2}(k=0,\pm 1,\pm 2,\cdots)$；

(3) $y=\cos^2\dfrac{1}{x}$，$x=0$；

(4) $y=\begin{cases} x-1, & x\leqslant 1, \\ 3-x, & x>1, \end{cases}$ $x=1$.

8. 讨论函数 $f(x)=\lim\limits_{n\to\infty}\dfrac{1-x^{2n}}{1+x^{2n}}x$ 的连续性，若有间断点，判别其类型.

1.8 连续函数的运算、初等函数的连续性、闭区间上连续函数的性质

从极限出发，有了连续函数的定义．那么我们经常遇到的初等函数在其定义区间上是否连续呢？本节给出肯定的回答，最后介绍闭区间上连续函数的性质.

1.8.1 连续函数的和、差、积及商的连续性

定理 1.8.1 设函数 $f(x)$ 和 $g(x)$ 在点 x_0 连续，则函数 $f(x)\pm g(x)$，$f(x)\cdot g(x)$，$\dfrac{f(x)}{g(x)}$(当 $g(x_0)\neq 0$ 时)在点 x_0 也连续.

证明 我们只给出 $f(x)\pm g(x)$ 连续性的证明．因为 $f(x)$ 和 $g(x)$ 在点 x_0 连续，所以它们在点 x_0 有定义，从而 $f(x)\pm g(x)$ 在点 x_0 也有定义，再由连续性和极限运算法则，有

$$\lim_{x\to x_0}[f(x)\pm g(x)]=\lim_{x\to x_0}f(x)\pm\lim_{x\to x_0}g(x)=f(x_0)\pm g(x_0).$$

根据连续性的定义，$f(x)\pm g(x)$ 在点 x_0 连续.

例 1.8.1 $\sin x$ 和 $\cos x$ 都在区间$(-\infty, +\infty)$内连续，故由定理 1.8.1 知 $\tan x$ 和 $\cot x$ 在它们的定义域内是连续的.

三角函数 $\sin x$，$\cos x$，$\sec x$，$\csc x$，$\tan x$，$\cot x$ 在其有定义的区间内都是连续的.

1.8.2 反函数与复合函数的连续性

定理 1.8.2 如果函数 $y=f(x)$ 在区间 I_x 上单调增加(或单调减少)且连续，那么它的反函数 $x=f^{-1}(y)$ 也在对应的区间 $I_y=\{y: y=f(x), x\in I_x\}$ 上单调增加(或单调减少)且连续.

例 1.8.2 由于 $y=\sin x$ 在区间 $\left[-\dfrac{\pi}{2}, \dfrac{\pi}{2}\right]$ 上单调增加且连续，所以它的反函数 $y=\arcsin x$ 在区间$[-1, 1]$上也是单调增加且连续的.

反三角函数 $y=\arcsin x$，$y=\arccos x$，$y=\arctan x$，$y=\operatorname{arccot} x$ 在它们的定义域内都是连续的.

定理 1.8.3 设函数 $y=f[g(x)]$ 由函数 $y=f(u)$ 与函数 $u=g(x)$ 复合而成，$\mathring{U}(x_0)\subset D_{f\circ g}$．若 $\lim\limits_{x\to x_0}g(x)=u_0$，而函数 $y=f(u)$ 在 u_0 连续，则

$$\lim_{x\to x_0}f[g(x)]=\lim_{u\to u_0}f(u)=f(u_0).$$

1.8.3 初等函数的连续性

我们已经知道了三角函数及反三角函数在它们的定义域内是连续的．事实上，基本初等

函数在它们的定义域内都是连续的.

最后，根据初等函数的定义，由基本初等函数的连续性以及本节有关定理可得下列重要结论：

一切初等函数在其定义区间内都是连续的.

所谓定义区间，就是包含在定义域内的区间.

初等函数的连续性在求函数极限中有重要应用：如果 $f(x)$是初等函数，且 x_0 是 $f(x)$的定义区间内的点，则$\lim\limits_{x\to x_0}f(x)=f(x_0)$.

例 1.8.3 求$\lim\limits_{x\to 0}\sqrt{1-x^2}$.

解 初等函数 $f(x)=\sqrt{1-x^2}$在点 0 是有定义的,所以

$$\lim_{x\to 0}\sqrt{1-x^2}=\sqrt{1-0^2}=1.$$

例 1.8.4 求$\lim\limits_{x\to\frac{\pi}{2}}\ln(\sin x)$.

解 初等函数 $f(x)=\ln(\sin x)$在点$\frac{\pi}{2}$是有定义的，所以

$$\lim_{x\to\frac{\pi}{2}}\ln(\sin x)=\ln\left(\sin\frac{\pi}{2}\right)=0.$$

例 1.8.5 求$\lim\limits_{x\to 0}\frac{\sqrt{1+x^2}-1}{x}$.

解 原式$=\lim\limits_{x\to 0}\frac{(\sqrt{1+x^2}-1)(\sqrt{1+x^2}+1)}{x(\sqrt{1+x^2}+1)}$

$$=\lim_{x\to 0}\frac{x}{\sqrt{1+x^2}+1}=\frac{0}{2}=0.$$

例 1.8.6 求$\lim\limits_{x\to 0}\frac{\log_a(1+x)}{x}$.

解 原式$=\lim\limits_{x\to 0}\log_a(1+x)^{\frac{1}{x}}=\log_a e=\frac{1}{\ln a}$.

特别地，当 $a=e$ 时，

$$\lim_{x\to 0}\frac{\ln(1+x)}{x}=1.$$

例 1.8.7 求$\lim\limits_{x\to 0}\frac{a^x-1}{x}$.

解 令 $a^x-1=y$，则 $x=\log_a(1+y)$，当 $x\to 0$ 时 $y\to 0$，于是

$$\lim_{x\to 0}\frac{a^x-1}{x}=\lim_{y\to 0}\frac{y}{\log_a(1+y)}=\ln a.$$

特别地，当 $a=e$ 时，

$$\lim_{x\to 0}\frac{e^x-1}{x}=1.$$

上述两例，蕴含着重要结论：

$$x\to 0 \text{ 时}，e^x-1\sim x；\ln(1+x)\sim x.$$

读者可自行证明当 $x\to 0$ 时，$(1+x)^\alpha-1\sim\alpha x$，其中 $\alpha\neq 0$.

例 1.8.8 求 $\lim\limits_{x\to 0}(1+2017x)^{\frac{1}{\sin x}}$.

解 原式 $=\lim\limits_{x\to 0}(1+2017x)^{\frac{1}{2017x}\cdot\frac{2017x}{\sin x}}=e^{2017}$.

1.8.4 闭区间上连续函数的性质

1. 有界性与最大值、最小值定理

定义 1.8.1 设函数 $f(x)$ 在区间 I 上有定义．如果有 $x_0\in I$，使得对于任一 $x\in I$，都有

$$f(x)\leqslant f(x_0)\ (\text{或 } f(x)\geqslant f(x_0)),$$

则称 $f(x_0)$ 是函数 $f(x)$ 在区间 I 上的**最大值**(或**最小值**).

定理 1.8.4(有界性与最大值、最小值定理) 在闭区间上连续的函数在该区间上有界且一定能取得它的最大值和最小值.

该定理说明，如果函数 $f(x)$ 在闭区间 $[a,b]$ 上连续，那么至少有一点 $x_1\in[a,b]$，使得 $f(x_1)$ 是 $f(x)$ 在 $[a,b]$ 上的最大值，又至少有一点 $x_2\in[a,b]$，使得 $f(x_2)$ 是 $f(x)$ 在 $[a,b]$ 上的最小值.

注 1.8.1 如果函数在开区间内连续，或函数在闭区间上有间断点，那么函数在该区间上就不一定有最大值或最小值．例如，在开区间 $(0,1)$ 考察函数 $y=x$. 又如，函数

$$f(x)=\begin{cases}-x+1, & 0\leqslant x<1,\\ 1, & x=1,\\ -x+3, & 1<x\leqslant 2\end{cases}$$

在闭区间 $[0,2]$ 上无最大值和最小值．

2. 零点定理与介值定理

定义 1.8.2 如果 x_0 使得 $f(x_0)=0$，则点 x_0 称为函数 $f(x)$ 的**零点**.

定理 1.8.5(零点定理) 设函数 $f(x)$ 在闭区间 $[a,b]$ 上连续，且 $f(a)$ 与 $f(b)$ 异号，即

$$f(a)\cdot f(b)<0,$$

那么在开区间 (a,b) 内至少有一点 ξ，使得

$$f(\xi)=0.$$

几何意义：如果连续曲线弧的两个端点位于 x 轴的不同侧，那么这段弧与 x 轴至少有一个交点.

定理 1.8.6(介值定理) 设函数 $f(x)$ 在闭区间 $[a,b]$ 上连续，且在这区间的端点取不同的函数值 $f(a)=A$ 及 $f(b)=B$，那么，对于 A 与 B 之间的任意一个数 C，在开区间 (a,b) 内至少有一点 ξ，使得 $f(\xi)=C$.

证明　我们利用零点定理证明．设 $\varphi(x)=f(x)-C$，则 $\varphi(x)$ 在闭区间 $[a, b]$ 上连续，且 $\varphi(a)=A-C$ 与 $\varphi(b)=B-C$ 异号．根据零点定理，在开区间 (a, b) 内至少有一点 ξ，使得

$$\varphi(\xi)=f(\xi)-C=0 \quad (a<\xi<b)，即 f(\xi)=C(a<\xi<b).$$

推论 1.8.1　在闭区间上连续的函数必取得介于最大值 M 与最小值 m 之间的任何值.

例 1.8.9　证明 $x^3-3x^2+1=0$ 在 $(0, 1)$ 内至少有一个根.

证明　函数 $f(x)=x^3-3x^2+1$ 在闭区间 $[0, 1]$ 上连续，又

$$f(0)=1>0，f(1)=-1<0，$$

根据零点定理，在 $(0, 1)$ 内至少有一点 ξ，使得 $f(\xi)=0$，即

$$\xi^3-3\xi^2+1=0 \quad (0<\xi<1).$$

这说明方程 $x^3-3x^2+1=0$ 在 $(0, 1)$ 内至少有一个根 ξ.

习题 1.8

1. 求函数 $f(x)=\dfrac{x^3+3x^2-x-3}{x^2+x-6}$ 的连续区间，并求极限 $\lim\limits_{x\to 0}f(x)$，$\lim\limits_{x\to -3}f(x)$ 及 $\lim\limits_{x\to 2}f(x)$.

2. 设函数 $f(x)$ 与 $g(x)$ 在点 x_0 连续，证明函数 $\varphi(x)=\max\{f(x), g(x)\}$，$\psi(x)=\min\{f(x), g(x)\}$ 在点 x_0 也连续.

3. 求下列极限：

(1) $\lim\limits_{x\to 0}\sqrt{x^2-2x+5}$；　　(2) $\lim\limits_{x\to \frac{\pi}{4}}(\sin 2x)^3$；

(3) $\lim\limits_{x\to \frac{\pi}{6}}\ln(2\cos 2x)$；　　(4) $\lim\limits_{x\to 0}\dfrac{\sqrt{x+1}-1}{x}$；

(5) $\lim\limits_{x\to 1}\dfrac{\sqrt{5x-4}-\sqrt{x}}{x-1}$；　　(6) $\lim\limits_{x\to a}\dfrac{\sin x-\sin a}{x-a}$；

(7) $\lim\limits_{x\to +\infty}(\sqrt{x^2+x}-\sqrt{x^2-x})$.

4. 求下列极限：

(1) $\lim\limits_{x\to \infty}e^{\frac{1}{x}}$　　(2) $\lim\limits_{x\to 0}\ln\dfrac{\sin x}{x}$；

(3) $\lim\limits_{x\to \infty}\left(1+\dfrac{1}{x}\right)^{\frac{x}{2}}$；　　(4) $\lim\limits_{x\to 0}(1+3\tan^2 x)^{\cot^2 x}$；

(5) $\lim\limits_{x\to \infty}\left(\dfrac{3+x}{6+x}\right)^{\frac{x-1}{2}}$；　　(6) $\lim\limits_{x\to 0}\dfrac{\sqrt{1+\tan x}-\sqrt{1+\sin x}}{x\sqrt{1+\sin^2 x}-x}$.

5. 设函数

$$f(x)=\begin{cases} e^x, & x<0, \\ a+x, & x\geqslant 0. \end{cases}$$

应当如何选择数 a，使得 $f(x)$成为在$(-\infty, +\infty)$内的连续函数？

6. 确定 k 的值，使

$$f(x)=\begin{cases}\sin x\cos\dfrac{1}{x}, & x\neq 0,\\ k, & x=0\end{cases}$$

在 $x=0$ 处连续.

7. 计算函数 $f(x)=\dfrac{1}{\sqrt{4-x^2}}$的连续区间.

8. 指出函数 $f(x)=\dfrac{\sin x}{x^2-x}$的间断点，并指明其类型.

9. 试确定 a 和 b 的值，使 $f(x)=\dfrac{e^x-b}{(x-a)(x-1)}$有无穷间断点 $x=0$ 和可去间断点 $x=1$.

10. 证明方程 $x^5-3x=1$ 至少有一个根介于 1 和 2 之间.

11. 证明方程 $x=a\sin x+b$，其中 $a>0$，$b>0$，至少有一个正根，并且它不超过 $a+b$.

12. 设函数 $f(x)$对于闭区间$[a, b]$上的任意两点 x，y，恒有

$$|f(x)-f(y)|\leqslant L|x-y|,$$

其中 L 为正常数，且 $f(a)f(b)<0$，证明：至少有一点 $\xi\in(a, b)$，使得 $f(\xi)=0$.

1.9　总习题

1. 填空题

(1) 函数 $f(x)=\dfrac{1}{\sqrt{\ln(x+4)}}$的定义域为________.

(2) 设函数 $f(x)=\begin{cases} e^{x}-2, & x>0, \\ 1, & x=0, \\ \sin x-\cos x, & x<0, \end{cases}$ 则$\lim\limits_{x\to 0}f(x)=$________.

(3) $x=0$ 是 $f(x)=x\cos\dfrac{1}{2x}$的________间断点.

(4) 要使 $f(x)=(1+x^{2})^{-\frac{2}{x^{2}}}$ 在 $x=0$ 处连续，应补充定义 $f(0)$的值为________.

(5) 设 $f(x)=\begin{cases} \dfrac{x^{3}-1}{x-1}, & x<1, \\ a, & x\geqslant 1 \end{cases}$ 在 $x=1$ 处连续，则 $a=$________.

(6) 设 $f(x)=x^{2}$，$g(x)=2^{x}$，则函数 $f[g(x)]=$________.

(7) 函数 $f(x)=\sqrt{\dfrac{3-x}{x+2}}$的定义域为________.

(8) $y=\dfrac{x-1}{x^{2}-3x+2}$有________个间断点.

2. 选择题

(1) 数列有界是数列收敛的(　　).

(A) 充分条件　　(B) 必要条件

(C) 充分必要条件　　(D) 既非充分条件又非必要条件

(2) $\lim\limits_{n\to\infty}\left[\dfrac{1}{1\times 2}+\dfrac{1}{2\times 3}+\cdots+\dfrac{1}{n(n+1)}\right]=$(　　).

(A) 1　　(B) $\dfrac{1}{2}$　　(C) ∞　　(D) $\dfrac{1}{n}$

(3) 已知 $f(x)=\begin{cases} 1, & x\neq 1, \\ 0, & x=1, \end{cases}$ 则$\lim\limits_{x\to 1}f(x)=$(　　).

(A) 0　　(B) 1　　(C) ∞　　(D) 不存在

(4) $x\to 0$ 时，$1-\cos 2x$ 是 x^{2} 的(　　).

(A) 高阶无穷小量　　(B) 同阶无穷小量，但不等价

(C) 等价无穷小量　　(D) 低阶无穷小量

(5) 如果 $x\to\infty$ 时，$\dfrac{1}{ax^2+bx+c}$ 是比 $\dfrac{1}{x+1}$ 高阶的无穷小量，则 a，b，c 应满足(　　).

(A) $a=0$，$b=1$，$c=1$　　(B) $a\neq 0$，$b=1$，c 为任意数

(C) $a\neq 0$，b 和 c 为任意数　　(D) a，b，c 都可以是任意数

(6) 在 $x\to 0$ 时，下面说法中错误的是(　　).

(A) $x\sin x$ 是无穷小量　　(B) $x\sin\dfrac{1}{x}$ 是无穷小量

(C) $\dfrac{1}{x}\sin\dfrac{1}{x}$ 是无穷大量　　(D) $\dfrac{1}{x}$ 是无穷大量

(7) $\lim\limits_{x\to 0}\dfrac{|x|}{x}=$(　　).

(A) 0　　(B) 1　　(C) -1　　(D) 不存在

3. 计算题

(1) 设 $f(x)=\begin{cases}2x+1, & x\geqslant 0,\\ x^2+4, & x<0,\end{cases}$ 求 $f(2x-1)$.

(2) 设当 $x\to 0$ 时，$\alpha(x)=\sqrt[3]{1+3x^3}-\sqrt[3]{1-3x^3}\sim Ax^k$，试确定 A 及 k.

(3) 求 $\lim\limits_{x\to 0}\dfrac{1-\cos 2x}{x\tan x}$.

第 2 章　导数与微分

本章开始讨论一元函数的微分学，它是微积分学的重要内容．导数与微分的概念是建立在极限基础之上的.

2.1　导数的概念

2.1.1　问题的提出

变速直线运动的瞬时速度

设一质点作非匀速直线运动，$s=f(t)$是其运动规律函数．求动点在时刻 t_0 的瞬时速度.

考查比值

$$\bar{v}=\frac{f(t)-f(t_0)}{t-t_0},$$

它是质点在时间段$[t_0, t]$(或$[t, t_0]$)内的平均速度．当 $t\to t_0$ 时，若比值$\frac{f(t)-f(t_0)}{t-t_0}$的极限存在，则称极限

$$v=\lim_{t\to t_0}\frac{f(t)-f(t_0)}{t-t_0}$$

为质点在时刻 t_0 的瞬时速度.

2.1.2　函数在一点处的导数与导函数

从上面所讨论的问题看出，实质上，非匀速直线运动的瞬时速度由极限

$$\lim_{x\to x_0}\frac{f(x)-f(x_0)}{x-x_0}$$

所定义．更一般地有以下定义.

定义 2.1.1　设函数 $y=f(x)$在某 $U(x_0)$内有定义．若极限

$$\lim_{x\to x_0}\frac{f(x)-f(x_0)}{x-x_0} \tag{2.1.1}$$

存在，则称函数 $y=f(x)$在点 x_0 处可导，并称这个极限为函数 $f(x)$在点 x_0 处的**导数**，记为 $f'(x_0)$，或

$$y'|_{x=x_0},\ \left.\frac{\mathrm{d}y}{\mathrm{d}x}\right|_{x=x_0},\ \left.\frac{\mathrm{d}f(x)}{\mathrm{d}x}\right|_{x=x_0}.$$

令 $\Delta x=x-x_0$，$\Delta y=f(x_0+\Delta x)-f(x_0)$，则式(2.1.1)可写为

$$\lim_{\Delta x\to 0}\frac{\Delta y}{\Delta x}=\lim_{\Delta x\to 0}\frac{f(x_0+\Delta x)-f(x_0)}{\Delta x}=f'(x_0). \tag{2.1.2}$$

如果式(2.1.1)或式(2.1.2)的极限不存在，就说函数 $f(x)$在点 x_0 处不可导.

如果函数 $y=f(x)$在开区间 I 内的每点处都可导，就称函数 $f(x)$在开区间 I 内可导．此时，对于任一 $x\in I$，都对应着 $f(x)$的一个确定的导数值．这样就构成了一个新的函数，这个函数叫做原来函数 $y=f(x)$的导函数，记作

$$y',\ f'(x),\ \frac{\mathrm{d}y}{\mathrm{d}x}\ 或\ \frac{\mathrm{d}f(x)}{\mathrm{d}x}.$$

导函数 $f'(x)$简称导数，$f'(x_0)$就是导函数 $f'(x)$在点 $x=x_0$ 处的函数值，即

$$f'(x_0)=f'(x)|_{x=x_0}.$$

例 2.1.1 求函数 $f(x)=C$(C 为常数)的导数.

解 $f'(x)=\lim\limits_{\Delta x\to 0}\dfrac{f(x+\Delta x)-f(x)}{\Delta x}=\lim\limits_{\Delta x\to 0}\dfrac{C-C}{\Delta x}=0.$

即 $(C)'=0.$

例 2.1.2 求函数 $f(x)=x^n(n\in\mathbf{N}_+)$在 $x=a$ 处的导数.

解 (解法 1)
$$f'(a)=\lim_{x\to a}\frac{f(x)-f(a)}{x-a}=\lim_{x\to a}\frac{x^n-a^n}{x-a}$$
$$=\lim_{x\to a}(x^{n-1}+ax^{n-2}+\cdots+a^{n-1})=na^{n-1}.$$

事实上，根据等比数列求和公式可得

$$\frac{x^n-1}{x-1}=x^{n-1}+x^{n-2}+\cdots+1,\ x\neq 1.$$

$$\begin{aligned}\frac{x^n-a^n}{x-a}&=\frac{a^n\left[\left(\dfrac{x}{a}\right)^n-1\right]}{a\left(\dfrac{x}{a}-1\right)}\\&=a^{n-1}(y^{n-1}+y^{n-2}+\cdots+1)\\&=x^{n-1}+ax^{n-2}+\cdots+a^{n-1},\end{aligned}$$

其中 $y=\dfrac{x}{a}$.

注 2.1.1 把以上结果中的 a 换成 x 可得 $f'(x)=nx^{n-1}$，即

$$(x^n)'=nx^{n-1}.$$

(解法 2) 注意到牛顿(Newton)二项式展开

$$\begin{aligned} f'(a) &= \lim_{\Delta x\to 0}\frac{f(a+\Delta x)-f(a)}{\Delta x} \\ &= \lim_{\Delta x\to 0}\frac{(a+\Delta x)^n-a^n}{\Delta x} \\ &= \lim_{\Delta x\to 0}\frac{1}{\Delta x}[a^n+C_n^1\Delta x a^{n-1}+C_n^2(\Delta x)^2a^{n-2}+\cdots+(\Delta x)^n-a^n] \\ &= \lim_{\Delta x\to 0}[C_n^1a^{n-1}+C_n^2\Delta x a^{n-2}+\cdots+(\Delta x)^{n-1}] \\ &= na^{n-1}. \end{aligned}$$

更一般地，关于幂函数求导有

$$(x^\mu)'=\mu x^{\mu-1}.$$

其中 μ 为常数.

例如，

$$\left(\frac{1}{x}\right)'=(x^{-1})'=-\frac{1}{x^2},\quad (\sqrt{x})'=\frac{1}{2\sqrt{x}}.$$

例 2.1.3　求函数 $f(x)=\sin x$ 的导数.

解　$$\begin{aligned} f'(x) &= \lim_{\Delta x\to 0}\frac{f(x+\Delta x)-f(x)}{\Delta x} \\ &= \lim_{\Delta x\to 0}\frac{\sin(x+\Delta x)-\sin x}{\Delta x} \\ &= \lim_{\Delta x\to 0}\frac{1}{\Delta x}\cdot 2\cos\left(x+\frac{\Delta x}{2}\right)\sin\frac{\Delta x}{2} \\ &= \lim_{\Delta x\to 0}\cos\left(x+\frac{\Delta x}{2}\right)\cdot\frac{\sin\frac{\Delta x}{2}}{\frac{\Delta x}{2}}=\cos x, \end{aligned}$$

即

$$(\sin x)'=\cos x.$$

用类似的方法，可求得

$$(\cos x)'=-\sin x.$$

实际上，上述过程用到了和差化积公式．为方便读者，我们简要证之.

$$\sin(\alpha+\beta)=\sin\alpha\cos\beta+\cos\alpha\sin\beta,$$

$$\sin(\alpha-\beta)=\sin\alpha\cos\beta-\cos\alpha\sin\beta.$$

两式作差得

$$\sin(\alpha+\beta)-\sin(\alpha-\beta)=2\cos\alpha\sin\beta.$$

令 $\alpha+\beta=y$，$\alpha-\beta=z$，有

$$\sin y-\sin z=2\cos\frac{y+z}{2}\sin\frac{y-z}{2}.$$

例 2.1.4　求函数 $f(x)=a^x(a>0,\ a\neq 1)$的导数.

解 $f'(x)=\lim\limits_{\Delta x\to 0}\dfrac{f(x+\Delta x)-f(x)}{\Delta x}$

$$=\lim_{\Delta x\to 0}\frac{a^{x+\Delta x}-a^x}{\Delta x}$$

$$=a^x\lim_{\Delta x\to 0}\frac{a^{\Delta x}-1}{\Delta x}$$

$$\overset{\text{例1.8.7}}{=\!=\!=}a^x\ln a.$$

即

$$(a^x)'=a^x\ln a.$$

特别地，当 $a=\mathrm{e}$ 时，有

$$(\mathrm{e}^x)'=\mathrm{e}^x.$$

例 2.1.5 求函数 $f(x)=\log_a x(a>0，a\neq 1)$的导数.

解 $f'(x)=\lim\limits_{\Delta x\to 0}\dfrac{f(x+\Delta x)-f(x)}{\Delta x}$

$$=\lim_{\Delta x\to 0}\frac{\log_a(x+\Delta x)-\log_a x}{\Delta x}$$

$$=\lim_{\Delta x\to 0}\frac{1}{\Delta x}\log_a\left(\frac{x+\Delta x}{x}\right)$$

$$=\frac{1}{x}\lim_{\Delta x\to 0}\frac{x}{\Delta x}\log_a\left(1+\frac{\Delta x}{x}\right)$$

$$=\frac{1}{x}\lim_{\Delta x\to 0}\log_a\left(1+\frac{\Delta x}{x}\right)^{\frac{x}{\Delta x}}$$

$$=\frac{1}{x}\log_a\mathrm{e}=\frac{1}{x\ln a},$$

即

$$(\log_a x)'=\frac{1}{x\ln a}.$$

特别地，当 $a=\mathrm{e}$ 时，有

$$(\ln x)'=\frac{1}{x}.$$

2.1.3 单侧导数

定义 2.1.2 设函数 $y=f(x)$在某 $U_+(x_0)$内有定义．若

$$\lim_{x\to x_0^+}\frac{f(x)-f(x_0)}{x-x_0}$$

或

$$\lim_{\Delta x\to 0^+}\frac{f(x_0+\Delta x)-f(x_0)}{\Delta x}$$

存在，则称这个极限值为函数 $y=f(x)$ 在点 x_0 处的右导数，记为 $f'_+(x_0)$.

设函数 $y=f(x)$ 在某 $U_-(x_0)$ 内有定义．若

$$\lim_{x\to x_0^-}\frac{f(x)-f(x_0)}{x-x_0}$$

或

$$\lim_{\Delta x\to 0^-}\frac{f(x_0+\Delta x)-f(x_0)}{\Delta x}$$

存在，则称这个极限值为函数 $y=f(x)$ 在点 x_0 处的左导数，记为 $f'_-(x_0)$.

左、右导数统称为单侧导数.

导数与左、右导数有如下关系：

定理 2.1.1　函数 $f(x)$ 在点 x_0 处可导的充分必要条件是左导数和右导数都存在且相等.

如果函数 $f(x)$ 在开区间 (a, b) 内可导，且右导数 $f'_+(a)$ 和左导数 $f'_-(b)$ 都存在，则称 $f(x)$ 在闭区间 $[a, b]$ 上可导.

例 2.1.6　证明函数 $f(x)=|x|$ 在 $x=0$ 处不可导.

证明

$$f'_-(0)=\lim_{\Delta x\to 0^-}\frac{f(0+\Delta x)-f(0)}{\Delta x}=\lim_{\Delta x\to 0^-}\frac{|\Delta x|}{\Delta x}=-1,$$

$$f'_+(0)=\lim_{\Delta x\to 0^+}\frac{f(0+\Delta x)-f(0)}{\Delta x}=\lim_{\Delta x\to 0^+}\frac{|\Delta x|}{\Delta x}=1.$$

因为 $f'_-(0)\neq f'_+(0)$，所以函数 $f(x)=|x|$ 在 $x=0$ 处不可导．

2.1.4　导数的几何意义

函数 $y=f(x)$ 在点 x_0 处的导数 $f'(x_0)$ 在几何上表示曲线 $y=f(x)$ 在点 $M(x_0, f(x_0))$ 处切线的斜率.

如果 $y=f(x)$ 在点 x_0 处的导数为无穷大，那么这时曲线 $y=f(x)$ 在点 $M(x_0, f(x_0))$ 处具有垂直于 x 轴的切线 $x=x_0$.

由直线的点斜式方程可知，曲线 $y=f(x)$ 在点 $M(x_0, y_0)$ 处的切线方程为

$$y-y_0=f'(x_0)(x-x_0).$$

过切点 $M(x_0, y_0)$ 且与切线垂直的直线叫做曲线 $y=f(x)$ 在点 $M(x_0, y_0)$ 处的法线．如果 $f'(x_0)\neq 0$，那么法线的斜率为 $-\dfrac{1}{f'(x_0)}$，从而法线方程为

$$y-y_0=-\frac{1}{f'(x_0)}(x-x_0).$$

例 2.1.7　求双曲线 $y=\dfrac{1}{x}$ 在点 $(1, 1)$ 处的切线的斜率，并写出在该点处的切线方程和法线方程．

解　$y'=-\dfrac{1}{x^2}$，所求切线及法线的斜率分别为

$$k_1=\left(-\frac{1}{x^2}\right)\bigg|_{x=1}=-1,\ k_2=-\frac{1}{k_1}=1.$$

所求切线方程为

$$y-1=-(x-1),\ 即\ x+y=2.$$

所求法线方程为

$$y-1=x-1,\ 即\ x-y=0.$$

2.1.5 函数的可导性与连续性的关系

设函数 $y=f(x)$在点 x_0 处可导，即$\lim\limits_{\Delta x\to 0}\dfrac{\Delta y}{\Delta x}$存在且为 $f'(x_0)$，此时有

$$\lim_{\Delta x\to 0}\Delta y=\lim_{\Delta x\to 0}\left[\frac{\Delta y}{\Delta x}\cdot\Delta x\right]=\lim_{\Delta x\to 0}\frac{\Delta y}{\Delta x}\cdot\lim_{\Delta x\to 0}\Delta x=f'(x_0)\cdot 0=0.$$

这就是说，函数 $y=f(x)$在点 x_0 处是连续的．所以，如果函数 $y=f(x)$在点 x_0 处可导，则函数在该点必连续．但是，一个函数在某点连续却不一定在该点处可导．例如例 2.1.6 以及下面的例子．

例 2.1.8 函数 $f(x)=\sqrt[3]{x}$在区间$(-\infty,+\infty)$内连续，但在点 $x=0$ 处不可导．这是因为

$$\lim_{\Delta x\to 0}\frac{f(0+\Delta x)-f(0)}{\Delta x}=\lim_{\Delta x\to 0}\frac{\sqrt[3]{\Delta x}-0}{\Delta x}=+\infty.$$

这说明$\sqrt[3]{x}$在点 $x=0$ 处不可导.

习题 2.1

1. 选择题

(1) 设函数 $f(x)=\begin{cases}\dfrac{2}{3}x^3, & x\leqslant 1,\\ x^2, & x>1,\end{cases}$ 则 $f(x)$在 $x=1$ 处的(　　).

(A) 左、右导数都存在　　(B) 左导数存在，右导数不存在

(C) 左导数不存在，右导数存在　　(D) 左、右导数都不存在

(2) 设函数 $f(x)=\begin{cases}x^2\sin\dfrac{1}{x}, & x>0,\\ ax+b, & x\leqslant 0\end{cases}$ 在 $x=0$ 处可导，则 a，b 的值满足(　　).

(A) $a=0$，$b=0$　　(B) $a=1$，$b=1$

(C) a 为任意常数，$b=0$　　(D) a 为任意常数，$b=1$

(3) 设 $f(x)$可导，$F(x)=f(x)(1+|\sin x|)$，则 $f(0)=0$ 是 $F(x)$在 $x=0$ 可导的(　　).

(A) 充分必要条件　　　　(B) 充分条件但非必要条件

(C) 必要条件但非充分条件　　　　(D) 既非充分条件也非必要条件

2. 判断题

(1) 若 $f(x)$在 x_0 处左、右导数都存在，则 $f(x)$在 x_0 可导．　(　　)

(2) 若 $f(x)$，$g(x)$均在 x_0 可导，且 $f'(x_0)=g'(x_0)$，则 $f(x_0)=g(x_0)$.　(　　)

(3) 若 $f(x)$，$g(x)$均在 x_0 可导，且 $f(x_0)=g(x_0)$，则 $f'(x_0)=g'(x_0)$.　(　　)

(4) 若 $x\in(x_0-\delta, x_0+\delta)$，$x\neq x_0$ 时 $f(x)=g(x)$，则 $f(x)$和 $g(x)$在 x_0 处具有相同的可导性．　(　　)

(5) 若存在 x_0 的一个邻域$(x_0-\delta, x_0+\delta)$，使得 $x\in(x_0-\delta, x_0+\delta)$时 $f(x)=g(x)$，则 $f(x)$和 $g(x)$在 x_0 处具有相同的可导性．若可导，则 $f'(x_0)=g'(x_0)$.　(　　)

3. 计算题.

(1) 已知直线运动方程 $s=3t^2+2t+1$，分别令 $\Delta t=1, 0.1, 0.01$，求从 $t=2$ 至 $t=2+\Delta t$ 这一段时间内运动的平均速度及 $t=2$ 时的瞬时速度.

(2) 等速旋转的角速度等于旋转角与对应时间的比，试由此给出变速旋转的角速度的定义．

(3) 求曲线 $y=\cos x$ 在点(0，1)处的切线方程与法线方程.

(4) 求下列函数的导函数：

① $f(x)=|x|^3$；　　② $f(x)=\begin{cases}\dfrac{x}{1+e^{\frac{1}{x}}}, & x\neq 0; \\ 0, & x=0.\end{cases}$

(5) 设有一吊桥，其铁链成抛物线形，两端系于相距 100m 高度相同的支柱上，铁链的最低点在悬点下 10m 处，求铁链与支柱所成的夹角.

2.2 求导法则

在 2.1 节，我们应用导数的定义求出了几个基本初等函数的导数，然而对于一般函数而言，如果直接用定义去求，通常会很烦琐．本节讨论一些求导法则，这些法则可以帮助我们快速简便地进行求导运算．

2.2.1 导数的四则运算

定理 2.2.1 如果函数 $u=u(x)$ 及 $v=v(x)$ 在点 x 可导，那么它们的和、差、积、商(除分母为零的点外)都在点 x 具有导数，并且

$$[u(x)\pm v(x)]'=u'(x)\pm v'(x); \tag{2.2.1}$$

$$[u(x)v(x)]'=u'(x)v(x)+u(x)v'(x); \tag{2.2.2}$$

$$\left[\frac{u(x)}{v(x)}\right]'=\frac{u'(x)v(x)-u(x)v'(x)}{v^2(x)}. \tag{2.2.3}$$

证明 我们只给出式(2.2.3)的证明，前两个公式的证明比较容易得到，留给读者作为练习.

$$\begin{aligned}\left[\frac{u(x)}{v(x)}\right]'&=\lim_{\Delta x\to 0}\frac{\dfrac{u(x+\Delta x)}{v(x+\Delta x)}-\dfrac{u(x)}{v(x)}}{\Delta x}\\&=\lim_{\Delta x\to 0}\frac{u(x+\Delta x)v(x)-v(x+\Delta x)u(x)}{v(x+\Delta x)v(x)\Delta x}\\&=\lim_{\Delta x\to 0}\frac{[u(x+\Delta x)-u(x)]v(x)-[v(x+\Delta x)-v(x)]u(x)}{v(x+\Delta x)v(x)\Delta x}\\&=\lim_{\Delta x\to 0}\frac{\left[\dfrac{u(x+\Delta x)-u(x)}{\Delta x}\right]v(x)-\left[\dfrac{v(x+\Delta x)-v(x)}{\Delta x}\right]u(x)}{v(x+\Delta x)v(x)}\\&=\frac{u'(x)v(x)-u(x)v'(x)}{v^2(x)}.\end{aligned}$$

注 2.2.1 定理中的式(2.2.1)、式(2.2.2)可推广到任意有限个可导函数的情形．设 $u=u(x)$，$v=v(x)$，$w=w(x)$ 均可导，则有

$$[u+v+w]'=u'+v'+w',$$
$$[uvw]'=u'vw+uv'w+uvw'.$$

我们只证明乘积的情形．事实上，根据式(2.2.2)，

$$\begin{aligned}[uvw]'&=[(uv)w]'=(uv)'w+(uv)w'\\&=[u'v+uv']w+(uv)w'\\&=u'vw+uv'w+uvw'.\end{aligned}$$

注 2.2.2 在式(2.2.2)中，如果 $v=C$(C 为常数)，则有

$$(Cu)'=Cu'.$$

例 2.2.1 设 $f(x)=x^{2017}+2018\sin x$，求 $f'(x)$及 $f'(0)$.

解

$$f'(x)=(x^{2017})'+(2018\sin x)'$$
$$=2017x^{2016}+2018\cos x.$$
$$f'(0)=2018.$$

例 2.2.2 设 $y=\cos x\cdot\ln x$，求 y'.

解

$$y'=-\sin x\ln x+\frac{1}{x}\cos x.$$

例 2.2.3 设 $y=\tan x$，求 y'.

解

$$y'=(\tan x)'=\left(\frac{\sin x}{\cos x}\right)'$$
$$=\frac{\cos x(\sin x)'-\sin x(\cos x)'}{\cos^2 x}$$
$$=\frac{\cos^2 x+\sin^2 x}{\cos^2 x}$$
$$=\frac{1}{\cos^2 x}=\sec^2 x,$$

即

$$(\tan x)'=\sec^2 x.$$

例 2.2.4 设 $y=\sec x$，求 y'.

解

$$y'=(\sec x)'=\left(\frac{1}{\cos x}\right)'$$
$$=\frac{(1)'\cos x-1\cdot(\cos x)'}{\cos^2 x}$$
$$=\frac{\sin x}{\cos^2 x}=\sec x\tan x,$$

即

$$(\sec x)'=\sec x\tan x.$$

用类似方法，还可求得余切函数及余割函数的导数公式：

$$(\cot x)'=-\csc^2 x,$$
$$(\csc x)'=-\csc x\cot x.$$

2.2.2 反函数的导数

定理 2.2.2 如果函数 $x=f(y)$在区间 I_y 内单调、可导且 $f'(y)\neq 0$，那么它的反函数 $y=f^{-1}(x)$在对应区间 $I_x=\{x: x=f(y), y\in I_y\}$内也可导，并且

$$[f^{-1}(x)]'=\frac{1}{f'(y)}$$

或

$$\frac{\mathrm{d}y}{\mathrm{d}x}=\frac{1}{\frac{\mathrm{d}x}{\mathrm{d}y}}.$$

证明 任取 $x\in I_x$，给其增量 $\Delta x\neq 0$ 且 $x+\Delta x\in I_x$，由 $y=f^{-1}(x)$的单调性知

$$\Delta y=f^{-1}(x+\Delta x)-f^{-1}(x)\neq 0,$$

所以

$$\frac{\Delta y}{\Delta x}=\frac{1}{\frac{\Delta x}{\Delta y}}.$$

因为 $y=f^{-1}(x)$连续，所以$\lim\limits_{\Delta x\to 0}\Delta y=0$. 这样

$$[f^{-1}(x)]'=\lim_{\Delta x\to 0}\frac{\Delta y}{\Delta x}=\lim_{\Delta y\to 0}\frac{1}{\frac{\Delta x}{\Delta y}}=\frac{1}{f'(y)}.$$

上述结论可简单地说成：反函数的导数等于直接函数导数的倒数.

例 2.2.5 设 $x=\sin y$，$y\in\left(-\frac{\pi}{2},\ \frac{\pi}{2}\right)$为直接函数，则 $y=\arcsin x$ 是它的反函数. 函数 $x=\sin y$ 在开区间$\left(-\frac{\pi}{2},\ \frac{\pi}{2}\right)$内单调、可导，且

$$(\sin y)'=\cos y>0.$$

因此，由反函数的求导法则，在对应区间 $I_x=(-1,\ 1)$内有

$$(\arcsin x)'=\frac{1}{(\sin y)'}=\frac{1}{\cos y}=\frac{1}{\sqrt{1-\sin^2 y}}=\frac{1}{\sqrt{1-x^2}}.$$

类似地有

$$(\arccos x)'=-\frac{1}{\sqrt{1-x^2}}.$$

例 2.2.6 设 $x=\tan y$，$y\in\left(-\frac{\pi}{2},\ \frac{\pi}{2}\right)$为直接函数，则 $y=\arctan x$ 是它的反函数. 函数 $x=\tan y$ 在区间$\left(-\frac{\pi}{2},\ \frac{\pi}{2}\right)$内单调、可导，且$(\tan y)'=\sec^2 y\neq 0$，因此，由反函数的求导法则，在对应区间 $I_x=(-\infty,\ +\infty)$内有

$$(\arctan x)'=\frac{1}{(\tan y)'}=\frac{1}{\sec^2 y}=\frac{1}{1+\tan^2 y}=\frac{1}{1+x^2}.$$

类似地有

$$(\operatorname{arccot} x)'=-\frac{1}{1+x^2}.$$

2.2.3 复合函数的导数

定理 2.2.3 如果 $u=g(x)$ 在点 x 可导，函数 $y=f(u)$ 在点 $u=g(x)$ 可导，那么复合函数 $y=f[g(x)]$ 在点 x 可导，且其导数为

$$\frac{\mathrm{d}y}{\mathrm{d}x}=f'(u)\cdot g'(x)$$

或

$$\frac{\mathrm{d}y}{\mathrm{d}x}=\frac{\mathrm{d}y}{\mathrm{d}u}\cdot\frac{\mathrm{d}u}{\mathrm{d}x}.$$

例 2.2.7 设 $y=\mathrm{e}^{x^{2018}}$，求 $\frac{\mathrm{d}y}{\mathrm{d}x}$.

解 函数 $y=\mathrm{e}^{x^{2018}}$ 可看作是由 $y=\mathrm{e}^u$，$u=x^{2018}$ 复合而成的，因此

$$\frac{\mathrm{d}y}{\mathrm{d}x}=\frac{\mathrm{d}y}{\mathrm{d}u}\cdot\frac{\mathrm{d}u}{\mathrm{d}x}=\mathrm{e}^u\cdot 2018x^{2017}=2018x^{2017}\mathrm{e}^{x^{2018}}.$$

例 2.2.8 设 $y=\sin\frac{1}{x}$，求 $\frac{\mathrm{d}y}{\mathrm{d}x}$.

解 函数 $y=\sin\frac{1}{x}$ 是由 $y=\sin u$，$u=\frac{1}{x}$ 复合而成的，因此

$$\begin{aligned}\frac{\mathrm{d}y}{\mathrm{d}x}&=\frac{\mathrm{d}y}{\mathrm{d}u}\cdot\frac{\mathrm{d}u}{\mathrm{d}x}=\cos u\cdot\frac{-1}{x^2}\\&=-\frac{1}{x^2}\cos\frac{1}{x}.\end{aligned}$$

对复合函数的导数比较熟练后，就不必再写出中间变量 u.

例 2.2.9 设 $y=\ln\cos x$，求 $\frac{\mathrm{d}y}{\mathrm{d}x}$.

解

$$\begin{aligned}\frac{\mathrm{d}y}{\mathrm{d}x}&=(\ln\cos x)'=\frac{1}{\cos x}\cdot(\cos x)'\\&=\frac{1}{\cos x}\cdot(-\sin x)=-\tan x.\end{aligned}$$

例 2.2.10 设 $y=\sqrt[3]{1+x^2}$，求 $\frac{\mathrm{d}y}{\mathrm{d}x}$.

解

$$\frac{\mathrm{d}y}{\mathrm{d}x}=[(1+x^2)^{\frac{1}{3}}]'=\frac{1}{3}(1+x^2)^{-\frac{2}{3}}\cdot 2x=\frac{2}{3}x(1+x^2)^{-\frac{2}{3}}.$$

复合函数的求导法则可以推广到多个中间变量的情形．例如，设 $y=f(u)$，$u=\varphi(v)$，$v=\psi(x)$，则

$$\frac{\mathrm{d}y}{\mathrm{d}x}=\frac{\mathrm{d}y}{\mathrm{d}u}\cdot\frac{\mathrm{d}u}{\mathrm{d}v}\cdot\frac{\mathrm{d}v}{\mathrm{d}x}.$$

例 2.2.11 设 $y=\ln\sin(\mathrm{e}^x)$，求 $\frac{\mathrm{d}y}{\mathrm{d}x}$.

解 $$\frac{\mathrm{d}y}{\mathrm{d}x}=[\ln\sin(\mathrm{e}^x)]'=\frac{1}{\sin(\mathrm{e}^x)}\cdot[\sin(\mathrm{e}^x)]'$$
$$=\frac{1}{\sin(\mathrm{e}^x)}\cdot\cos(\mathrm{e}^x)\cdot(\mathrm{e}^x)'=\mathrm{e}^x\cot(\mathrm{e}^x).$$

例 2.2.12 设 $y=\mathrm{e}^{\sin\frac{1}{x^2}}$，求 y'.

解 $$\frac{\mathrm{d}y}{\mathrm{d}x}=(\mathrm{e}^{\sin\frac{1}{x^2}})'=\mathrm{e}^{\sin\frac{1}{x^2}}\cdot\cos\frac{1}{x^2}(-2x^{-3})=-\frac{2}{x^3}\mathrm{e}^{\sin\frac{1}{x^2}}\cos\frac{1}{x^2}.$$

2.2.4 总结

在这一小节，我们把基本初等函数的导数公式以及各种求导法则进行总结，以方便读者查询.

1. 常数和基本初等函数的导数公式

(1) $(C)'=0$；　(2) $(x^n)'=nx^{n-1}$；

(3) $(\sin x)'=\cos x$；　(4) $(\cos x)'=-\sin x$；

(5) $(\tan x)'=\sec^2 x$；　(6) $(\cot x)'=-\csc^2 x$；

(7) $(\sec x)'=\sec x\tan x$；　(8) $(\csc x)'=-\csc x\cot x$；

(9) $(a^x)'=a^x\ln a$；　(10) $(\mathrm{e}^x)'=\mathrm{e}^x$；

(11) $(\log_a x)'=\frac{1}{x\ln a}$；　(12) $(\ln x)'=\frac{1}{x}$；

(13) $(\arcsin x)'=\frac{1}{\sqrt{1-x^2}}$；　(14) $(\arccos x)'=-\frac{1}{\sqrt{1-x^2}}$；

(15) $(\arctan x)'=\frac{1}{1+x^2}$；　(16) $(\mathrm{arccot}\, x)'=-\frac{1}{1+x^2}$.

2. 导数的四则运算

设 $u=u(x)$，$v=v(x)$都可导，则

$$[u\pm v]'=u'\pm v'；$$
$$[u\cdot v]'=u'v+uv'；$$
$$\left(\frac{u}{v}\right)'=\frac{u'v-uv'}{v^2}(v\neq 0).$$

3. 反函数的导数

设 $x=f(y)$在区间 I_y 内单调、可导且 $f'(y)\neq 0$，则它的反函数 $y=f^{-1}(x)$在 $I_x=f(I_y)$内也可导，并且

$$\frac{\mathrm{d}y}{\mathrm{d}x}=\frac{1}{\frac{\mathrm{d}x}{\mathrm{d}y}}.$$

4. 复合函数的导数

设 $y=f(u)$，而 $u=g(x)$ 且 $f(u)$ 及 $g(x)$ 都可导，则复合函数 $y=f[g(x)]$ 的导数为

$$\frac{dy}{dx}=\frac{dy}{du}\cdot\frac{du}{dx}.$$

习题 2.2

1. 求下列函数在指定点的导数：

(1) 设 $f(x)=\sin x-\cos x$，求 $f'(x)\big|_{x=\frac{\pi}{6}}$，$f'(x)\big|_{x=\frac{\pi}{4}}$；

(2) 设 $f(x)=\dfrac{x}{\cos x}$，求 $f'(0)$，$f'(\pi)$.

2. 求下列函数的导数：

(1) $y=x^4+3x-6$；

(2) $y=2x^{\frac{3}{2}}+3x^{\frac{5}{3}}-6x$；

(3) $y=\dfrac{a-x}{a+x}$；

(4) $y=\dfrac{x}{m}+\dfrac{m}{x}$；

(5) $y=x\sin x+\cos x$；

(6) $y=x\tan x-\cot x$；

(7) $y=e^x\cos x$；

(8) $y=\dfrac{x}{4^x}$；

(9) $y=x^3\log_3 x$；

(10) $y=\dfrac{1+\ln x}{1-\ln x}$；

(11) $y=x^2\arcsin x$；

(12) $y=\arctan x^2$.

3. 设 $f(x)=\sqrt[3]{x^2}\sin x$，求导数 $f'(x)$.

4. 设 $y=f\left(\dfrac{3x-2}{3x+2}\right)$，$f'(x)=\arctan x^2$，求 $\dfrac{dy}{dx}\bigg|_{x=0}$.

5. 设 $f\left(\dfrac{1}{2}x\right)=\sin x$，求 $f'[f(x)]$，$\{f[f(x)]\}'$.

6. 设函数 $f(x)$ 和 $g(x)$ 均在 x_0 的某邻域内有定义，$f(x)$ 在 x_0 处可导，且 $f(x_0)=0$，$g(x)$ 在 x_0 处连续，讨论 $f(x)g(x)$ 在 x_0 的可导性.

2.3 高阶导数

一般地，函数 $y=f(x)$ 的导数 $y'=f'(x)$ 仍然是关于 x 的函数. 我们把 $y'=f'(x)$ 的导数叫做函数 $y=f(x)$ 的**二阶导数**，记作 y''，$f''(x)$ 或 $\dfrac{\mathrm{d}^2 y}{\mathrm{d}x^2}$，即

$$y''=(y')',\quad f''(x)=[f'(x)]',\quad \frac{\mathrm{d}^2 y}{\mathrm{d}x^2}=\frac{\mathrm{d}}{\mathrm{d}x}\left(\frac{\mathrm{d}y}{\mathrm{d}x}\right).$$

相应地，把 $y=f(x)$ 的导数 $f'(x)$ 叫做函数 $y=f(x)$ 的**一阶导数**，并简称为**导数**. 类似地，二阶导数的导数叫做**三阶导数**，三阶导数的导数叫做**四阶导数**……一般地，$n-1$ 阶导数的导数叫做 **n 阶导数**，分别记作

$$y''',\ y^{(4)},\ \cdots,\ y^{(n)} \text{或} \frac{\mathrm{d}^3 y}{\mathrm{d}x^3},\ \frac{\mathrm{d}^4 y}{\mathrm{d}x^4},\ \cdots,\ \frac{\mathrm{d}^n y}{\mathrm{d}x^n}.$$

函数 $f(x)$ 具有 n 阶导数，也常说成函数 $f(x)$ 为 n 阶可导. 如果函数 $f(x)$ 在点 x 处具有 n 阶导数，那么函数 $f(x)$ 在某 $U(x)$ 内必定具有一切低于 n 阶的导数. 二阶及二阶以上的导数统称为**高阶导数**.

例 2.3.1 求幂函数 $y=x^n$(n 是正整数)的各阶导数.

解

$$y'=nx^{n-1};$$
$$y''=n(n-1)x^{n-2};$$
$$y'''=n(n-1)(n-2)x^{n-3}.$$

一般地，可得

$$y^{(n-1)}=n(n-1)(n-2)\cdots 2x;$$
$$y^{(n)}=n(n-1)(n-2)\cdots 2=n!;$$
$$y^{(n+1)}=y^{(n+2)}=\cdots=0.$$

例 2.3.2 求正弦函数 $y=\sin x$ 的 n 阶导数.

解

$$y'=\cos x=\sin\left(x+\frac{\pi}{2}\right);$$
$$y''=\cos\left(x+\frac{\pi}{2}\right)=\sin\left(x+\frac{\pi}{2}+\frac{\pi}{2}\right)=\sin\left(x+2\cdot\frac{\pi}{2}\right);$$
$$y'''=\cos\left(x+2\cdot\frac{\pi}{2}\right)=\sin\left(x+2\cdot\frac{\pi}{2}+\frac{\pi}{2}\right)=\sin\left(x+3\cdot\frac{\pi}{2}\right).$$

一般地，可得

$$y^{(n)}=\sin\left(x+n\cdot\frac{\pi}{2}\right),$$

即

$$(\sin x)^{(n)}=\sin\left(x+n\cdot\frac{\pi}{2}\right).$$

例 2.3.3　求函数 $y=\mathrm{e}^x$ 的 n 阶导数.

解　$y'=\mathrm{e}^x$，$y''=\mathrm{e}^x$，$y'''=\mathrm{e}^x$，$y^{(4)}=\mathrm{e}^x$.

一般地，可得

$$y^{(n)}=\mathrm{e}^x,$$

即

$$(\mathrm{e}^x)^{(n)}=\mathrm{e}^x.$$

如果函数 $u=u(x)$ 及 $v=v(x)$ 都在点 x 处具有 n 阶导数，那么用数学归纳法可以证明

$$(uv)^{(n)}=\sum_{k=0}^{n}\mathrm{C}_n^k u^{(n-k)}v^{(k)}.$$

其中，$u^{(0)}=u$，$v^{(0)}=v$. 这一公式称为莱布尼茨公式.

习题 2.3

1. 求下列函数的二阶导数：

(1) $y=2x^2+\ln x$；　　(2) $y=\mathrm{e}^{\sqrt{x}}+\mathrm{e}^{-\sqrt{x}}$；

(3) $y=\sin ax+\cos bx$；　　(4) $y=\ln(x+\sqrt{1+x^2})$；

(5) $y=\tan x$；　　(6) $y=\arctan\dfrac{\mathrm{e}^x-\mathrm{e}^{-x}}{2}$.

2. 求下列函数的 n 阶导数：

(1) $y=x\mathrm{e}^x$；　　(2) $y=x\cos x$；

(3) $y=\dfrac{1-x}{1+x}$；　　(4) $y=\ln(3+7x-6x^2)$.

3. 已知函数 $y=\mathrm{e}^x\cos x$，求 $y^{(4)}$.

4. 设函数 $z=g(y)$，$y=f(x)$都存在二阶导数，求复合函数 $z=g[f(x)]$的二阶导数.

5. 求函数 $f(x)=x^2\ln(1+x)$在 $x=0$ 处的 n 阶导数 $f^{(n)}(0)$ $(n\geqslant 3)$.

6. 设 $f(x)=\arctan x$，求 $f^{(n)}(0)$.

2.4 隐函数的导数、对数求导法、参变量函数的导数

2.4.1 隐函数的导数

形如 $y=f(x)$的函数称为显函数．例如，$y=\sin 2x$，$y=\ln(1+x^2)$.

如果在方程 $F(x, y)=0$ 中，当 x 取某区间内的任一值时，相应地总有满足这方程的唯一的 y 值存在，那么就说方程 $F(x, y)=0$ 在该区间内确定了一个隐函数．例如，方程 $x+y^3-1=0$.

把一个隐函数化成显函数，叫做隐函数的显化．求隐函数的导数时，一种直接的想法是先把隐函数显化然后再求导，但是需要说明的是：隐函数的显化有时是有困难的，甚至是不可能的．我们通过具体例子来说明隐函数的求导方法．实际上这种方法表明：不管隐函数能否显化，都能直接由方程算出它所确定的隐函数的导数.

例 2.4.1 求由方程 $e^y+y\sin x+\sin 2017=0$ 所确定的隐函数的导数$\frac{dy}{dx}$.

解 方程两边的每一项对 x 求导数，注意到 $y=y(x)$得

$$e^y\frac{dy}{dx}+[\frac{dy}{dx}\sin x+y\cos x]=0,$$

从而

$$\frac{dy}{dx}=\frac{-y\cos x}{e^y+\sin x},$$

其中 $e^y+\sin x\neq 0$.

例 2.4.2 求由方程 $y^{2017}+2016y+\sin xy=0$ 所确定的隐函数 $y=f(x)$在 $x=0$ 处的导数 $y'|_{x=0}$.

解 方程两边分别对 x 求导，注意到 $y=y(x)$得

$$2017y^{2016}\frac{dy}{dx}+2016\frac{dy}{dx}+\left[y+x\frac{dy}{dx}\right]\cos xy=0.$$

这样就有

$$\frac{dy}{dx}=\frac{-y\cos xy}{2017y^{2016}+2016+x\cos xy}.$$

因为当 $x=0$ 时，从原方程得 $y=0$，所以

$$y'|_{x=0}=\frac{-y\cos xy}{2017y^{2016}+2016+x\cos xy}\bigg|_{(0,0)}=0.$$

例 2.4.3 求由方程 $x-y+\frac{1}{2}\cos y=0$ 所确定的隐函数的二阶导数$\frac{d^2y}{dx^2}$.

解　方程两边对 x 求导得

$$1-\frac{\mathrm{d}y}{\mathrm{d}x}+\frac{1}{2}(-\sin y)\cdot\frac{\mathrm{d}y}{\mathrm{d}x}=0,$$

于是

$$\frac{\mathrm{d}y}{\mathrm{d}x}=\frac{2}{2+\sin y}.$$

上式两边再对 x 求导得

$$\begin{aligned}\frac{\mathrm{d}^2y}{\mathrm{d}x^2}&=\frac{-2\cos y\cdot\frac{\mathrm{d}y}{\mathrm{d}x}}{(2+\sin y)^2}\\&=\frac{-2\cos y\cdot\frac{2}{2+\sin y}}{(2+\sin y)^2}\\&=\frac{-4\cos y}{(2+\sin y)^3}.\end{aligned}$$

2.4.2　对数求导法

对数求导法适用于求幂指函数 $y=[u(x)]^{v(x)}$ 的导数及多因子之积和商的导数．设 $y=f(x)$，两边取对数得

$$\ln y=\ln f(x).$$

两边对 x 求导，注意到 $y=y(x)$ 得

$$\frac{1}{y}\cdot y'=[\ln f(x)]',$$

从而

$$y'=f(x)[\ln f(x)]'.$$

例 2.4.4　求 $y=x^x(x>0)$ 的导数.

解　（解法 1）　两边取对数得

$$\ln y=x\ln x.$$

上式两边对 x 求导，注意到 $y=y(x)$ 得

$$\frac{1}{y}\cdot\frac{\mathrm{d}y}{\mathrm{d}x}=\ln x+x\cdot\frac{1}{x},$$

于是

$$\begin{aligned}\frac{\mathrm{d}y}{\mathrm{d}x}&=y(\ln x+1)\\&=x^x(\ln x+1).\end{aligned}$$

（解法 2）　这种幂指函数可变成如下复合函数：

$$y=x^x=\mathrm{e}^{\ln x^x}=\mathrm{e}^{x\ln x}.$$

那么根据复合函数的求导法则

$$y'=\mathrm{e}^{x\ln x}(x\ln x)'=x^x(\ln x+1).$$

例 2.4.5 设 $y=u(x)^{v(x)}$，其中 $u(x)>0$，且 $u(x)$，$v(x)$都可导，试求此幂指函数的导数．

解 两边取对数得

$$\ln y=v(x)\ln u(x).$$

上式两边对 x 求导可得

$$\frac{1}{y}\cdot\frac{\mathrm{d}y}{\mathrm{d}x}=v'(x)\ln u(x)+v(x)\cdot\frac{1}{u(x)}\cdot u'(x),$$

所以

$$\begin{aligned}\frac{\mathrm{d}y}{\mathrm{d}x}&=y\left[v'(x)\ln u(x)+v(x)\frac{1}{u(x)}u'(x)\right]\\&=u(x)^{v(x)}\left[v'(x)\ln u(x)+v(x)\frac{1}{u(x)}u'(x)\right].\end{aligned}$$

2.4.3 参变量函数的导数

设 y 与 x 的函数关系是由参数方程

$$\begin{cases}x=\varphi(t),\\y=\psi(t)\end{cases}$$

确定的，则称此函数关系所表达的函数为由参数方程所确定的函数，简称为参变量函数．在实际问题中，常常需要计算由参数方程所确定的函数的导数．但从参数方程中消去参数 t 有时会很困难．因此，我们希望有一种方法能直接由参数方程算出它所确定的函数的导数.

设 $x=\varphi(t)$具有单调连续反函数 $t=\varphi^{-1}(x)$，且此反函数能与函数 $y=\psi(t)$构成复合函数 $y=\psi[\varphi^{-1}(x)]$，若 $x=\varphi(t)$和 $y=\psi(t)$都可导，且 $\varphi'(t)\neq0$，则

$$\frac{\mathrm{d}y}{\mathrm{d}x}=\frac{\mathrm{d}y}{\mathrm{d}t}\cdot\frac{\mathrm{d}t}{\mathrm{d}x}=\frac{\mathrm{d}y}{\mathrm{d}t}\cdot\frac{1}{\frac{\mathrm{d}x}{\mathrm{d}t}}=\frac{\psi'(t)}{\varphi'(t)},$$

即

$$\frac{\mathrm{d}y}{\mathrm{d}x}=\frac{\psi'(t)}{\varphi'(t)}$$

或

$$\frac{\mathrm{d}y}{\mathrm{d}x}=\frac{\frac{\mathrm{d}y}{\mathrm{d}t}}{\frac{\mathrm{d}x}{\mathrm{d}t}}.$$

例 2.4.6 求上半椭圆的参变量方程$\begin{cases}x=a\cos t,\\y=b\sin t\end{cases}$ $(0<t<\pi)$所确定的函数 $y=y(x)$的导数.

解 $$\frac{\mathrm{d}y}{\mathrm{d}x}=\frac{\frac{\mathrm{d}y}{\mathrm{d}t}}{\frac{\mathrm{d}x}{\mathrm{d}t}}=\frac{(b\sin t)'}{(a\cos t)'}=\frac{b\cos t}{-a\sin t}=-\frac{b}{a}\cot t.$$

接下来，我们考虑参变量函数的二阶导数问题，即已知 $x=\varphi(t)$，$y=\psi(t)$，如何求二阶导数$\frac{\mathrm{d}^2y}{\mathrm{d}x^2}$.

由 $x=\varphi(t)$，$\frac{\mathrm{d}y}{\mathrm{d}x}=\frac{\psi'(t)}{\varphi'(t)}$，得

$$\begin{aligned}\frac{\mathrm{d}^2y}{\mathrm{d}x^2}&=\frac{\mathrm{d}}{\mathrm{d}x}\left(\frac{\mathrm{d}y}{\mathrm{d}x}\right)=\frac{\mathrm{d}}{\mathrm{d}t}\left(\frac{\psi'(t)}{\varphi'(t)}\right)\frac{\mathrm{d}t}{\mathrm{d}x}\\&=\frac{\psi''(t)\varphi'(t)-\psi'(t)\varphi''(t)}{\varphi'^2(t)}\cdot\frac{1}{\varphi'(t)}\\&=\frac{\psi''(t)\varphi'(t)-\psi'(t)\varphi''(t)}{\varphi'^3(t)}.\end{aligned}$$

例 2.4.7 计算由参数方程$\begin{cases}x=a(t-\sin t),\\y=a(1-\cos t)\end{cases}$所确定的函数 $y=y(x)$的二阶导数.

解 $$\begin{aligned}\frac{\mathrm{d}y}{\mathrm{d}x}&=\frac{y'(t)}{x'(t)}=\frac{[a(1-\cos t)]'}{[a(t-\sin t)]'}=\frac{a\sin t}{a(1-\cos t)}\\&=\frac{\sin t}{1-\cos t}=\cot\frac{t}{2}\ (t\neq 2n\pi,\ n\text{ 为整数}).\end{aligned}$$

$$\begin{aligned}\frac{\mathrm{d}^2y}{\mathrm{d}x^2}&=\frac{\mathrm{d}}{\mathrm{d}x}\left(\frac{\mathrm{d}y}{\mathrm{d}x}\right)=\frac{\mathrm{d}}{\mathrm{d}t}\left(\cot\frac{t}{2}\right)\cdot\frac{\mathrm{d}t}{\mathrm{d}x}\\&=-\frac{1}{2\sin^2\frac{t}{2}}\cdot\frac{1}{a(1-\cos t)}=-\frac{1}{a(1-\cos t)^2}\ (t\neq 2n\pi,\ n\text{ 为整数}).\end{aligned}$$

习题 2.4

1. 求由下列方程所确定的隐函数的导数$\frac{\mathrm{d}y}{\mathrm{d}x}$：

(1) $x^3+y^3-3axy=0$； (2) $x^2-xy+y^2=1$；

(3) $y^2+2\ln y=x^4$； (4) $xy=\mathrm{e}^{x+y}$.

2. 求由下列方程所确定的隐函数的二阶导数$\frac{\mathrm{d}^2y}{\mathrm{d}x^2}$：

(1) $b^2x^2+a^2y^2=a^2b^2$； (2) $y=1+x\mathrm{e}^y$；

(3) $x^2+y^2=r^2$； (4) $y^2=2px$.

3. 求下列参数方程所确定的函数的导数$\dfrac{\mathrm{d}y}{\mathrm{d}x}$：

(1) $\begin{cases} x=at^2, \\ y=bt^3; \end{cases}$　　(2) $\begin{cases} x=\theta(1-\sin\theta), \\ y=\theta\cos\theta; \end{cases}$

(3) $\begin{cases} x=2t-t^2, \\ y=3t-t^3; \end{cases}$　　(4) $\begin{cases} x=\ln(1+t^2), \\ y=\arctan t. \end{cases}$

4. 设$\begin{cases} x=a(t-\sin t), \\ y=a(1-\cos t), \end{cases}$ 求$\left.\dfrac{\mathrm{d}y}{\mathrm{d}x}\right|_{t=\frac{\pi}{2}}$，$\left.\dfrac{\mathrm{d}y}{\mathrm{d}x}\right|_{t=\pi}$.

5. 求曲线方程$\begin{cases} x=1-t^2, \\ y=t-t^2 \end{cases}$在点 $t=1$ 处的切线与法线方程.

6. 设 $y=(1+x^2)^{\arctan x}$，求 y'.

7. 若函数 $f(x)$和 $g(x)$在 x 可导，且 $g(x)\neq 0$，$f(x)>0$，求 $y=\sqrt[g(x)]{f(x)}$的导数.

2.5　函数的微分

2.5.1　微分的概念

设一个正方形的边长为 x，则相应地，其面积

$$S=x^2$$

是关于 x 的函数.

若其边长由 x_0 增加到 $x_0+\Delta x$，则此正方形的面积增量为

$$\begin{aligned}\Delta S&=(x_0+\Delta x)^2-(x_0)^2\\&=2x_0\Delta x+(\Delta x)^2.\end{aligned}$$

几何意义：$2x_0\Delta x$ 表示两个长为 x_0、宽为 Δx 的长方形面积；$(\Delta x)^2$ 表示边长为 Δx 的正方形的面积.

数学意义：面积增量 ΔS 由两部分组成，$2x_0\Delta x$ 是 Δx 的线性函数，它是 ΔS 的主要部分，可以近似地代替 ΔS. 由此产生的误差为$(\Delta x)^2$，并且当 $\Delta x\to 0$ 时，$(\Delta x)^2$ 是比 Δx 高阶的无穷小量，即$(\Delta x)^2=o(\Delta x)$.

定义 2.5.1　设函数 $y=f(x)$在某 $U(x_0)$内有定义. 当给 x_0 一个增量 Δx，且 $x_0+\Delta x\in U(x_0)$时，相应得到函数的增量为

$$\Delta y=f(x_0+\Delta x)-f(x_0).$$

如果存在不依赖于 Δx 的常数 A，使得 Δy 可以表示为

$$\Delta y=A\Delta x+o(\Delta x),$$

那么称函数 $f(x)$在点 x_0 是可微的，而 $A\Delta x$ 叫做函数 $y=f(x)$在点 x_0 的微分，记作

$$\mathrm{d}y\big|_{x=x_0}=A\Delta x \text{ 或 } \mathrm{d}f(x)\big|_{x=x_0}=A\Delta x.$$

2.5.2　函数可微的条件

定理 2.5.1　函数 $f(x)$在点 x_0 可微的充分必要条件是函数 $f(x)$在点 x_0 可导，且当函数 $f(x)$ 在点 x_0 可微时，其微分一定是 $\mathrm{d}y=f'(x_0)\Delta x$.

证明　(必要性)　若 $f(x)$在点 x_0 可微，则

$$\Delta y=A\Delta x+\mathrm{o}(\Delta x).$$

显然有

$$\frac{\Delta y}{\Delta x}=A+\frac{\mathrm{o}(\Delta x)}{\Delta x}.$$

注意到高阶无穷小量以及导数的定义，取极限有

$$\lim_{\Delta x \to 0}\frac{\Delta y}{\Delta x}=f'(x_0)=A.$$

(充分性)　若 $f(x)$在点 x_0 可导，则

$$\lim_{\Delta x \to 0}\frac{\Delta y}{\Delta x}=f'(x_0)$$

$$\Rightarrow \frac{\Delta y}{\Delta x}-f'(x_0)=\alpha$$

$$\Rightarrow \Delta y=f'(x_0)\Delta x+\alpha\Delta x,$$

其中，$\lim\limits_{\Delta x \to 0}\alpha=0$，$f'(x_0)$不依赖于 Δx，$\alpha\Delta x=o(\Delta x)$. 这表明函数的增量 Δy 可以表示为 Δx 的线性部分与较 Δx 高阶的无穷小量之和，即 $f(x)$在点 x_0 可微.

当 $f'(x_0)\neq 0$ 时，

$$\lim_{\Delta x \to 0}\frac{\Delta y}{\mathrm{d}y}=\lim_{\Delta x \to 0}\frac{\Delta y}{f'(x_0)\Delta x}=\frac{1}{f'(x_0)}\lim_{\Delta x \to 0}\frac{\Delta y}{\Delta x}=1,$$

也就是说当 $\Delta x \to 0$ 时，$\Delta y \sim \mathrm{d}y$. 这说明微分 $\mathrm{d}y$ 可以近似代替函数增量 Δy.

若函数 $y=f(x)$在区间 I 上每一点都可微，则称 f 为 I 上的可微函数，记作 $\mathrm{d}y$ 或 $\mathrm{d}f(x)$，即

$$\mathrm{d}y=f'(x)\Delta x.$$

例如，

$$\mathrm{d}(x^3)=3x^2\Delta x，\mathrm{d}(\arctan x)=\frac{1}{1+x^2}\Delta x.$$

特别地，当 $y=x$ 时，$\mathrm{d}x=(x)'\Delta x=\Delta x$，所以通常把自变量 x 的增量 Δx 称为自变量的微分，记作 $\mathrm{d}x$，即 $\mathrm{d}x=\Delta x$，于是函数 $y=f(x)$的微分又可记作

$$\mathrm{d}y=f'(x)\mathrm{d}x,$$

从而有$\frac{\mathrm{d}y}{\mathrm{d}x}=f'(x)$. 这就是说，函数的微分 $\mathrm{d}y$ 与自变量的微分 $\mathrm{d}x$ 之商等于该函数的导数 . 因此，导数也叫做“微商”.

2.5.3　求微分

从函数微分的表达式 $\mathrm{d}y=f'(x)\mathrm{d}x$ 可以看出，要计算函数的微分，只要计算函数的导数，然后再乘以自变量的微分 $\mathrm{d}x$ 即可.

例 2.5.1　设 $y=\sin(2017x+100)$，求 $\mathrm{d}y$.

解　由复合函数的求导法则可得

$$\frac{\mathrm{d}y}{\mathrm{d}x}=2017\cos(2017x+100),$$

所以

$$\mathrm{d}y=2017\cos(2017x+100)\mathrm{d}x.$$

例 2.5.2　求 $y=\ln(\sin 2017+\mathrm{e}^{x^{2018}})$ 的微分.

解　由复合函数的求导法则得

$$\frac{\mathrm{d}y}{\mathrm{d}x}=\frac{1}{\sin 2017+\mathrm{e}^{x^{2018}}}\mathrm{e}^{x^{2018}}\cdot 2018x^{2017},$$

从而

$$\mathrm{d}y=\frac{2018x^{2017}\mathrm{e}^{x^{2018}}}{\sin 2017+\mathrm{e}^{x^{2018}}}\mathrm{d}x.$$

例 2.5.3　设 $y=\mathrm{e}^{2x+2017}\sin 3x$，求 $\mathrm{d}y$.

解　应用乘积的求导法则得

$$\frac{\mathrm{d}y}{\mathrm{d}x}=\mathrm{e}^{2x+2017}\cdot 2\sin 3x+\mathrm{e}^{2x+2017}(\cos 3x)\cdot 3,$$

从而

$$\mathrm{d}y=(2\mathrm{e}^{2x+2017}\sin 3x+3\mathrm{e}^{2x+2017}\cos 3x)\mathrm{d}x.$$

习题 2.5

1. 求下列函数的微分：

(1) $y=x-\frac{1}{2}x^2+\frac{1}{3}x^3-\frac{1}{4}x^4$；　(2) $y=x\sin 2x$；

(3) $y=\frac{x}{1+x^2}$；　(4) $y=\ln^2(1-x)$；

(5) $y=\mathrm{e}^{ax}\cos bx$；　(6) $y=\arctan\frac{1-x^2}{1+x^2}$.

2. 求下列函数在指定点的 Δy 及 $\mathrm{d}y$：

(1) $y=x^2-x$，在点 $x=1$；　(2) $y=\sqrt{x+1}$，在点 $x=0$.

2.6　总习题

1. 填空题

(1) 若函数 $f(x)$ 在 $x=1$ 处的导数存在，则极限 $\lim\limits_{x\to 0}\dfrac{f(1+x)+f(1+2\sin x)-2f(1-3\tan x)}{x}$ $=$________.

(2) 已知 $f(-x)=-f(x)$，且 $f'(-x_0)=k$，则 $f'(x_0)=$________.

(3) 设 $f'(0)=1$，$f(0)=0$，则 $\lim\limits_{x\to 0}\dfrac{f(1-\cos x)}{\tan x^2}=$________.

(4) 设 $\lim\limits_{x\to 0}\dfrac{f(x_0+k\Delta x)-f(x_0)}{\Delta x}=\dfrac{1}{3}f'(x_0)$，则 $k=$________.

(5) 设 $y=\sin x^2$，则 $\dfrac{\mathrm{d}y}{\mathrm{d}(x^3)}=$________.

(6) 已知 $\dfrac{\mathrm{d}}{\mathrm{d}x}\left[f\left(\dfrac{1}{x^2}\right)\right]=\dfrac{1}{x}$，则 $f'\left(\dfrac{1}{2}\right)=$________.

(7) 设 $y=y(x)$ 由方程 $\mathrm{e}^{x+y}+\cos(xy)=0$ 确定，则 $\dfrac{\mathrm{d}y}{\mathrm{d}x}=$________.

(8) 曲线 $\begin{cases}x=1+t^2,\\ y=t^2\end{cases}$ 上对应点 $t=2$ 处的切线方程为________.

(9) 曲线 $y=\ln x$ 上与直线 $x+y=1$ 垂直的切线方程为________.

2. 选择题

(1) 若极限 $\lim\limits_{h\to 0}\dfrac{f(a-h^2)-f(a+h^2)}{\mathrm{e}^{h^2}-1}=A$，则函数 $f(x)$ 在 $x=a$ 处(　　).

(A) 不一定可导　　(B) 不一定可导，但 $f'_+(a)=A$

(C) 不一定可导，但 $f'_-(a)=A$　　(D) 可导，且 $f'(a)=A$

(2) 设函数 $f(x)=\begin{cases}x^{\lambda}\sin\dfrac{1}{x^2}, & x\neq 0,\\ 0, & x=0\end{cases}$ 的导函数在 $x=0$ 处连续，则参数 λ 的值满足(　　).

(A) $\lambda>0$　　(B) $\lambda>1$　　(C) $\lambda>2$　　(D) $\lambda>3$

(3) 设 $f'(a)>0$，则 $\exists\delta>0$，有(　　).

(A) $f(x)\geqslant f(a)\,(x\in(a-\delta,\ a+\delta))$

(B) $f(x)\leqslant f(a)\,(x\in(a-\delta,\ a+\delta))$

(C) $f(x)>f(a)\,(x\in(a,\ a+\delta))$，$f(x)<f(a)\,(x\in(a-\delta,\ a))$

(D) $f(x)<f(a)\,(x\in(a,\ a+\delta))$，$f(x)>f(a)\,(x\in(a-\delta,\ a))$

(4) 设 $f(x)=\begin{cases}\sqrt{x}, & x\geqslant 0,\\ \sqrt{-x}, & x<0,\end{cases}$ 则(　　).

(A) $f(x)$在 $x=0$ 不连续

(B) $f'(0)$存在

(C) $f'(0)$不存在，曲线 $y=f(x)$在点(0，0)处不存在切线

(D) $f'(0)$不存在，曲线 $y=f(x)$在点(0，0)处有切线

(5) 设 $f(x)$具有任意阶导数，且 $f'(x)=f^2(x)$，则当 n 为大于 2 的正整数时，$f(x)$的 n 阶导数 $f^{(n)}(x)$是(　　).

(A) $n![f(x)]^{n+1}$　　　　(B) $n[f(x)]^{n+1}$

(C) $[f(x)]^{2n}$　　　　(D) $n![f(x)]^{2n}$

(6) 设 $f(x)$在 $x=a$ 的某个邻域内有定义，则 $f(x)$在 $x=a$ 处可导的一个充分条件是(　　).

(A) $\lim\limits_{h\to+\infty} h\left[f\left(a+\dfrac{1}{h}\right)-f(a)\right]$存在　　(B) $\lim\limits_{h\to 0}\dfrac{f(a+2h)-f(a+h)}{h}$存在

(C) $\lim\limits_{h\to 0}\dfrac{f(a+h)-f(a-h)}{2h}$存在　　(D) $\lim\limits_{h\to 0}\dfrac{f(a)-f(a-h)}{h}$存在

(7) 设函数 $y=f(x)$在点 $x=x_0$ 处可导，当自变量 x 由 x_0 增加到 $x_0+\Delta x$ 时，记 Δy 为 $f(x)$在点 x_0 的增量，$\mathrm{d}y$ 为 $f(x)$在点 x_0 的微分，则 $\lim\limits_{\Delta x\to 0}\dfrac{\Delta y-\mathrm{d}y}{\Delta x}$等于(　　).

(A) -1　　(B) 0　　(C) 1　　(D) ∞

3. 计算题

(1) $y=\ln[\cos(10+3x^2)]$，求$\dfrac{\mathrm{d}y}{\mathrm{d}x}$.

(2) 设函数 $y=y(x)$是由方程 $\ln\sqrt{x^2+y^2}=\arctan\dfrac{y}{x}$确定的，求$\dfrac{\mathrm{d}y}{\mathrm{d}x}$.

(3) 已知$\begin{cases}x=\mathrm{e}^t\sin t,\\ y=\mathrm{e}^t\cos t,\end{cases}$ 求$\dfrac{\mathrm{d}^2y}{\mathrm{d}x^2}$.

(4) 已知 $f(x)=\dfrac{x^2}{1-x^2}$，求 $f^{(n)}(0)$.

第3章　微分中值定理和导数的应用

第2章主要关注了导数的概念、求导数以及求微分等基本问题．本章以导数作为工具来研究函数的各种性态，以更好地刻画和描述函数.

3.1　微分中值定理

微分中值定理主要讨论如何由 f' 的性质来推断函数 f 具有的性质．我们依次介绍罗尔定理、拉格朗日定理和柯西定理.

3.1.1　罗尔定理

首先证明费马(Fermat)引理，由费马引理可以推出罗尔(Rolle)定理.

引理3.1.1(费马引理)　设函数 $f(x)$ 在某 $U(x_0)$ 内有定义，并且在 x_0 处可导．如果对任意的 $x\in U(x_0)$，有

$$f(x)\leqslant f(x_0)\text{（或 }f(x)\geqslant f(x_0)\text{）},$$

那么 $f'(x_0)=0$.

证明　我们只证明 $f(x)\leqslant f(x_0)$ 的情形，另一种情形同理可证．假设对于 $x_0+\Delta x\in U(x_0)$，有

$$f(x_0+\Delta x)\leqslant f(x_0).$$

这样，当 $\Delta x>0$ 时，

$$\frac{f(x_0+\Delta x)-f(x_0)}{\Delta x}\leqslant 0;$$

当 $\Delta x<0$ 时，

$$\frac{f(x_0+\Delta x)-f(x_0)}{\Delta x}\geqslant 0.$$

由极限的保号性，

$$f'_+(x_0)=\lim_{\Delta x\to 0^+}\frac{f(x_0+\Delta x)-f(x_0)}{\Delta x}\leqslant 0,$$

$$f'_-(x_0)=\lim_{\Delta x\to 0^-}\frac{f(x_0+\Delta x)-f(x_0)}{\Delta x}\geqslant 0.$$

又因为 $f(x)$在 x_0 点可导，即

$$f'_+(x_0)=f'_-(x_0)=f'(x_0),$$

所以

$$f'(x_0)=0.$$

定义 3.1.1 导数等于 0 的点称为函数的**驻点**(稳定点或临界点).

定义 3.1.2 设函数 $f(x)$在(a, b)内有定义，$x_0\in(a, b)$，若在某$\mathring{U}(x_0)$内有 $f(x)\leqslant f(x_0)$，则称$f(x_0)$是函数 $f(x)$的一个**极大值**；若在某$\mathring{U}(x_0)$内有 $f(x)\geqslant f(x_0)$，则称 $f(x_0)$是函数 $f(x)$的一个**极小值**.

函数的极大值与极小值统称为函数的**极值**，使函数取得极值的点称为**极值点**.

有了驻点和极值点的定义后，事实上，费马引理表明了若函数在其极值点处导数存在，则此点必是驻点.

定理 3.1.1(罗尔定理) 如果函数 $y=f(x)$满足：

(1) 在闭区间$[a, b]$上连续；

(2) 在开区间(a, b)内可导；

(3) 在区间端点函数值相等，即 $f(a)=f(b)$.

那么，至少存在一点 $\xi\in(a, b)$，使得

$$f'(\xi)=0.$$

证明 $f(x)$在$[a, b]$上连续$\Rightarrow f(x)$在$[a, b]$上必取到最大值 M 和最小值 m.

(1) 若 $M=m$,则说明 $f(x)=M$,M 为常数，此时结论显然成立.

(2) 若 $M>m$,则 M,m 至少有一个在(a, b)内某点 ξ 处取得，从而 ξ 是 $f(x)$的极值点(最值点一定是极值点)，根据费马引理得

$$f'(\xi)=0.$$

罗尔定理的几何意义：在每一点都可导的一段连续曲线上，如果曲线的两个端点高度相等，则该曲线至少存在一条水平切线.

3.1.2 拉格朗日中值定理

定理 3.1.2(拉格朗日(Lagrange)中值定理) 如果函数 $y=f(x)$满足：

(1) 在闭区间$[a, b]$上连续；

(2) 在开区间(a, b)内可导 .

那么，至少存在一点 $\xi\in(a, b)$，使得

$$f(b)-f(a)=f'(\xi)(b-a).$$

证明 (应用罗尔定理)作辅助函数

$$F(x)=f(x)-f(a)-(x-a)\frac{f(b)-f(a)}{b-a},$$

则 $F(a)=F(b)=0$，且 $F(x)$在$[a, b]$上连续，在(a, b)内可导．由罗尔定理，至少存在一点 $\xi\in(a, b)$，使得

$$F'(\xi)=f'(\xi)-\frac{f(b)-f(a)}{b-a}=0，即 f(b)-f(a)=f'(\xi)(b-a).$$

注 3.1.1 不难发现，当 $f(a)=f(b)$时，拉格朗日中值定理的结论就是罗尔定理的结论．

注 3.1.2 $f(b)-f(a)=f'(\xi)(b-a)$叫做拉格朗日中值公式．这个公式对于 $b<a$ 也成立．拉格朗日中值公式还有其他形式．设 x 为区间$[a, b]$内一点，$x+\Delta x$ 为这区间内的另一点($\Delta x>0$ 或 $\Delta x<0$)，则在$[x, x+\Delta x]$($\Delta x>0$)或$[x+\Delta x, x]$($\Delta x<0$)上应用拉格朗日中值公式，得

$$f(x+\Delta x)-f(x)=f'(x+\theta\Delta x)\Delta x \quad (0<\theta<1).$$

例 3.1.1 证明当 $x>0$ 时，$\frac{x}{1+x}<\ln(1+x)<x$.

证明 设 $f(x)=\ln(1+x)$，显然 $f(x)$在区间$[0, x]$上满足拉格朗日中值定理的条件，所以有

$$f(x)-f(0)=f'(\xi)(x-0),$$

即

$$\ln(1+x)=\frac{1}{1+\xi}x,$$

其中 $0<\xi<x$. 注意到 $x>0$，则有

$$\frac{1}{1+x}<\frac{1}{1+\xi}<1.$$

这样就有

$$\frac{x}{1+x}<\frac{1}{1+\xi}x=\ln(1+x)<x.$$

例 3.1.2 证明：$|\arctan a-\arctan b|\leqslant|a-b|$.

证明 (1) 当 $a=b$ 时，结论显然正确.

(2) 当 $a\neq b$ 时，设 $f(x)=\arctan x$，由拉格朗日中值定理，至少存在介于 a，b 之间的一点 ξ，使得

$$|\arctan a-\arctan b|=\left|\frac{1}{1+\xi^2}(a-b)\right|\leqslant|a-b|.$$

作为拉格朗日中值定理的应用，我们给出如下定理.

定理 3.1.3 如果函数 $f(x)$在区间 I 上的导数恒为零，那么 $f(x)$在区间 I 上恒为常数.

证明 在区间 I 上任取两点 x_1，x_2($x_1<x_2$)，应用拉格朗日中值定理，$\exists\xi\in(x_1, x_2)$，使得

$$f(x_2)-f(x_1)=f'(\xi)(x_2-x_1)\quad (x_1<\xi<x_2).$$

由假定，$f'(\xi)=0$，所以 $f(x_2)-f(x_1)=0$，即

$$f(x_2)=f(x_1).$$

因为 x_1，x_2 是 I 上任意两点，所以上面的等式表明 $f(x)$在区间 I 上是一个常数.

例 3.1.3 证明：$\arcsin x+\arccos x=\frac{\pi}{2}\quad(-1\leqslant x\leqslant 1)$.

证明 取函数 $f(x)=\arcsin x+\arccos x$，$x\in[-1,1]$.

$$f'(x)=\frac{1}{\sqrt{1-x^2}}+\frac{-1}{\sqrt{1-x^2}}=0,$$

所以 $f(x)=C$，又 $f(0)=C=\frac{\pi}{2}$，这样就有

$$\arcsin x+\arccos x=\frac{\pi}{2}.$$

3.1.3 柯西中值定理

定理 3.1.4 （柯西(Cauchy)中值定理） 设函数 f 和 F 满足：

(1) 在$[a,b]$上连续；

(2) 在(a,b)内可导；

(3) $F'(x)\neq 0$，对任意的 $x\in(a,b)$.

则存在 $\xi\in(a,b)$，使得

$$\frac{f(b)-f(a)}{F(b)-F(a)}=\frac{f'(\xi)}{F'(\xi)}.$$

证明 首先说明 $F(b)-F(a)\neq 0$. 用反证法. 倘若 $F(b)=F(a)$，根据题意，函数 F 满足罗尔定理的条件，故存在 $\eta\in(a,b)$，使得 $F'(\eta)=0$. 这与条件(3)矛盾.

作辅助函数

$$\varphi(x)=f(x)-f(a)-(F(x)-F(a))\frac{f(b)-f(a)}{F(b)-F(a)}.$$

注意到 $\varphi(a)=\varphi(b)=0$，且 $\varphi(x)$在$[a,b]$上连续，在(a,b)内可导，这样由罗尔定理可得，$\exists\,\xi\in(a,b)$，使得

$$\varphi'(\xi)=f'(\xi)-F'(\xi)\frac{f(b)-f(a)}{F(b)-F(a)}=0,\ \text{即}\frac{f(b)-f(a)}{F(b)-F(a)}=\frac{f'(\xi)}{F'(\xi)}.$$

注 3.1.3 取 $F(x)=x$，柯西中值定理⇒拉格朗日中值定理.

习题 3.1

1. 判断题

(1) 设函数 $f(x)$在点 x_0 的某邻域$U(x_0)$内有定义，若对任意的 $x\in U(x_0)$，有 $f(x)\geqslant f(x_0)$，则 $f'(x_0)=0$.　(　　)

(2) 驻点是二阶导数等于零的点.　(　　)

(3) 罗尔定理是拉格朗日中值定理的特例.　(　　)

(4) 如果函数 $f(x)$在区间 I 上连续，I 内可导且导数恒为零，那么 $f(x)$在区间 I 上是一个常数.　(　　)

2. 选择题

(1) 下列条件中(　　)不是罗尔定理的条件.

(A) $f(x)$在$[a, b]$上连续　　(B) $f(x)$在$[a, b]$上可积

(C) $f(x)$在(a, b)内可导　　(D) $f(a)=f(b)$

(2) 设 $a>b>0$，$n>1$，以下结论正确的是(　　).

(A) $nb^{n-1}(a-b)<a^n-b^n<na^{n-1}(a-b)$

(B) $nb^{n-1}(a-b)\leqslant a^n-b^n\leqslant na^{n-1}(a-b)$

(C) $nb^{n-1}(a-b)>a^n-b^n>na^{n-1}(a-b)$

(D) $nb^{n-1}(a-b)\geqslant a^n-b^n\geqslant na^{n-1}(a-b)$

(3) 设函数 $f(x)=(x-1)(x-2)(x-3)(x-4)$，则 $f'(x)=0$ 有(　　)个根.

(A) 1　　(B) 2　　(C) 3　　(D) 4

(4) 若$|x|<\frac{1}{2}$，则 $3\arccos x-\arccos(3x-4x^3)=$(　　).

(A) π　　(B) 2π　　(C) 3π　　(D) 4π

3. 证明题

(1) 设 $a>\mathrm{e}$，$0<x<y<\frac{\pi}{2}$，求证：$a^y-a^x>(\cos x-\cos y)a^x\ln a$.

(2) 证明方程 $4ax^3+3bx^2+2cx=a+b+c$ 在$(0, 1)$内至少有一个实根.

(3) 已知函数 $f(x)$在$[0, 1]$上连续，在$(0, 1)$内可导，且 $f(0)=0$，$f(1)=1$. 证明：

① 存在 $\xi\in(0, 1)$，使得 $f(\xi)=1-\xi$；

② 存在两个不同的点 η，$\zeta\in(0, 1)$，使得 $f'(\eta)\cdot f'(\zeta)=1$.

3.2 洛必达法则

当 $x \to a$(或 $x \to \infty$)时，函数 $f(x)$ 与 $F(x)$ 都趋于零或都趋于无穷大，那么极限 $\lim\limits_{\substack{x \to a \\ (x \to \infty)}} \dfrac{f(x)}{F(x)}$ 可能存在，也可能不存在．我们把这种极限叫做不定式极限，并分别简记为 $\dfrac{0}{0}$ 或 $\dfrac{\infty}{\infty}$.

以导数为工具来研究不定式极限，这种方法称为洛必达(L'Hospital)法则．它是求极限的有力工具.

3.2.1 $\dfrac{0}{0}$ 与 $\dfrac{\infty}{\infty}$ 型不定式极限

1. $\dfrac{0}{0}$ 型不定式极限

定理 3.2.1(求 $\dfrac{0}{0}$ 型不定式极限的洛必达法则) 设函数 $f(x)$，$F(x)$ 满足：

(1) $\lim\limits_{x \to a} f(x)=0$，$\lim\limits_{x \to a} F(x)=0$；

(2) 在点 a 的某去心邻域内，$f'(x)$ 及 $F'(x)$ 都存在且 $F'(x) \neq 0$；

(3) $\lim\limits_{x \to a} \dfrac{f'(x)}{F'(x)}=A$，$A$ 可为实数，也可为 $\pm\infty$ 或 ∞.

那么

$$\lim_{x \to a} \frac{f(x)}{F(x)}=\lim_{x \to a} \frac{f'(x)}{F'(x)}=A.$$

证明 $\lim\limits_{x \to a} \dfrac{f(x)}{F(x)}$ 与 $F(a)$，$f(a)$ 无关，因此可以假定 $F(a)=f(a)=0$. 在以 a，x 为端点的区间上应用柯西中值定理，得

$$\frac{f(x)}{F(x)}=\frac{f(x)-f(a)}{F(x)-F(a)}=\frac{f'(\xi)}{F'(\xi)},$$

其中，ξ 介于 a，x 之间．注意到 $x \to a$ 时，$\xi \to a$，所以

$$\lim_{x \to a} \frac{f(x)}{F(x)}=\lim_{\xi \to a} \frac{f'(\xi)}{F'(\xi)}=\lim_{x \to a} \frac{f'(x)}{F'(x)}=A.$$

例 3.2.1 求 $\lim\limits_{x \to \frac{\pi}{6}} \dfrac{1-2\sin x}{\cos 3x}$.

解 注意到所求极限是 $\dfrac{0}{0}$ 型，运用洛必达法则得

$$原式=\lim_{x\to\frac{\pi}{6}}\frac{-2\cos x}{-3\sin 3x}=\frac{-2\cos\frac{\pi}{6}}{-3\sin\frac{\pi}{2}}=\frac{\sqrt{3}}{3}.$$

例 3.2.2　求$\lim\limits_{x\to 1}\dfrac{x^3-3x+2}{x^3-x^2-x+1}$.

解　注意到所求极限是$\dfrac{0}{0}$型，运用洛必达法则得

$$原式=\lim_{x\to 1}\frac{3x^2-3}{3x^2-2x-1}=\lim_{x\to 1}\frac{6x}{6x-2}=\frac{3}{2}.$$

注 3.2.1　上式中的$\lim\limits_{x\to 1}\dfrac{6x}{6x-2}$已不是不定式，不能对它应用洛必达法则．以后使用洛必达法则时应当注意这一点，如果不是不定式极限，就不能应用洛必达法则.

注 3.2.2　洛必达法则是求不定式极限的一种有效方法，但最好能与等价无穷小替代或两个重要极限联合使用，这样可以使运算简便.

例 3.2.3　求$\lim\limits_{x\to 0}\dfrac{x-\sin x}{\sin^3 x}$.

解　注意到当 $x\to 0$ 时，$\sin x\sim x$，$1-\cos x\sim\dfrac{1}{2}x^2$. 运用洛必达法则得

$$原式=\lim_{x\to 0}\frac{x-\sin x}{x^3}=\lim_{x\to 0}\frac{1-\cos x}{3x^2}=\lim_{x\to 0}\frac{\frac{1}{2}x^2}{3x^2}=\frac{1}{6}.$$

2. $\dfrac{\infty}{\infty}$型不定式极限

定理 3.2.2（求$\dfrac{\infty}{\infty}$型不定式极限的洛必达法则）　设函数 $f(x)$，$F(x)$满足：

(1) $\lim\limits_{x\to a}f(x)=\infty$，$\lim\limits_{x\to a}F(x)=\infty$；

(2) 在点 a 的某去心邻域内，$f'(x)$及 $F'(x)$都存在且 $F'(x)\neq 0$；

(3) $\lim\limits_{x\to a}\dfrac{f'(x)}{F'(x)}=A$，$A$ 可为实数，也可为$\pm\infty$或∞.

那么

$$\lim_{x\to a}\frac{f(x)}{F(x)}=\lim_{x\to a}\frac{f'(x)}{F'(x)}=A.$$

注 3.2.3　如果将定理 3.2.1 和定理 3.2.2 中的 $x\to a$ 换成 $x\to a^+$，$x\to a^-$，$x\to\infty$，$x\to+\infty$，$x\to-\infty$，也有相应的结论.

例 3.2.4　求 $\lim\limits_{x\to+\infty}\dfrac{\operatorname{arccot}x}{\frac{1}{x}}$.

解　运用洛必达法则得

$$\text{原式}=\lim_{x\to+\infty}\frac{-\frac{1}{1+x^2}}{-\frac{1}{x^2}}=\lim_{x\to+\infty}\frac{x^2}{1+x^2}=\lim_{x\to+\infty}\frac{2x}{2x}=1.$$

例 3.2.5 求 $\lim\limits_{x\to+\infty}\frac{\ln x}{x}$.

解 注意到所求极限是$\frac{\infty}{\infty}$型，运用洛必达法则得

$$\text{原式}=\lim_{x\to+\infty}\frac{\frac{1}{x}}{1}=\lim_{x\to+\infty}\frac{1}{x}=0.$$

例 3.2.6 求 $\lim\limits_{x\to+\infty}\frac{x^3}{e^x}$.

解 多次应用洛必达法则可得

$$\text{原式}=\lim_{x\to+\infty}\frac{3x^2}{e^x}=\lim_{x\to+\infty}\frac{6x}{e^x}=\lim_{x\to+\infty}\frac{6}{e^x}=0.$$

注 3.2.4 对数函数 $\ln x$、幂函数 $x^n(n>0)$、指数函数 $e^{\lambda x}(\lambda>0)$均为当 $x\to+\infty$时的无穷大，但用例 3.2.5、例 3.2.6 的方法求极限可以推出，这三个函数增大的“速度”是很不一样的．幂函数增大的“速度”比对数函数快得多，而指数函数增大的“速度”又比幂函数快得多.

3.2.2 其他类型的不定式极限

有一些 $0\cdot\infty$，$\infty-\infty$，0^0，1^∞，∞^0 型的不定式极限，可通过简单变换，化为$\frac{0}{0}$或$\frac{\infty}{\infty}$型的不定式极限来计算.

例 3.2.7 求 $\lim\limits_{x\to0^+}x\ln x$.

解 这是 $0\cdot\infty$型不定式极限．首先通过 $x\ln x=\frac{\ln x}{\frac{1}{x}}$化为$\frac{\infty}{\infty}$型不定式极限，然后应用洛必达法则得

$$\text{原式}=\lim_{x\to0^+}\frac{\ln x}{\frac{1}{x}}=\lim_{x\to0^+}\frac{\frac{1}{x}}{-\frac{1}{x^2}}=-\lim_{x\to0^+}x=0.$$

例 3.2.8 求$\lim\limits_{x\to1}\left[\frac{1}{\ln x}-\frac{1}{x-1}\right]$.

解 这是$\infty-\infty$型不定式极限．通分后化为$\frac{0}{0}$型，然后应用洛必达法则得

$$\text{原式}=\lim_{x\to1}\frac{x-1-\ln x}{(x-1)\ln x}$$

$$=\lim_{x\to1}\frac{1-\frac{1}{x}}{\ln x+(x-1)\frac{1}{x}}$$

$$=\lim_{x\to1}\frac{x-1}{x-1+x\ln x}$$

$$=\lim_{x\to1}\frac{1}{2+\ln x}=\frac{1}{2}.$$

例 3.2.9　求 $\lim\limits_{x\to0^+}x^{\sin x}$.

解　这是 0^0 型不定式极限．作恒等变形

$$x^{\sin x}=e^{\ln x^{\sin x}}=e^{\sin x\ln x}.$$

我们可以先求指数部分 $\sin x\ln x$ 的极限．应用等价无穷小替换以及例 3.2.7 的结果有

$$\lim_{x\to0^+}\sin x\ln x=\lim_{x\to0^+}x\ln x=0.$$

这样就有

$$\lim_{x\to0^+}x^{\sin x}=e^0=1.$$

例 3.2.10　求 $\lim\limits_{x\to0}\frac{\tan x-x}{\sin x^2\ln(1+x)}$.

分析　如果直接用洛必达法则，那么分母的导数(尤其是高阶导数)较繁．如果作等价无穷小替代，那么运算就比较方便.

解

$$\text{原式}=\lim_{x\to0}\frac{\frac{\sin x}{\cos x}-x}{x^3}$$

$$=\lim_{x\to0}\frac{\sin x-x\cos x}{x^3\cos x}$$

$$=\lim_{x\to0}\frac{\sin x-x\cos x}{x^3}$$

$$=\lim_{x\to0}\frac{\cos x-[\cos x+x(-\sin x)]}{3x^2}$$

$$=\lim_{x\to0}\frac{x\sin x}{3x^2}=\lim_{x\to0}\frac{x^2}{3x^2}=\frac{1}{3}.$$

习题 3.2

1. 判断题

(1) 极限 $\lim\limits_{x\to\infty}\frac{x+\sin x}{x}$ 存在．　(　　)

(2) 极限$\lim\limits_{x\to\infty}\dfrac{x+\sin x}{x}$可以由洛必达法则求得．（　　）

(3) $\lim\limits_{x\to 1}\dfrac{x^3-3x+2}{x^3-x^2-x+1}=1$.（　　）

(4) $\lim\limits_{x\to\infty}\left(\dfrac{\pi}{2}-\arctan 2x^2\right)x^2=\dfrac{1}{2}$.（　　）

(5) $\lim\limits_{x\to 0}\left(\dfrac{1}{x^2}-\cot^2 x\right)=\dfrac{2}{3}$.（　　）

2. 填空题.

(1) $\lim\limits_{x\to 0}\dfrac{e^{-\frac{1}{x^2}}}{x^{100}}=$________.

(2) $\lim\limits_{x\to 0^+}(\arcsin x)^{\tan x}=$________.

(3) $\lim\limits_{x\to 0}\left[\dfrac{1}{\ln(1+x)}-\dfrac{1}{x}\right]=$________.

(4) $\lim\limits_{x\to 0}\left(\dfrac{\sin x}{x}\right)^{\frac{1}{1-\cos x}}=$________.

(5) $\lim\limits_{x\to 0}x\cot 2x=$________.

3. 计算题

(1) $\lim\limits_{x\to 0}\dfrac{x-\sin x}{x^3}$;

(2) $\lim\limits_{x\to 0}\dfrac{\tan x-x}{x\sin x\tan x}$;

(3) $\lim\limits_{x\to 1}\left(\dfrac{1}{1-x}-\dfrac{3}{1-x^3}\right)$;

(4) $\lim\limits_{x\to 0}\dfrac{x-\arcsin x}{(\arcsin x)^3}$;

(5) $\lim\limits_{x\to 0^+}x^2 e^{\frac{1}{x^2}}$.

3.3　函数单调性、曲线的凹凸性与拐点

利用导数工具去判断函数的单调性通常要比用定义判断单调性简便很多．另外，导数可以研究曲线的凹凸性.

3.3.1　函数单调性

定理 3.3.1(函数单调性的判定法)　设函数 $y=f(x)$在$[a, b]$上连续，在(a, b)内可导．

(1) 如果在(a, b)内 $f'(x)\geqslant 0$，那么函数 $y=f(x)$在$[a, b]$上单调增加.

(2) 如果在(a, b)内 $f'(x)\leqslant 0$，那么函数 $y=f(x)$在$[a, b]$上单调减少.

注 3.3.1　该判定法中的闭区间可换成其他各种区间.

例 3.3.1　判定函数 $y=x+\cos x$ 在$\left[0, \frac{1}{2}\right]$上的单调性.

解　因为在$\left(0, \frac{1}{2}\right)$内，

$$y'=1-\sin x>0,$$

所以由判定法可知 $y=x+\cos x$ 在$\left[0, \frac{1}{2}\right]$上单调增加.

例 3.3.2　讨论函数 $y=\mathrm{e}^x-x-100$ 的单调性.

解　函数 $y=\mathrm{e}^x-x-100$ 的定义域为$(-\infty, +\infty)$.

$$y'=\mathrm{e}^x-1.$$

因为在$(-\infty, 0)$内 $y'<0$，所以函数 $y=\mathrm{e}^x-x-100$ 在$(-\infty, 0]$上单调减少；因为在$(0, +\infty)$内 $y'>0$，所以函数 $y=\mathrm{e}^x-x-100$ 在$[0, +\infty)$上单调增加.

例 3.3.3　讨论函数 $y=x^{\frac{4}{5}}$ 的单调性.

解　函数的定义域为$(-\infty, +\infty)$，函数的导数为

$$y'=\frac{4}{5}x^{\frac{-1}{5}}\quad (x\neq 0),$$

函数在 $x=0$ 处不可导，即当 $x=0$ 时，函数的导数不存在.

当 $x<0$ 时，$y'<0$，所以函数 $y=x^{\frac{4}{5}}$ 在$(-\infty, 0]$上单调减少.

当 $x>0$ 时，$y'>0$，所以函数 $y=x^{\frac{4}{5}}$ 在$[0, +\infty)$上单调增加.

如果函数在定义区间上连续，除去有限个导数不存在的点外导数存在且连续，那么只要用方程 $f'(x)=0$ 的根及导数不存在的点来划分函数 $f(x)$的定义区间，就能保证 $f'(x)$在各个部分区间内保持固定的符号，因而函数 $f(x)$在每个部分区间上单调.

例 3.3.4 确定函数 $f(x)=x^3-2x^2-4x-7$ 的单调区间.

解 这个函数的定义域为$(-\infty, +\infty)$，函数的导数为

$$f'(x)=3x^2-4x-4=(3x+2)(x-2).$$

导数为零的点有两个：

$$x_1=-\frac{2}{3},\ x_2=2.$$

列表分析.

x	$\left(-\infty, -\frac{2}{3}\right]$	$\left(-\frac{2}{3}, 2\right]$	$(2,+\infty)$
$f'(x)$	+	−	+
$f(x)$	↗	↘	↗

这样，函数 $f(x)$在区间$\left(-\infty, -\frac{2}{3}\right]$和$(2, +\infty)$内单调增加，在区间$\left(-\frac{2}{3}, 2\right]$上单调减少.

例 3.3.5 证明当 $x>1$ 时，$2\sqrt{x}>3-\frac{1}{x}$.

证明 令 $f(x)=2\sqrt{x}-\left(3-\frac{1}{x}\right)$，则

$$f'(x)=\frac{1}{\sqrt{x}}-\frac{1}{x^2}=\frac{1}{x^2}(x\sqrt{x}-1).$$

因为当 $x>1$ 时，$f'(x)>0$，因此 $f(x)$在$[1, +\infty)$上单调增加，从而当 $x>1$ 时，$f(x)>f(1)$，由于 $f(1)=0$，故 $f(x)>f(1)=0$，即

$$2\sqrt{x}-\left(3-\frac{1}{x}\right)>0.$$

这样就证明了当 $x>1$ 时，

$$2\sqrt{x}>3-\frac{1}{x}.$$

3.3.2 曲线的凹凸性与拐点

1. 凹凸性的概念

定义 3.3.1 设函数 $f(x)$在区间 I 上连续，如果对 I 上任意两点 x_1，x_2，恒有

$$f\left(\frac{x_1+x_2}{2}\right)<\frac{f(x_1)+f(x_2)}{2},$$

那么称 $f(x)$在 I 上的图形是凹的，如图 3.3.1(a)所示；如果恒有

$$f\left(\frac{x_1+x_2}{2}\right)>\frac{f(x_1)+f(x_2)}{2},$$

那么称 $f(x)$在 I 上的图形是凸的，如图 3.3.1(b)所示 .

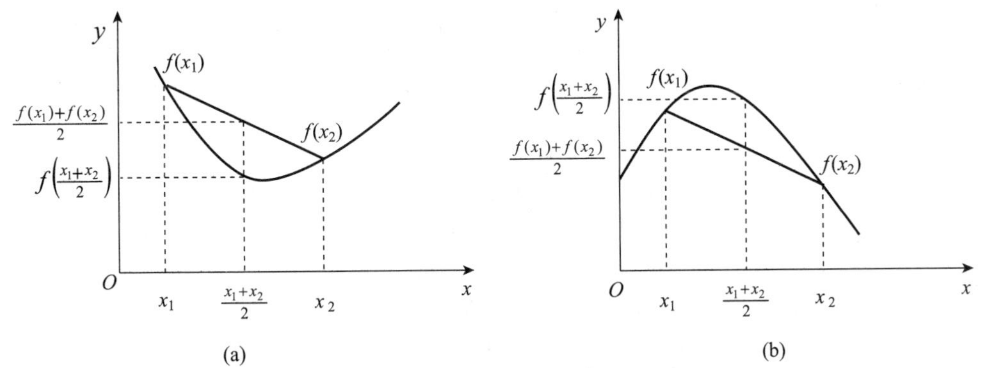

图 3.3.1

当 $f(x)$在区间 I 上具有二阶导数时，有以下定理.

定理 3.3.2(凹凸性的判定定理)　如果函数 $f(x)$在$[a, b]$上连续，在(a, b)内具有一阶和二阶导数，那么：

(1) 若在(a, b)内 $f''(x)>0$，则 $f(x)$在$[a, b]$上的图形是凹的；

(2) 若在(a, b)内 $f''(x)<0$，则 $f(x)$在$[a, b]$上的图形是凸的.

定义 3.3.2　设 $y=f(x)$在区间 I 上连续，x_0 是 I 内的点. 如果曲线 $y=f(x)$在经过点$(x_0, f(x_0))$时，曲线的凹凸性改变了，那么就称点$(x_0, f(x_0))$为曲线的**拐点**.

2. 确定曲线 $y=f(x)$拐点的步骤

(1) 求出二阶导数 $f''(x)$；

(2) 求使得 $f''(x)=0$ 的点和使得二阶导数不存在的点 x_0；

(3) 用 x_0 划分函数 $f(x)$的定义域，并考察 $f''(x)$在 x_0 左、右两侧的符号 . 当两侧符号相反时，点$(x_0, f(x_0))$是拐点；当两侧符号相同时，点$(x_0, f(x_0))$不是拐点.

例 3.3.6　判断曲线 $y=\ln x$ 的凹凸性.

解　$y'=\dfrac{1}{x}$，$y''=-\dfrac{1}{x^2}$.

因为在函数 $y=\ln x$ 的定义域$(0, +\infty)$内，$y''<0$，所以曲线 $y=\ln x$ 是凸的.

例 3.3.7　判断曲线 $y=\arctan x$ 的凹凸性并求其拐点.

解　$y'=\dfrac{1}{1+x^2}$，$y''=\dfrac{-2x}{(1+x^2)^2}$.

由 $y''=0$，得 $x=0$.

当 $x>0$ 时，$y''<0$，所以曲线在$(-\infty, 0)$内为凸的.

当 $x<0$ 时，$y''>0$，所以曲线在$(0, +\infty)$内为凹的.

当 $x=0$ 时，$y=0$. 这样，点$(0, 0)$是 $y=\arctan x$ 的拐点.

例 3.3.8 求曲线 $y=2x^3+3x^2-12x+14$ 的拐点.

解 $y'=6x^2+6x-12$，$y''=12x+6=12\left(x+\frac{1}{2}\right)$.

令 $y''=0$，得 $x=-\frac{1}{2}$. 因为当 $x<-\frac{1}{2}$时，$y''<0$；当 $x>-\frac{1}{2}$时，$y''>0$. 当 $x=-\frac{1}{2}$时，$y=20\frac{1}{2}$. 所以点$\left(-\frac{1}{2},\ 20\frac{1}{2}\right)$是该曲线的拐点.

例 3.3.9 求曲线 $y=3x^4-4x^3+1$ 的拐点及凹、凸的区间.

解 (1)$y'=12x^3-12x^2$，$y''=36x^2-24x=36x\left(x-\frac{2}{3}\right)$.

(2) 解方程 $y''=0$，得 $x_1=0$，$x_2=\frac{2}{3}$.

(3) 列表判断.

x	$(-\infty,\ 0)$	0	$(0,\ 2/3)$	$2/3$	$(2/3,\ +\infty)$
$f''(x)$	+	0	−	0	+
$f(x)$	凹	1	凸	11/27	凹

在区间$(-\infty,\ 0)$和$(2/3,+\infty)$上曲线是凹的，在区间$(0,\ 2/3)$上曲线是凸的.

当 $x=0$ 时，$y=1$. 当 $x=\frac{2}{3}$时，$y=\frac{11}{27}$. 所以点$(0,\ 1)$和$(2/3,\ 11/27)$是曲线的拐点.

例 3.3.10 求曲线 $y=\sqrt[3]{x}$的拐点.

解 (1) 当 $x\neq 0$ 时，$y'=\frac{1}{3\sqrt[3]{x^2}}$，$y''=-\frac{2}{9x\sqrt[3]{x^2}}$.

(2) 无二阶导数为零的点，二阶导数不存在的点为 $x=0$.

(3) 当 $x<0$ 时，$y''>0$，当 $x>0$ 时，$y''<0$，当 $x=0$ 时，$y=0$. 因此，点$(0,\ 0)$是曲线的拐点.

习题 3.3

1. 判断题

(1) $f(x)=e^x-x+1$ 在$(-\infty,\ +\infty)$上单调增加. ( )

(2) 函数的单调性与一阶导数有关系. ( )

(3) 函数的凹凸性与二阶导数有关系. ( )

(4) $f(x)=x^4$ 有拐点. ( )

2. 选择题

(1) 设在$[0,\ 1]$上 $f''(x)>0$，以下结论正确的是( ).

(A) $f'(1)>f'(0)>f(1)-f(0)$ (B) $f'(1)>f(1)-f(0)>f'(0)$

(C) $f(1)-f(0)>f'(1)>f'(0)$ (D) $f'(1)>f(0)-f(1)>f'(0)$

(2) 设在 $(-\infty, +\infty)$ 内 $f''(x)>0$，$f(0)\leqslant 0$，则 $\dfrac{f(x)}{x}$(　　).

(A) 在 $(-\infty, 0)$ 内单调减少，在 $(0, +\infty)$ 内单调增加

(B) 在 $(-\infty, 0)\cup(0, +\infty)$ 内单调减少

(C) 在 $(-\infty, 0)$ 内单调增加，在 $(0, +\infty)$ 内单调减少

(D) 在 $(-\infty, 0)\cup(0, +\infty)$ 内单调增加

(3) 以下关于 $y=\ln x$ 在 $(0, +\infty)$ 上的凹凸性结论正确的是(　　).

(A) $y=\ln x$ 不凹也不凸 (B) $y=\ln x$ 既是凹的也是凸的

(C) $y=\ln x$ 是凸的 (D) $y=\ln x$ 是凹的

(4) $y=x^3$ 共有(　　)个拐点.

(A) 0 (B) 1 (C) 2 (D) 3

3. 填空题

(1) 若 $y=f(x)$ 在经过点 $(x_0, f(x_0))$ 时，曲线的凹凸性改变了，则称点 $(x_0, f(x_0))$ 为 $y=f(x)$ 的________.

(2) $y=(x+1)^4+e^x$ 有________个拐点.

(3) 若点 $(x_0, f(x_0))$ 为 $y=f(x)$ 的拐点，则 $f''(x_0)$ 不存在或________.

(4) $y=x+\dfrac{x}{x^2-1}$ 的拐点是________.

4. 判断函数 $y=x^3-5x^2+3x+5$ 的凹凸性，并求该函数曲线的拐点.

5. 证明题

(1) 当 $x>0$，$a<1$ 时，求证：

$$1+x\ln\left(x+\sqrt{a^2+x^2}\right)>\sqrt{a^2+x^2}.$$

(2) 证明：$\dfrac{e^x+e^y}{2}>e^{\frac{x+y}{2}}$ $(x\neq y)$.

3.4 函数的极值与最值

3.4.1 函数的极值及其判别

函数的极大值和极小值概念是局部性的．如果 $f(x_0)$是函数 $f(x)$的一个极大值，那只是就 x_0 附近的一个局部范围来说，$f(x_0)$是 $f(x)$的一个最大值；如果就 $f(x)$的整个定义域来说，$f(x_0)$不一定是最大值．关于极小值也类似.

由费马引理可得以下定理.

定理 3.4.1(可导函数取极值的必要条件) 设函数 $f(x)$在点 x_0 处可导，且在 x_0 处取得极值，那么函数 $f(x)$在 x_0 处的导数为零，即 $f'(x_0)=0$.

可导函数 $f(x)$的极值点必定是该函数的驻点．但反过来说，函数 $f(x)$的驻点却不一定是极值点．例如，$x=0$ 是函数 $f(x)=x^3$ 的驻点，但不是它的极值点．这样我们只能说函数的驻点可能是极值点．另外，$x=0$ 是函数 $f(x)=|x|$的不可导点，但却是该函数的极小值点．所以不可导点有可能是极值点．我们把驻点和不可导点称为可疑极值点.

下面给出极值的判别定理.

定理 3.4.2(极值的第一充分条件) 设函数 $f(x)$在点 x_0 处连续，在某$\mathring{U}(x_0,\delta)$内可导.

(1) 若 $x\in(x_0-\delta,x_0)$时 $f'(x)>0$，而 $x\in(x_0,x_0+\delta)$时 $f'(x)<0$，则函数 $f(x)$在 x_0 处取得极大值；

(2) 若 $x\in(x_0-\delta,x_0)$时 $f'(x)<0$，而 $x\in(x_0,x_0+\delta)$时 $f'(x)>0$，则函数 $f(x)$在 x_0 处取得极小值；

(3) 若 $x\in\mathring{U}(x_0,\delta)$时 $f'(x)$的符号保持不变，那么函数 $f(x)$在 x_0 处没有极值.

定理 3.4.2 也可简单地这样说，当 x 在 x_0 的邻近渐增地经过 x_0 时，如果 $f'(x)$的符号由负变为正，那么 $f(x)$在 x_0 处取得极小值；如果 $f'(x)$的符号由正变为负，那么 $f(x)$在 x_0 处取得极大值；如果 $f'(x)$的符号并不改变,那么 $f(x)$在 x_0 处没有极值.

确定极值点和极值的步骤：

(1) 求出导数 $f'(x)$；

(2) 求出 $f(x)$的全部驻点和不可导点；

(3) 考察 $f'(x)$的符号在每个驻点和不可导点的左、右邻近的情况，按定理 3.4.2 判断极值点；

(4) 求出函数的极值点处的函数值，即算出极值.

例 3.4.1 求函数 $f(x)=(x-4)\sqrt[3]{(x+1)^2}$的极值.

解　(1) $f(x)$在$(-\infty, +\infty)$内连续，除 $x=-1$ 外处处可导，且

$$f'(x)=\frac{5(x-1)}{3\sqrt[3]{x+1}}.$$

(2) 令 $f'(x)=0$，得驻点 $x=1$；又 $x=-1$ 为 $f(x)$的不可导点.

(3) 列表判断.

x	$(-\infty, -1)$	-1	$(-1,1)$	1	$(1,+\infty)$
$f'(x)$	+	不可导	−	0	+
$f(x)$	↗	0	↘	$-3\sqrt[3]{4}$	↗

(4) 极大值为 $f(-1)=0$，极小值为 $f(1)=-3\sqrt[3]{4}$.

定理 3.4.3(极值的第二充分条件)　设函数 $f(x)$在点 x_0 处具有二阶导数且 $f'(x_0)=0$，$f''(x_0)\neq 0$，那么：

(1) 当 $f''(x_0)<0$ 时，函数 $f(x)$在点 x_0 处取得极大值；

(2) 当 $f''(x_0)>0$ 时，函数 $f(x)$在点 x_0 处取得极小值.

证明　只证(1).(2)完全类似.

$$f''(x_0)<0\Rightarrow \lim_{x\to x_0}\frac{f'(x)-f'(x_0)}{x-x_0}<0.$$

由函数极限的局部保号性知，存在 x_0 的去心邻域 $\mathring{U}(x_0)$，使得对任意的 $x\in\mathring{U}(x_0)$，有

$$\frac{f'(x)-f'(x_0)}{x-x_0}<0.$$

另外，注意到 $f'(x_0)=0$，则上式变为

$$\frac{f'(x)}{x-x_0}<0.$$

这说明了当 $x\in\mathring{U}(x_0)$时，$f'(x)$与 $x-x_0$ 符号相反．当 $x<x_0$ 时，$f'(x)>0$；当 $x>x_0$ 时，$f'(x)<0$. 由定理 3.4.2 知，$f(x)$在点 x_0 处取得极大值.

定理 3.4.2 表明，如果函数 $f(x)$在驻点 x_0 处的二阶导数 $f''(x_0)\neq 0$，那么点 x_0 一定是极值点，并且可以按二阶导数 $f''(x_0)$的符来判定 $f(x_0)$是极大值还是极小值．但如果 $f''(x_0)=0$，就不能确定 x_0 是否为极值点.

例 3.4.2　求函数 $f(x)=(x^2-1)^3+100$ 的极值.

解　(1) $f'(x)=6x(x^2-1)^2$.

(2) 令 $f'(x)=0$，求得驻点 $x_1=-1$，$x_2=0$，$x_3=1$.

(3) $f''(x)=6(x^2-1)(5x^2-1)$.

(4) 因 $f''(0)=6>0$，所以 $f(x)$在 $x=0$ 处取得极小值，极小值为 $f(0)=99$.

(5) 因 $f''(-1)=f''(1)=0$，用定理 3.4.3 无法判别极值点，需用定理 3.4.2. 因为在 -1 的左右邻域内 $f'(x)<0$，所以 $f(x)$在 -1 处没有极值；同理，$f(x)$在 1 处也没有极值.

3.4.2 最大值、最小值问题

在工农业生产、工程技术及科学实验中，常常会遇到这样一类问题：在一定条件下，怎样使“产品最多”“用料最省”“成本最低”“效率最高”等，这类问题在数学上有时可归结为求某一函数(通常称为目标函数)的**最大值或最小值问题**.

设函数 $f(x)$在闭区间$[a, b]$上连续，则函数的最大值和最小值一定存在，其最大值和最小值的求法如下：

设 $f(x)$在(a, b)内的驻点和不可导点(它们是可能的极值点)为 x_1，x_2，…，x_n，则比较 $f(a)$，$f(x_1)$，…，$f(x_n)$，$f(b)$的大小，其中最大的便是函数 $f(x)$在$[a, b]$上的最大值，最小的便是函数 $f(x)$在$[a, b]$上的最小值.

例 3.4.3 求函数 $f(x)=|x^2-3x+2|$在$[-3, 4]$上的最大值与最小值.

解
$$f(x)=\begin{cases}x^2-3x+2,\ x\in[-3, 1]\cup[2, 4],\\ -x^2+3x-2,\ x\in(1, 2).\end{cases}$$

$$f'(x)=\begin{cases}2x-3,\ x\in(-3, 1)\cup(2, 4),\\ -2x+3,\ x\in(1, 2).\end{cases}$$

在$(-3, 4)$内，$f(x)$的驻点为 $x=\dfrac{3}{2}$；不可导点为 $x=1$ 和 $x=2$.

由于 $f(-3)=20$，$f(1)=0$，$f\left(\dfrac{3}{2}\right)=\dfrac{1}{4}$，$f(2)=0$，$f(4)=6$，比较可得 $f(x)$在 $x=-3$ 处取得它在$[-3, 4]$上的最大值 20，在 $x=1$ 和 $x=2$ 处取得它在$[-3, 4]$上的最小值 0.

例 3.4.4 工厂铁路线上 AB 段的距离为 100km，工厂 C 距 A 处为 20km，AC 垂直于 AB. 为了运输需要，要在 AB 线上选定一点 D 向工厂修筑一条公路(如图 3.4.1 所示). 已知铁路每千米货运的运费与公路上每千米货运的运费之比是 3∶5. 为了使货物从供应站 B 运到工厂 C 的运费最省，问 D 点应选在何处？

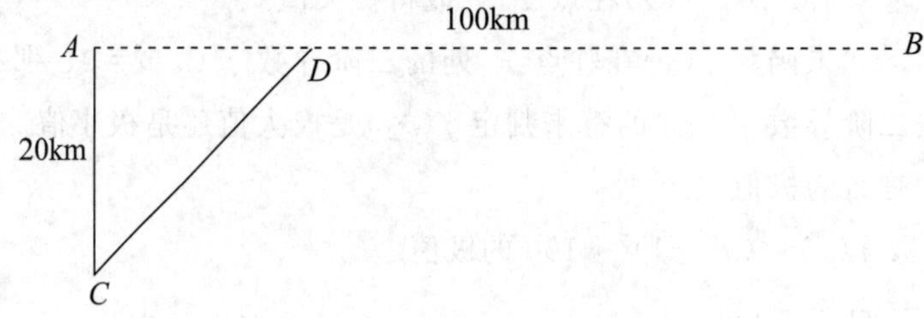

图 3.4.1

解 设 $AD=x$ (单位：km)，则

$$DB=100-x,$$

$$CD=\sqrt{20^2+x^2}=\sqrt{400+x^2}.$$

设从 B 点到 C 点需要的总运费为 y，那么

$$y=5k\cdot CD+3k\cdot DB\quad(k\text{ 是某个正数}),$$

即

$$y=5k\sqrt{400+x^2}+3k(100-x)\quad(0\leqslant x\leqslant 100).$$

现在，问题就归结为：x 在$[0,100]$内取何值时目标函数 y 的值最小.

先求 y 对 x 的导数：

$$y'=k\left(\frac{5x}{\sqrt{400+x^2}}-3\right).$$

解方程 $y'=0$，得 $x=15$.

由于

$$y|_{x=0}=400k,\ y|_{x=15}=380k,\ y|_{x=100}=500k\sqrt{1+\frac{1}{5^2}},$$

其中以 $y|_{x=15}=380k$ 为最小，因此 $x=15$，即 $AD=15\text{km}$ 时，总运费最省.

习题 3.4

1. 判断题

(1) 函数的极大值和极小值的概念不是局部性的．（　　）

(2) 函数的驻点必是极值点．（　　）

(3) 函数在它的导数不存在的点处也可能取得极值．（　　）

(4) 可导函数的极值点必是其驻点．（　　）

2. 选择题

(1) 设函数 $f(x)$在点 x_0 处可导，且在 x_0 处取得极值，则(　　).

(A) $f'(x_0)\neq 0$　　(B) $f'(x_0)=0$　　(C) $f''(x_0)=0$　　(D) $f''(x_0)\neq 0$

(2) 设函数 $f(x)$在点 x_0 处二阶可导，且 $f'(x_0)=0$，$f''(x_0)\neq 0$，则(　　).

(A) 当 $f''(x_0)<0$ 时，函数 $f(x)$在点 x_0 处取得极大值

(B) 当 $f''(x_0)<0$ 时，函数 $f(x)$在点 x_0 处取得极小值

(C) 当 $f''(x_0)<0$ 时，函数 $f(x)$在点 x_0 处取得最大值

(D) 当 $f''(x_0)<0$ 时，函数 $f(x)$在点 x_0 处取得最小值

(3) 设 $y=x^3+3ax^2+3bx+c$ 在 $x=-1$ 处取得极大值，点$(0,3)$是拐点，则(　　).

(A) $a=0$，$b=-1$，$c=3$　　(B) $a=-1$，$b=0$，$c=3$

(C) $a=3$，$b=-1$，$c=0$　　(D) 以上都错

3. 填空题

(1) 函数的极大值与极小值统称为函数的________，使函数取得极值的点称为________.

(2) 函数 $f(x)=2x^3-9x^2+12x-3$ 的极大值是________，极小值是________.

(3) $f(x)=x^{\frac{1}{x}}$ 的极大值为________.

(4) 函数 $y=x+\dfrac{x}{x^2-1}$ 的极大值是________，极小值是________.

4. 计算题

(1) 求 $f(x)=2x-\ln(1+x)$ 的极值.

(2) 求 $f(x)=2x^3-6x^2-18x-7$ 在 $[1, 4]$ 上的最值.

(3) 在椭圆 $\dfrac{x^2}{a^2}+\dfrac{y^2}{b^2}=1$ 内嵌入有最大面积的、四边平行于椭圆轴的矩形，求该矩形的最大面积.

3.5 总习题

1. 判断题

(1) $\arcsin x+\arccos x=\frac{\pi}{2}(|x|\leqslant 1)$. ( )

(2) $\lim\limits_{x\to a}\frac{\sin x-\sin a}{x-a}=\sin a$. ( )

(3) 函数图形的凹凸性与三阶导数有关. ( )

(4) 极大值就是最大值. ( )

2. 选择题

(1) 设 $f(x)=ax^3-6ax^2+b$ 在 $[-1, 2]$ 上的最大值为 3，最小值为 -29，又知 $a>0$，则( ).

(A) $a=2$，$b=-29$　　(B) $a=2$，$b=3$

(C) $a=3$，$b=2$　　(D) 以上都不对

(2) 设函数 $y=f(x)$ 在点 x_0 处取得极大值，则( ).

(A) $f'(x_0)=0$　　(B) $f''(x_0)<0$

(C) $f'(x_0)=0$ 且 $f''(x_0)<0$　　(D) $f'(x_0)=0$ 或不存在

3. 求 $\lim\limits_{x\to 1}\frac{x-x^x}{1-x+\ln x}$.

4. 计算题

(1) 将长为 a 的一段铁丝截成两段，用一段围成圆，另一段围成正方形，为使两段面积之和最小，问两段铁丝各长多少.

(2) 求 $f(x)=x^4(12\ln x-7)$ 的凹凸区间及拐点.

(3) 求函数 $f(x)=\frac{x}{x^2+1}(x\geqslant 0)$ 的最大值.

第4章　不定积分

在第2章中，我们讨论了一元函数微分学，掌握了两个重要的基本概念——导数与微分，学习了如何求解一个函数的导函数问题．作为一种运算，本章我们学习它的逆运算，即要寻求一个可导函数，使它的导函数等于已知函数，引出原函数和不定积分的概念，并讨论不定积分的计算方法.

4.1　不定积分的概念与性质

4.1.1　原函数与不定积分的概念及性质

我们已经掌握了求解已知函数的导数，下面思考求导的逆运算，即若已知某函数的导数，想确定这个函数．例如，已知某运动物体的瞬时速度 $v=v(t)$，要求物体运动的距离函数 $s=s(t)$，通过第2章导数的物理意义知道，$s'(t)=v(t)$，现在的问题就是已知 $v(t)$ 如何确定 $s(t)$. 下面给出原函数的概念.

定义 4.1.1　如果在区间 I 上，可导函数 $F(x)$ 的导函数为 $f(x)$，即对任一 $x\in I$，都有

$$F'(x)=f(x)\text{或 } \mathrm{d}F(x)=f(x)\mathrm{d}x, \tag{4.1.1}$$

那么函数 $F(x)$ 就称为 $f(x)$（或 $f(x)\mathrm{d}x$）在区间 I 上的**原函数**.

例如，因为 $(x^2)'=2x$，所以 x^2 是 $2x$ 的原函数．又因为 $(x^2+1)'=2x$，所以 x^2+1 也是 $2x$ 的原函数．可以看出原函数不唯一.

又如，当 $x\in(1,+\infty)$ 时，因为 $(\sqrt{x})'=\dfrac{1}{2\sqrt{x}}$，所以 $\sqrt{x}$ 是 $\dfrac{1}{2\sqrt{x}}$ 的原函数.

定理 4.1.1（原函数存在定理）　如果函数 $f(x)$ 在区间 I 上连续，那么在区间 I 上 $f(x)$ 的原函数一定存在，即存在可导函数 $F(x)$，使对任一 $x\in I$ 都有 $F'(x)=f(x)$.

通过定理4.1.1可知，连续函数一定存在原函数，并且因为常数的导数为零，所以如果函数 $f(x)$ 在区间 I 上有原函数 $F(x)$，那么 $f(x)$ 就有无限多个原函数，$F(x)+C$ 都是 $f(x)$ 的原函数，其中 C 是任意常数.

原函数的一般形式记为：

$$\Phi(x)=F(x)+C(C\text{ 为任意常数}),$$

即 $f(x)$的任意两个原函数之间只差一个常数.

定义 4.1.2 在区间 I 上，函数 $f(x)$的带有任意常数项的原函数 $F(x)+C$ 称为 $f(x)$(或 $f(x)\mathrm{d}x$)在区间 I 上的**不定积分**，记作

$$\int f(x)\mathrm{d}x, \tag{4.1.2}$$

即

$$\int f(x)\mathrm{d}x = F(x)+C. \tag{4.1.3}$$

其中，记号$\int$称为**积分号**，$f(x)$称为**被积函数**，$f(x)\mathrm{d}x$ 称为**被积表达式**，x 称为**积分变量**，C 称为**积分常数**.

根据定义可知，不定积分$\int f(x)\mathrm{d}x$ 可以表示 $f(x)$ 的任意一个原函数，求解不定积分就是找原函数.

例 4.1.1 求$\int \cos x\mathrm{d}x$.

解 问题等价于求 $\cos x$ 的原函数，因为 $\sin x$ 是 $\cos x$ 的原函数，所以$\int \cos x\mathrm{d}x = \sin x + C$.

例 4.1.2 求$\int a^x\mathrm{d}x$.

解 因为$(a^x)'=a^x\ln a$，所以 $\frac{1}{\ln a}(a^x)'=a^x$，即 $\left(\frac{1}{\ln a}a^x\right)'=a^x$.

所以，$\frac{1}{\ln a}a^x$ 是 a^x 的原函数，即

$$\int a^x\mathrm{d}x = \frac{1}{\ln a}a^x + C.$$

通常我们把函数 $f(x)$的原函数的图形称为 $f(x)$的积分曲线，它的方程为 $y=F(x)$，所以不定积分$\int f(x)\mathrm{d}x$ 在几何上就表示**积分曲线族**，它的方程为 $y=F(x)+C$，其中 C 是任意常数. 将 $y=F(x)$的图像沿 y 轴方向上下平移，就得到积分曲线族 $y=F(x)+C$ 的图像(如图 4.1.1 所示)，每一条曲线在横坐标相同点的切线斜率均相同，即切线均平行.

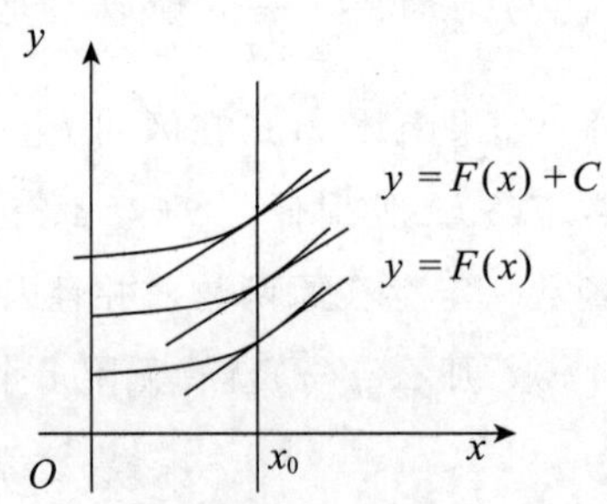

图 4.1.1 积分曲线与积分曲线族

从不定积分的定义，可得不定积分与导数或微分之间有下述关系：

(1) $\frac{\mathrm{d}}{\mathrm{d}x}\left[\int f(x)\mathrm{d}x\right]=f(x)$，即$\left[\int f(x)\mathrm{d}x\right]'=f(x)$，或 $\mathrm{d}\left[\int f(x)\mathrm{d}x\right]=f(x)\mathrm{d}x$；

(2) 由于 $f(x)$是 $F(x)$的原函数，所以 $\int f(x)\mathrm{d}x=F(x)+C$，或记作$\int \mathrm{d}F(x)=F(x)+C$，例如$\int \mathrm{d}x=x+C$.

由此可见，微分运算(以记号 d 表示)与求不定积分的运算(简称积分运算，以记号$\int$表示)是互逆的．当记号$\int$与 d 连在一起时，如果$\int$在 d 前面，则符号相互抵消后，相差一个常数；如果 d 在$\int$前面，则符号相互抵消，剩下被积表达式；$\frac{\mathrm{d}}{\mathrm{d}x}$与$\int$抵消后剩下被积函数.

根据不定积分的定义及其导数的运算法则，可以得到不定积分的性质.

性质 4.1.1　设函数 $f(x)$及 $g(x)$的原函数存在，则

$$\int[f(x)+g(x)]\mathrm{d}x=\int f(x)\mathrm{d}x+\int g(x)\mathrm{d}x. \tag{4.1.4}$$

该性质可以将两个函数之和推广到多个函数之和，即存在原函数的函数之和的不定积分等于各个函数的不定积分的和.

注意，在分项积分后，每个积分的结果都含有任意常数，但由于常数之和(差)仍为任意常数，所以只要合并为一个即可.

性质 4.1.2　设函数 $f(x)$的原函数存在，k 为非零常数，则

$$\int kf(x)\mathrm{d}x=k\int f(x)\mathrm{d}x \quad (k\text{ 是常数，}k\neq 0). \tag{4.1.5}$$

该性质说明，求不定积分时，被积函数中不为零的常数因子可以提到积分号之外.

4.1.2 不定积分的基本积分表

利用不定积分与导数运算的关系，并结合不定积分的性质，可以归纳出如下积分公式：

(1) $\int k\mathrm{d}x=kx+C$ (k 是常数)；

(2) $\int x^{\mu}\mathrm{d}x=\frac{1}{\mu+1}x^{\mu+1}+C$ ($\mu\neq -1$)；

(3) $\int\frac{1}{x}\mathrm{d}x=\ln|x|+C$；

(4) $\int \mathrm{e}^{x}\mathrm{d}x=\mathrm{e}^{x}+C$；

(5) $\int a^{x}\mathrm{d}x=\frac{a^{x}}{\ln a}+C$；

(6) $\int\cos x\mathrm{d}x=\sin x+C$；

(7) $\int \sin x \mathrm{d}x = -\cos x + C$；

(8) $\int \frac{1}{\cos^2 x}\mathrm{d}x = \int \sec^2 x \mathrm{d}x = \tan x + C$；

(9) $\int \frac{1}{\sin^2 x}\mathrm{d}x = \int \csc^2 x \mathrm{d}x = -\cot x + C$；

(10) $\int \frac{1}{1+x^2}\mathrm{d}x = \arctan x + C$；

(11) $\int \frac{1}{\sqrt{1-x^2}}\mathrm{d}x = \arcsin x + C$；

(12) $\int \sec x \tan x \mathrm{d}x = \sec x + C$；

(13) $\int \csc x \cot x \mathrm{d}x = -\csc x + C$；

(14) $\int \mathrm{sh} x \mathrm{d}x = \mathrm{ch} x + C$；

(15) $\int \mathrm{ch} x \mathrm{d}x = \mathrm{sh} x + C$.

在求积分问题中，有些函数可以直接利用基本公式及不定积分的性质求出结果，但有些函数须进行恒等变形，然后利用积分基本公式及不定积分的性质求出结果，这种求不定积分的方法叫做直接积分法.

例 4.1.3 求$\int \frac{1}{\sqrt{x}}\mathrm{d}x$.

解 原式 $= \int x^{-\frac{1}{2}}\mathrm{d}x = 2x^{\frac{1}{2}} + C$.

例 4.1.4 求$\int \left(\mathrm{e}^x - \frac{1}{x\sqrt[3]{x}}\right)\mathrm{d}x$.

解 原式 $= \int (\mathrm{e}^x - x^{-\frac{4}{3}})\mathrm{d}x = \mathrm{e}^x + 3x^{-\frac{1}{3}} + C$.

例 4.1.5 求$\int a^x \mathrm{e}^x \mathrm{d}x$.

解 $\int a^x \mathrm{e}^x \mathrm{d}x = \int (a\mathrm{e})^x \mathrm{d}x = \frac{1}{\ln a\mathrm{e}}(a\mathrm{e})^x + C = \frac{a^x \mathrm{e}^x}{\ln a + 1} + C$.

例 4.1.6 求$\int (\tan^2 x + \sin x)\mathrm{d}x$.

解 原式 $= \int \tan^2 x \mathrm{d}x + \int \sin x \mathrm{d}x = \int \sec^2 x \mathrm{d}x - \int \mathrm{d}x + \int \sin x \mathrm{d}x$

$= \tan x - x - \cos x + C$.

例 4.1.7 求$\int \left(3\mathrm{e}^x + \frac{2}{x}\right)\mathrm{d}x$.

解 原式 $=\int 3e^{x}dx+\int \frac{2}{x}dx=3e^{x}+2\ln|x|+C.$

例 4.1.8 求$\int \frac{dt}{\sqrt{2at}}$（$a$ 是常数）.

解 原式 $=\int (2at)^{-\frac{1}{2}}dt=\int (2a)^{-\frac{1}{2}}t^{-\frac{1}{2}}dt=(2a)^{-\frac{1}{2}}2t^{\frac{1}{2}}+C=\sqrt{\frac{2}{a}}t^{\frac{1}{2}}+C.$

例 4.1.9 求$\int \frac{dx}{x\sqrt[3]{x}}$.

解 $\int \frac{dx}{x\sqrt[3]{x}}=\int x^{-\frac{4}{3}}dx=\frac{x^{-\frac{4}{3}+1}}{-\frac{4}{3}+1}+C=-3x^{-\frac{1}{3}}+C=-\frac{3}{\sqrt[3]{x}}+C.$

例 4.1.10 求$\int \frac{1+x+x^{2}}{x(1+x^{2})}dx$.

解
$$\int \frac{1+x+x^{2}}{x(1+x^{2})}dx=\int \frac{x+(1+x^{2})}{x(1+x^{2})}dx=\int (\frac{1}{1+x^{2}}+\frac{1}{x})dx$$
$$=\int \frac{1}{1+x^{2}}dx+\int \frac{1}{x}dx=\arctan x+\ln|x|+C.$$

例 4.1.11 求$\int \frac{x^{4}}{1+x^{2}}dx$.

解
$$\int \frac{x^{4}}{1+x^{2}}dx=\int \frac{x^{4}-1+1}{1+x^{2}}dx=\int \frac{(x^{2}+1)(x^{2}-1)+1}{1+x^{2}}dx$$
$$=\int (x^{2}-1+\frac{1}{1+x^{2}})dx=\int x^{2}dx-\int dx+\int \frac{1}{1+x^{2}}dx$$
$$=\frac{1}{3}x^{3}-x+\arctan x+C.$$

习题 4.1

1. 求下列不定积分：

(1) $\int \frac{dx}{x^{2}}$；

(2) $\int 2x^{4}\sqrt[3]{x}dx$；

(3) $\int (x^{3}+2)^{2}dx$；

(4) $\int \frac{(1+x)^{2}}{5\sqrt{x}}dx$；

(5) $\int \left(e^{x}+\frac{5}{x}\right)dx$；

(6) $\int\left(\frac{4}{1+x^2}+\frac{3}{\sqrt{1-x^2}}\right)\mathrm{d}x$；

(7) $\int 2^x \mathrm{e}^x \mathrm{d}x$；

(8) $\int \mathrm{e}^x\left(2+\frac{\mathrm{e}^{-x}}{\sqrt{x}}\right)\mathrm{d}x$；

(9) $\int \frac{3^x-4^x}{2^x}\mathrm{d}x$；

(10) $\int \sec x(\tan x+\sec x)\mathrm{d}x$；

(11) $\int \sin^2\frac{x}{2}\mathrm{d}x$；

(12) $\int \frac{\mathrm{d}x}{1+\cos 2x}$；

(13) $\int \frac{\cos 2x}{\cos x-\sin x}\mathrm{d}x$；

(14) $\int \frac{\cos 2x}{\sin^2 x\cos^2 x}\mathrm{d}x$；

(15) $\int \cot^2 x\mathrm{d}x$；

(16) $\int \tan^2 x\mathrm{d}x$；

(17) $\int \frac{2x^4+3x^2}{x^2+1}\mathrm{d}x$.

2. 求下列微分方程满足所给条件的解：

(1) $\frac{\mathrm{d}y}{\mathrm{d}x}=x^3+1$，$y|_{x=0}=1$；

(2) $\frac{\mathrm{d}^2y}{\mathrm{d}x^2}=\frac{3}{x^4}$，$\left.\frac{\mathrm{d}y}{\mathrm{d}x}\right|_{x=1}=1$，$y|_{x=1}=\frac{1}{2}$.

3. 已知曲线 $y=f(x)$ 过点 $(\mathrm{e}^3, 5)$，且曲线上任意一点处的切线斜率等于该点横坐标的倒数，求此曲线的方程.

4.2 换元积分法

用直接积分法能计算的不定积分是非常有限的，因此，进一步研究不定积分的求法十分必要．因为不定积分是导数和微分的逆运算，所以可以从已掌握的求微分的方法入手．本节将复合函数的求导法则反过来用于不定积分，利用变量代换，推导复合函数的积分法，称为换元积分法．换元积分法通常分为两类，注意两类换元积分法是同一公式从两个方向的互推，但可以解决不同的不定积分求解问题.

4.2.1 第一类换元积分法

首先回顾复合函数的微分过程，设 $f(u)$ 有原函数 $F(u)$，$u=\varphi(x)$ 为中间变量，且 $\varphi(x)$ 可微，那么，根据复合函数微分法，有

$$\mathrm{d}F(\varphi(x))=\mathrm{d}F(u)=F'(u)\mathrm{d}u=F'[\varphi(x)]\mathrm{d}\varphi(x)=F'[\varphi(x)]\varphi'(x)\mathrm{d}x.$$

因此

$$\begin{aligned}\int F'[\varphi(x)]\varphi'(x)\mathrm{d}x &= \int F'[\varphi(x)]\mathrm{d}\varphi(x)\\ &= \int F'(u)\mathrm{d}u = \int \mathrm{d}F(u)\\ &= \int \mathrm{d}F[\varphi(x)] = F[\varphi(x)]+C\end{aligned}$$

即

$$\begin{aligned}\int f[\varphi(x)]\varphi'(x)\mathrm{d}x &= \int f[\varphi(x)]\mathrm{d}\varphi(x) = \left[\int f(u)\mathrm{d}u\right]_{u=\varphi(x)}\\ &= (F(u)+C)_{u=\varphi(x)} = F(\varphi(x))+C.\end{aligned}$$

定理 4.2.1 设 $f(u)$ 具有原函数 $f(u)$，$u=\varphi(x)$ 可导，则有换元公式

$$\int f[\varphi(x)]\varphi'(x)\mathrm{d}x = \int f[\varphi(x)]\mathrm{d}\varphi(x) = \int f(u)\mathrm{d}u = F(u)+C = F[\varphi(x)]+C. \tag{4.2.1}$$

利用定理 4.2.1 求积分 $\int g(x)\mathrm{d}x$ 时，如果函数 $g(x)$ 可以凑成 $g(x)=f[\varphi(x)]\varphi'(x)$ 的形式，令 $u=\varphi(x)$ 进行换元，求出 $f(u)$ 的不定积分，再把 $u=\varphi(x)$ 代回，那么

$$\int g(x)\mathrm{d}x = \int f[\varphi(x)]\varphi'(x)\mathrm{d}x = \left[\int f(u)\mathrm{d}u\right]_{u=\varphi(x)}.$$

这种积分法称为第一类换元积分法，由于具体操作时需要凑成复合函数关于中间变量的微分形式，故又称凑微分法.

例 4.2.1 求 $\int \frac{1}{x+1}\mathrm{d}x$.

解 令 $u=x+1$，则 $\mathrm{d}u=\mathrm{d}x$，

原式 $=\int\frac{1}{u}\mathrm{d}u=\ln|u|+C=\ln|x+1|+C.$

例 4.2.2 求$\int\sin ax\,\mathrm{d}x$.

解 令 $u=ax$，则 $\mathrm{d}u=a\mathrm{d}x$，

$$\text{原式}=\frac{1}{a}\int\sin ax\cdot(ax)'\mathrm{d}x=\frac{1}{a}\int\sin ax\,\mathrm{d}ax$$

$$=\frac{1}{a}\int\sin u\mathrm{d}u=-\frac{1}{a}\cos u+C=-\frac{1}{a}\cos ax+C.$$

例 4.2.3 求$\int(ax+b)^2\mathrm{d}x$.

解 令 $u=ax+b$，则 $\mathrm{d}u=a\mathrm{d}x$.

$$\text{原式}=\frac{1}{a}\int(ax+b)^2(ax+b)'\mathrm{d}x=\frac{1}{a}\int(ax+b)^2\mathrm{d}(ax+b)$$

$$=\frac{1}{a}\int u^2\mathrm{d}u=\frac{1}{a}\cdot\frac{1}{3}u^3+C=\frac{1}{3a}(ax+b)^3+C.$$

一般地，对于积分$\int f(ax+b)\mathrm{d}x$，总可作变换 $u=ax+b$，把它化为

$$\int f(ax+b)\mathrm{d}x=\int\frac{1}{a}f(ax+b)\mathrm{d}(ax+b)=\frac{1}{a}\left[\int f(u)\mathrm{d}u\right]_{u=ax+b}.$$

例 4.2.4 求$\int\frac{\ln x}{x}\mathrm{d}x$.

解 令 $u=\ln x$，则 $\mathrm{d}u=\frac{1}{x}\mathrm{d}x$，于是

$$\int\frac{\ln x}{x}\mathrm{d}x=\int\ln x\mathrm{d}(\ln x)=\int u\mathrm{d}u=\frac{1}{2}u^2+C=\frac{1}{2}(\ln x)^2+C.$$

例 4.2.5 求$\int\frac{\mathrm{e}^{\sqrt{x}}}{\sqrt{x}}\mathrm{d}x$.

解 由于 $\mathrm{d}\sqrt{x}=\frac{1}{2}\cdot\frac{\mathrm{d}x}{\sqrt{x}}$，因此，原式 $=2\int\mathrm{e}^{\sqrt{x}}\mathrm{d}\sqrt{x}=2\mathrm{e}^{\sqrt{x}}+C.$

凑微分法的关键是把被积表达式分解为两个因子的乘积，其中一个因子凑成 $\mathrm{d}\varphi(x)$，另一个因子变成 $\varphi(x)$的函数 $f(\varphi(x))$. 此处要牢记微分公式. 并且代换比较熟练以后，可以不必再写中间变量.

例 4.2.6 求 $\int x^2\mathrm{e}^{x^3}\mathrm{d}x$.

解 原式 $=\frac{1}{3}\int\mathrm{e}^{x^3}(x^3)'\mathrm{d}x=\frac{1}{3}\int\mathrm{e}^{x^3}\mathrm{d}(x^3)=\frac{1}{3}\mathrm{e}^{x^3}+C.$

例 4.2.7 求$\int\frac{x}{\sqrt{1-x^2}}\mathrm{d}x$.

解 $\int \frac{x}{\sqrt{1-x^2}}\mathrm{d}x = \frac{1}{2}\int \frac{\mathrm{d}x^2}{\sqrt{1-x^2}} = -\frac{1}{2}\int \frac{\mathrm{d}(1-x^2)}{\sqrt{1-x^2}} = -\frac{1}{2}\int (1-x^2)^{-\frac{1}{2}}\mathrm{d}(1-x^2)$

$$= -\frac{1}{2}\cdot 2(1-x^2)^{\frac{1}{2}} + C = -(1-x^2)^{\frac{1}{2}} + C.$$

下面讨论一些被积函数为分式结构的不定积分，扩充一些不定积分的运算公式.

例 4.2.8 求$\int \frac{1}{a^2+b^2x^2}\mathrm{d}x$.

解 $\int \frac{1}{a^2+b^2x^2}\mathrm{d}x = \frac{1}{a^2}\int \frac{1}{1+\left(\frac{bx}{a}\right)^2}\mathrm{d}x$

$$= \frac{1}{ab}\int \frac{1}{1+\left(\frac{bx}{a}\right)^2}\mathrm{d}\,\frac{bx}{a}$$

$$= \frac{1}{ab}\arctan\frac{bx}{a} + C.$$

特别地，当 $b=1$ 时，$\int \frac{1}{a^2+x^2}\mathrm{d}x = \frac{1}{a}\arctan\frac{x}{a} + C$.

当 $a=1$，$b=1$ 时，$\int \frac{1}{1+x^2}\mathrm{d}x = \arctan x + C$.

例 4.2.9 当 $a>0$ 时，求$\int \frac{1}{\sqrt{a^2-b^2x^2}}\mathrm{d}x$.

解 $\int \frac{1}{\sqrt{a^2-b^2x^2}}\mathrm{d}x = \frac{1}{a}\int \frac{1}{\sqrt{1-\left(\frac{bx}{a}\right)^2}}\mathrm{d}x = \frac{1}{b}\int \frac{1}{\sqrt{1-\left(\frac{bx}{a}\right)^2}}\mathrm{d}\,\frac{bx}{a} = \frac{1}{b}\arcsin\frac{bx}{a} + C.$

特别地，当 $b=1$ 时，$\int \frac{1}{\sqrt{a^2-x^2}}\mathrm{d}x = \arcsin\frac{x}{a} + C$.

当 $a=1$，$b=1$ 时，$\int \frac{1}{\sqrt{1-x^2}}\mathrm{d}x = \arcsin x + C$.

例 4.2.10 $\int \frac{1}{x^2-a^2}\mathrm{d}x$.

解 原式$= \frac{1}{2a}\int\left(\frac{1}{x-a} - \frac{1}{x+a}\right)\mathrm{d}x$

$$= \frac{1}{2a}\left[\int \frac{1}{x-a}\mathrm{d}x - \int \frac{1}{x+a}\mathrm{d}x\right]$$

$$= \frac{1}{2a}\left[\int \frac{1}{x-a}\mathrm{d}(x-a) - \int \frac{1}{x+a}\mathrm{d}(x+a)\right]$$

$$= \frac{1}{2a}[\ln|x-a| - \ln|x+a|] + C$$

$$= \frac{1}{2a}\ln\left|\frac{x-a}{x+a}\right| + C,$$

即 $\int \frac{1}{x^2-a^2}\mathrm{d}x = \frac{1}{2a}\ln\left|\frac{x-a}{x+a}\right| + C.$

下面讨论一些被积函数中包含三角函数的不定积分.

例 4.2.11 求$\int \tan x \mathrm{d}x$.

解 $\int \tan x \mathrm{d}x = \int \frac{\sin x}{\cos x}\mathrm{d}x = -\int \frac{1}{\cos x}\mathrm{d}(\cos x) = -\ln|\cos x| + C.$

即 $\int \tan x \mathrm{d}x = -\ln|\cos x| + C$.

类似地可得

$$\int \cot x \mathrm{d}x = \ln|\sin x| + C.$$

例 4.2.12 求$\int \sin^5 x \mathrm{d}x$.

解

$$\begin{aligned}\int \sin^5 x \mathrm{d}x &= \int \sin^4 x \cdot \sin x \mathrm{d}x = -\int (1-\cos^2 x)^2 \mathrm{d}(\cos x)\\ &= -\int \mathrm{d}(\cos x) + 2\int \cos^2 x \mathrm{d}(\cos x) - \int \cos^4 x \mathrm{d}(\cos x)\\ &= -\cos x + \frac{2}{3}\cos^3 x - \frac{1}{5}\cos^5 x + C.\end{aligned}$$

例 4.2.13 求$\int \sin^2 x \cos^3 x \mathrm{d}x$.

解

$$\begin{aligned}\text{原式} &= \int \sin^2 x \cos^2 x \mathrm{d}(\sin x)\\ &= \int \sin^2 x(1-\sin^2 x)\mathrm{d}(\sin x)\\ &= \int (\sin^2 x - \sin^4 x)\mathrm{d}(\sin x)\\ &= \frac{1}{3}\sin^3 x - \frac{1}{5}\sin^5 x + C.\end{aligned}$$

一般地，对于 $\sin^{2k+1}x\cos^n x$ 或 $\sin^n x\cos^{2k+1}x$(其中 $k\in\mathbf{N}$)型函数的积分，总可依次做变换 $u=\cos x$ 或 $u=\sin x$ 求得结果，其特点是被积函数中均包含 $\sin x$ 或 $\cos x$ 的奇次幂项，将其假设为 u，其余部分可使用三角恒等式 $\sin^2 x+\cos^2 x=1$ 进行变换.

例 4.2.14 求$\int \sin^2 x \mathrm{d}x$.

解

$$\begin{aligned}\int \sin^2 x \mathrm{d}x &= \int \frac{1-\cos 2x}{2}\mathrm{d}x\\ &= \frac{1}{2}\left(\int \mathrm{d}x - \int \cos 2x \mathrm{d}x\right)\\ &= \frac{1}{2}\int \mathrm{d}x - \frac{1}{4}\int \cos 2x \mathrm{d}(2x)\\ &= \frac{1}{2}x - \frac{1}{4}\sin 2x + C.\end{aligned}$$

例 4.2.15 求$\int \cos^4 x\mathrm{d}x$.

解
$$\begin{aligned}\int \cos^4 x\mathrm{d}x &= \int (\cos^2 x)^2\mathrm{d}x\\ &= \int \left[\frac{1}{2}(1+\cos 2x)\right]^2\mathrm{d}x\\ &= \frac{1}{4}\int (1+2\cos 2x+\cos^2 2x)\mathrm{d}x\\ &= \frac{1}{4}\int \left(\frac{3}{2}+2\cos 2x+\frac{1}{2}\cos 4x\right)\mathrm{d}x\\ &= \frac{1}{4}\left(\frac{3}{2}x+\sin 2x+\frac{1}{8}\sin 4x\right)+C\\ &= \frac{3}{8}x+\frac{1}{4}\sin 2x+\frac{1}{32}\sin 4x+C.\end{aligned}$$

例 4.2.16 求$\int \sin^2 x\cos^2 x\mathrm{d}x$.

解
$$\begin{aligned}\text{原式} &= \int \sin^2 x(1-\sin^2 x)\mathrm{d}x\\ &= \int \sin^2 x\mathrm{d}x-\int \sin^4 x\mathrm{d}x\\ &= \frac{1}{2}x-\frac{1}{4}\sin 2x-\int (\sin^2 x)^2\mathrm{d}x\\ &= \frac{1}{2}x-\frac{1}{4}\sin 2x-\int \left(\frac{1-\cos 2x}{2}\right)^2\mathrm{d}x\\ &= \frac{1}{2}x-\frac{1}{4}\sin 2x-\frac{1}{4}\int (1-2\cos 2x+\cos^2 2x)\mathrm{d}x\\ &= \frac{1}{2}x-\frac{1}{4}\sin 2x-\frac{1}{4}x+\frac{1}{4}\sin 2x-\frac{1}{8}\int (1+\cos 4x)\mathrm{d}x\\ &= \frac{1}{8}x-\frac{1}{32}\sin 4x+C.\end{aligned}$$

一般地，对于$\sin^{2k}x\cos^{2l}x$(其中k，$l\in\mathbf{N}$)型函数的积分，总可利用三角恒等式$\sin^2 x=\frac{1}{2}(1-\cos 2x)$，$\cos^2 x=\frac{1}{2}(1+\cos 2x)$化成$\cos 2x$的多项式，做变换$u=\cos 2x$求得结果.

例 4.2.17 求$\int \sec^4 x\mathrm{d}x$.

解
$$\begin{aligned}\text{原式} &= \int \sec^2 x\sec^2 x\mathrm{d}x=\int \sec^2 x\mathrm{d}(\tan x)=\int (1+\tan^2 x)\mathrm{d}(\tan x)\\ &=\tan x+\frac{1}{3}\tan^3 x+C.\end{aligned}$$

例 4.2.18 求$\int \tan^3 x\sec x\mathrm{d}x$.

解　原式 $=\int\tan^2 x\tan x\sec x\mathrm{d}x=\int\tan^2 x\mathrm{d}(\sec x)=\int(\sec^2 x-1)\mathrm{d}(\sec x)$

$$=\frac{1}{3}\sec^3 x-\sec x+C.$$

例 4.2.19　求 $\int\tan^4 x\sec^6 x\mathrm{d}x$.

解　原式 $=\int\tan^4 x\sec^4 x\sec^2 x\mathrm{d}x=\int\tan^4 x\sec^4 x\mathrm{d}(\tan x)$

$$=\int\tan^4 x(1+\tan^2 x)^2\mathrm{d}(\tan x)$$

$$=\int(\tan^4 x+\tan^8 x+2\tan^6 x)\mathrm{d}(\tan x)$$

$$=\frac{1}{5}\tan^5 x+\frac{1}{9}\tan^9 x+\frac{2}{7}\tan^7 x+C.$$

一般地，对于 $\tan^n x\sec^{2k}x$ 或 $\tan^{2k-1}x\sec^n x$（其中 $k\in\mathbf{N}_+$）型函数的积分，可依次做变换 $u=\tan x$ 或 $u=\sec x$，利用三角恒等式 $\tan^2 x+1=\sec^2 x$，求得结果.

可以看到被积函数中包含三角函数时均是采用某些三角函数作为中间变量进行变换，利用三角恒等式变形，之后求得积分结果．除了利用上述三种三角恒等式之外，还有一些其他的三角关系式可以利用，如半角公式、三角函数“积化和差”公式等.

半角公式如下：

$$\sin x=2\sin\frac{x}{2}\cos\frac{x}{2};$$

$$\cos x=\cos^2\frac{x}{2}-\sin^2\frac{x}{2}.$$

积化和差公式如下：

$$\sin\alpha\cos\beta=\frac{1}{2}[\sin(\alpha+\beta)+\sin(\alpha-\beta)];$$

$$\cos\alpha\sin\beta=\frac{1}{2}[\sin(\alpha+\beta)-\sin(\alpha-\beta)];$$

$$\cos\alpha\cos\beta=\frac{1}{2}[\cos(\alpha+\beta)+\cos(\alpha-\beta)];$$

$$\sin\alpha\sin\beta=-\frac{1}{2}[\cos(\alpha+\beta)-\cos(\alpha-\beta)].$$

例 4.2.20　求 $\int\csc x\mathrm{d}x$.

解　$\int\csc x\mathrm{d}x=\int\frac{1}{\sin x}\mathrm{d}x=\int\frac{1}{2\sin\frac{x}{2}\cos\frac{x}{2}}\mathrm{d}x$

$$=\int\frac{\mathrm{d}\left(\frac{x}{2}\right)}{\tan\frac{x}{2}\cos^2\frac{x}{2}}=\int\frac{\mathrm{d}\left(\tan\frac{x}{2}\right)}{\tan\frac{x}{2}}=\ln\left|\tan\frac{x}{2}\right|+C=\ln|\csc x-\cot x|+C,$$

即 $\int \csc x \mathrm{d}x = \ln|\csc x - \cot x| + C.$

例 4.2.21 求 $\int \sec x \mathrm{d}x.$

解 $\int \sec x \mathrm{d}x = \int \csc\left(x+\frac{\pi}{2}\right)\mathrm{d}x = \ln\left|\csc\left(x+\frac{\pi}{2}\right) - \cot\left(x+\frac{\pi}{2}\right)\right| + C$

$= \ln|\sec x + \tan x| + C,$

即 $\int \sec x \mathrm{d}x = \ln|\sec x + \tan x| + C.$

例 4.2.22 求 $\int \cos x \cos 2x \mathrm{d}x$

解 利用三角函数的积化和差公式

$$\cos\alpha\cos\beta = \frac{1}{2}[\cos(\alpha+\beta)+\cos(\alpha-\beta)],$$

得

$$\cos x\cos 2x = \frac{1}{2}[\cos x + \cos 3x],$$

于是

$$\begin{aligned}\int \cos x\cos 2x \mathrm{d}x &= \int \frac{1}{2}(\cos x + \cos 3x)\mathrm{d}x \\ &= \frac{1}{2}\int \cos x \mathrm{d}x + \frac{1}{2}\int \cos 3x \mathrm{d}x \\ &= \frac{1}{2}\sin x + \frac{1}{6}\sin 3x + C.\end{aligned}$$

常用的几种凑微分的形式:

(1) $\int f(ax+b)\mathrm{d}x = \frac{1}{a}\int f(ax+b)\mathrm{d}(ax+b)$;

(2) $\int f(ax^n+b)x^{n-1}\mathrm{d}x = \frac{1}{na}\int f(ax^n+b)\mathrm{d}(ax^n+b)$;

(3) $\int f(\mathrm{e}^x)\mathrm{e}^x\mathrm{d}x = \int f(\mathrm{e}^x)\mathrm{d}(\mathrm{e}^x)$;

(4) $\int f\left(\frac{1}{x}\right)\frac{\mathrm{d}x}{x^2} = -\int f\left(\frac{1}{x}\right)\mathrm{d}\left(\frac{1}{x}\right)$;

(5) $\int f(\ln x)\frac{\mathrm{d}x}{x} = \int f(\ln x)\mathrm{d}(\ln x)$;

(6) $\int f(\sqrt{x})\frac{\mathrm{d}x}{\sqrt{x}} = 2\int f(\sqrt{x})\mathrm{d}(\sqrt{x})$;

(7) $\int f(\sin x)\cos x\mathrm{d}x = \int f(\sin x)\mathrm{d}(\sin x)$;

(8) $\int f(\cos x)\sin x\mathrm{d}x = -\int f(\cos x)\mathrm{d}(\cos x)$;

(9) $\int f(\tan x)\sec^2 x\mathrm{d}x=\int f(\tan x)\mathrm{d}(\tan x)$；

(10) $\int f(\cot x)\csc^2 x\mathrm{d}x=-\int f(\cot x)\mathrm{d}(\cot x)$；

(11) $\int \frac{f(\arcsin x)}{\sqrt{1-x^2}}\mathrm{d}x=\int f(\arcsin x)\mathrm{d}(\arcsin x)$；

(12) $\int \frac{f(\arctan x)}{1+x^2}\mathrm{d}x=\int f(\arctan x)\mathrm{d}(\arctan x)$.

4.2.2 第二类换元积分法

第一类换元积分法是将被积函数“凑成” $f[\varphi(x)]\varphi'(x)$的形式，然后令 $u=\varphi(x)$，化为 $f(u)$求不定积分，即

$$\int f[\varphi(x)]\varphi'(x)\mathrm{d}x=\left[\int f(u)\mathrm{d}u\right]_{u=\varphi(x)},\tag{4.2.2}$$

也就是将式(4.2.2)从左向右进行推导运算．但当我们遇到$\int f(x)\mathrm{d}x$不易计算，同样可以使用式(4.2.2)，引入 $x=\varphi(t)$，化为 $f(\varphi(t))\varphi'(t)$求不定积分，再将 $x=\varphi(t)$的反函数 $t=\varphi^{-1}(x)$代回，也就是将式(4.2.2)是从右向左推导运算．归纳成如下定理.

定理 4.2.2 设 $x=\varphi(t)$是单调、可导的函数，并且 $\varphi'(t)\neq 0$. 又设 $f(\varphi(t))\varphi'(t)$具有原函数 $F(t)$，则有换元公式

$$\int f(x)\mathrm{d}x=\int f[\varphi(t)]\varphi'(t)\mathrm{d}t=F(t)=F[\varphi^{-1}(x)]+C.$$

其中，$t=\varphi^{-1}(x)$是 $x=\varphi(t)$的反函数.

定理 4.2.2 给出的求不定积分的关键在于恰当地选择变换函数 $x=\varphi(t)$，但函数形式选择较为多样，下面着重介绍倒代换与指数代换、三角代换.

对被积函数含有根式 $\sqrt[n]{ax+b}$的情形，可考虑直接对简单根式进行代换，进而将被积表达式转化为有理式.

1. 倒代换及指数变换

当被积函数为分式形式时，且分母形式较为复杂，可采用倒代换，即 $x=\frac{1}{t}$进行代换；如果被积函数存在多个指数函数，且结构相似时，可采用指数代换，即用 $a^x=t$ 进行代换. 这样的代换可以简化分母形式，便于化简被积函数，从而求出不定积分.

例 4.2.23 $\int \frac{\mathrm{d}x}{x^2\sqrt{a^2+x^2}}(a>0)$.

解 令 $x=\frac{1}{t}$，则 $\mathrm{d}x=-\frac{1}{t^2}\mathrm{d}t$，于是

$$\text{原式}=\int t^2\frac{1}{\sqrt{a^2+\left(\frac{1}{t}\right)^2}}\cdot\left(-\frac{1}{t^2}\mathrm{d}t\right)$$

$$=-\int\frac{t\mathrm{d}t}{\sqrt{a^2t^2+1}}$$

$$=-\frac{1}{a^2}\int\frac{\mathrm{d}(a^2t^2+1)}{2\sqrt{a^2t^2+1}}$$

$$=-\frac{\sqrt{a^2t^2+1}}{a^2}+C.$$

再将 $t=\frac{1}{x}$ 代回，原式 $=-\frac{\sqrt{x^2+a^2}}{a^2x}+C.$

例 4.2.24 $\int\frac{\mathrm{d}x}{(1+x+x^2)^{\frac{3}{2}}}.$

解 原式 $=\int\frac{\mathrm{d}x}{\left(\left(x+\frac{1}{2}\right)^2+\frac{3}{4}\right)^{\frac{3}{2}}}$

令 $x+\frac{1}{2}=\frac{1}{t}$，

$$\text{原式}=\int\frac{1}{\left(\frac{1}{t^2}+\frac{3}{4}\right)^{\frac{3}{2}}}\left(-\frac{1}{t^2}\right)\mathrm{d}t$$

$$=-\int\frac{t\mathrm{d}t}{\left(1+\frac{3}{4}t^2\right)^{\frac{3}{2}}}$$

$$=-\frac{2}{3}\int\frac{\mathrm{d}\left(\frac{3}{4}t^2+1\right)}{\left(1+\frac{3}{4}t^2\right)^{\frac{3}{2}}}$$

$$=\frac{4}{3}\left(1+\frac{3}{4}t^2\right)^{-\frac{1}{2}}+C$$

$$=\frac{2}{3}\cdot\frac{|2x+1|}{\sqrt{1+x+x^2}}+C.$$

例 4.2.25 $\int\frac{2^x\mathrm{d}x}{1+2^x+4^x}.$

解 令 $2^x=t,\mathrm{d}x=\frac{1}{\ln 2}\cdot\frac{\mathrm{d}t}{t}$，

$$\text{原式}=\int\frac{t}{1+t+t^2}\cdot\frac{1}{\ln 2}\cdot\frac{\mathrm{d}t}{t}$$

$$=\frac{1}{\ln 2}\int\frac{\mathrm{d}t}{\left(t+\frac{1}{2}\right)^2+\frac{3}{4}}$$

$$= \frac{1}{\ln 2}\int \frac{\mathrm{d}\left(t+\frac{1}{2}\right)}{\left(t+\frac{1}{2}\right)^2+\left(\frac{\sqrt{3}}{2}\right)^2}$$

$$= \frac{1}{\ln 2} \cdot \frac{2}{\sqrt{3}}\arctan \frac{t+\frac{1}{2}}{\frac{\sqrt{3}}{2}} + C$$

$$= \frac{2}{\sqrt{3}\ln 2}\arctan \frac{2t+1}{\sqrt{3}} + C$$

$$= \frac{2}{\sqrt{3}\ln 2}\arctan \frac{2^{x+1}+1}{\sqrt{3}} + C.$$

例 4.2.26 $\int \frac{\mathrm{d}x}{\mathrm{e}^x(1+\mathrm{e}^{2x})}$

解 令 $\mathrm{e}^x=t$，$\mathrm{d}x=\frac{\mathrm{d}t}{t}$，

$$\begin{aligned}原式&=\int \frac{1}{t(1+t^2)}\frac{\mathrm{d}t}{t}\\ &=\int\left(\frac{1}{t^2}-\frac{1}{1+t^2}\right)\mathrm{d}t\\ &=-\frac{1}{t}-\arctan t+C\\ &=-\mathrm{e}^{-x}-\arctan(\mathrm{e}^x)+C.\end{aligned}$$

2. 三角代换

当被积函数出现 $\sqrt{a^2-x^2}$，$\sqrt{a^2+x^2}$，$\sqrt{x^2-a^2}$ 形式时，可采用三角代换，利用三角恒等式将根式去掉.

例 4.2.27 求 $\int \sqrt{a^2-x^2}\,\mathrm{d}x\ (a>0)$.

解 设 $x=a\sin t$，$-\frac{\pi}{2}<t<\frac{\pi}{2}$，那么

$$\sqrt{a^2-x^2}=\sqrt{a^2-a^2\sin^2 t}=a\cos t，\mathrm{d}x=a\cos t\mathrm{d}t，$$

于是

$$\begin{aligned}\int \sqrt{a^2-x^2}\,\mathrm{d}x &= \int a\cos t\cdot a\cos t\mathrm{d}t\\ &= a^2\int \cos^2 t\mathrm{d}t = a^2\left(\frac{1}{2}t+\frac{1}{4}\sin 2t\right)+C.\end{aligned}$$

由 $x=a\sin t$，可得 $t=\arcsin\frac{x}{a}$，又因 $\sin 2t=2\sin t\cos t$，所以需要知道 $\cos t$ 关于 x 的函数关系式，由 $\sqrt{a^2-x^2}=a\cos t$，可知 $\cos t=\frac{\sqrt{a^2-x^2}}{a}$，所以 $\sin 2t=2\,\frac{x}{a}\cdot\frac{\sqrt{a^2-x^2}}{a}$.

所以 $\int \sqrt{a^2-x^2}\mathrm{d}x = a^2\left(\frac{1}{2}t+\frac{1}{4}\sin 2t\right)+C = \frac{a^2}{2}\arcsin\frac{x}{a}+\frac{1}{2}x\sqrt{a^2-x^2}+C.$

例 4.2.28 求 $\int \frac{\mathrm{d}x}{\sqrt{x^2+a^2}}(a>0)$.

解 （解法 1） 设 $x=a\tan t$，$-\frac{\pi}{2}<t<\frac{\pi}{2}$，那么

$$\sqrt{x^2+a^2}=\sqrt{a^2+a^2\tan^2 t}=a\sqrt{1+\tan^2 t}=a\sec t,\ \mathrm{d}x=a\sec^2 t\mathrm{d}t,$$

于是

$$\int \frac{\mathrm{d}x}{\sqrt{x^2+a^2}}=\int \frac{a\sec^2 t}{a\sec t}\mathrm{d}t=\int \sec t\mathrm{d}t=\ln|\sec t+\tan t|+C.$$

由 $x=a\tan t$ 可知 $\tan t=\frac{x}{a}$，由 $\sqrt{x^2+a^2}=a\sec t$ 可知 $\sec t=\frac{\sqrt{x^2+a^2}}{a}$.

所以

$$\begin{aligned}\int \frac{\mathrm{d}x}{\sqrt{x^2+a^2}} &= \ln|\sec t+\tan t|+C\\ &= \ln\left(\frac{x}{a}+\frac{\sqrt{x^2+a^2}}{a}\right)+C\\ &= \ln(x+\sqrt{x^2+a^2})+C_1,\end{aligned}$$

其中，$C_1=C-\ln a$.

（解法 2） 设 $x=a\operatorname{sh}t$，那么 $\sqrt{x^2+a^2}=\sqrt{a^2\operatorname{sh}^2 t+a^2}=a\operatorname{ch}t$，$\mathrm{d}x=a\operatorname{ch}t\mathrm{d}t.$，

$$\begin{aligned}\int \frac{\mathrm{d}x}{\sqrt{x^2+a^2}} &= \int \frac{a\operatorname{ch}t}{a\operatorname{ch}t}\mathrm{d}t=\int \mathrm{d}t=t+C=a\operatorname{sh}\frac{x}{a}+C\\ &= \ln\left(\frac{x}{a}+\sqrt{\left(\frac{x}{a}\right)^2+1}\right)+C=\ln(x+\sqrt{x^2+a^2})+C_1,\end{aligned}$$

其中，$C_1=C-\ln a$.

例 4.2.29 求 $\int \frac{\mathrm{d}x}{\sqrt{x^2-a^2}}(a>0)$.

解 当 $x>a$ 时，设 $x=a\sec t\left(0<t<\frac{\pi}{2}\right)$，那么

$$\sqrt{x^2-a^2}=\sqrt{a^2\sec^2 t-a^2}=a\sqrt{\sec^2 t-1}=a\tan t,$$

于是

$$\int \frac{\mathrm{d}x}{\sqrt{x^2-a^2}}=\int \frac{a\sec t\tan t}{a\tan t}\mathrm{d}t=\int \sec t\mathrm{d}t=\ln|\sec t+\tan t|+C.$$

因为

$$\tan t=\frac{\sqrt{x^2-a^2}}{a},\ \sec t=\frac{x}{a},$$

所以

$$\int \frac{\mathrm{d}x}{\sqrt{x^2-a^2}} = \ln|\sec t + \tan t| + C$$

$$= \ln\left|\frac{x}{a} + \frac{\sqrt{x^2-a^2}}{a}\right| + C$$

$$= \ln(x + \sqrt{x^2-a^2}) + C_1,$$

其中，$C_1 = C - \ln a$.

当 $x < a$ 时，令 $x = -u$，则 $u > a$，于是

$$\int \frac{\mathrm{d}x}{\sqrt{x^2-a^2}} = -\int \frac{\mathrm{d}u}{\sqrt{u^2-a^2}} = -\ln(u + \sqrt{u^2-a^2}) + C$$

$$= -\ln(-x + \sqrt{x^2-a^2}) + C = \ln(-x - \sqrt{x^2-a^2}) + C_1,$$

$$= \ln\frac{-x - \sqrt{x^2-a^2}}{a^2} + C = \ln(-x - \sqrt{x^2-a^2}) + C_1,$$

其中，$C_1 = C - 2\ln a$.

综合起来有

$$\int \frac{\mathrm{d}x}{\sqrt{x^2-a^2}} = \ln|x + \sqrt{x^2-a^2}| + C.$$

通过对第二类换元积分法的学习，补充如下不定积分公式：

(1) $\int \tan x \mathrm{d}x = -\ln|\cos x| + C$；

(2) $\int \cot x \mathrm{d}x = \ln|\sin x| + C$；

(3) $\int \sec x \mathrm{d}x = \ln|\sec x + \tan x| + C$；

(4) $\int \csc x \mathrm{d}x = \ln|\csc x - \cot x| + C$；

(5) $\int \frac{1}{a^2+x^2}\mathrm{d}x = \frac{1}{a}\arctan\frac{x}{a} + C$；

(6) $\int \frac{1}{x^2-a^2}\mathrm{d}x = \frac{1}{2a}\ln\left|\frac{x-a}{x+a}\right| + C$；

(7) $\int \frac{1}{\sqrt{a^2-x^2}}\mathrm{d}x = \arcsin\frac{x}{a} + C$；

(8) $\int \frac{\mathrm{d}x}{\sqrt{x^2+a^2}} = \ln(x + \sqrt{x^2+a^2}) + C$；

(9) $\int \frac{\mathrm{d}x}{\sqrt{x^2-a^2}} = \ln|x + \sqrt{x^2-a^2}| + C$.

习题 4.2

1. 在横线上填入适当的系数，使下列等式成立：

(1) $dx=$ ________ $d(kx)$；

(2) $dx=$ ________ $d(5x+2)$；

(3) $x^2dx=$ ________ $d(x^3)$；

(4) $xdx=$ ________ $d(2-6x^2)$；

(5) $e^{3x}dx=$ ____________ $d(e^{3x})$；

(6) $e^{-\frac{3x}{5}}dx=$ ____________ $d(7-e^{-\frac{3x}{5}})$；

(7) $\cos\frac{x}{2}dx=$ ____________ $d\left(\sin\frac{x}{2}\right)$；

(8) $\frac{1}{x}dx=$ ________ $d(\ln x^2)$；

(9) $\frac{dx}{1+4x^2}=$ ________ $d(\arctan 2x)$；

(10) $\frac{dx}{\sqrt{1-x^2}}=$ ________ $d(2-5\arcsin x)$；

(11) $\frac{3x}{\sqrt{1-x^2}}dx=$ ________ $d(\sqrt{1-x^2})$.

2. 用第一类换元积分法求下列不定积分：

(1) $\int(2-5x)^3dx$；

(2) $\int\frac{dx}{4-x}$；

(3) $\int\frac{dx}{\sqrt{3-2x}}$；

(4) $\int e^{4t}dt$；

(5) $\int\sin 3x dx$；

(6) $\int\left(\cos\frac{x}{a}-e^{\frac{x}{b}}\right)dx$；

(7) $\int\frac{\sin\sqrt{x}}{2\sqrt{x}}dx$；

(8) $\int x^2e^{3x^3}dx$；

(9) $\int x\sin x^2\mathrm{d}x$;

(10) $\int\frac{x^2}{\sqrt{x^3+5}}\mathrm{d}x$;

(11) $\int\frac{x^6}{x^7+2}\mathrm{d}x$;

(12) $\int\frac{\mathrm{d}x}{(x-1)^2}$;

(13) $\int\sin^2(2x+5)\cos(2x+5)\mathrm{d}x$;

(14) $\int\frac{\cos x}{\sin^4 x}\mathrm{d}x$;

(15) $\int\sqrt{\sin x+\cos x}(\sin x-\cos x)\mathrm{d}x$;

(16) $\int\frac{\ln x+1}{x\ln x}\mathrm{d}x$;

(17) $\int\frac{\mathrm{d}x}{x\ln x\ln\ln x}$;

(18) $\int\tan^2 x\sec^2 x\mathrm{d}x$;

(19) $\int\frac{\mathrm{d}x}{(\arccos x)^3\sqrt{1-x^2}}$;

(20) $\int\frac{2^{\arcsin x}}{\sqrt{1-x^2}}\mathrm{d}x$;

(21) $\int\cot\sqrt{1+x^3}\,\frac{x^2}{\sqrt{1+x^3}}\mathrm{d}x$;

(22) $\int\frac{\arctan\sqrt{x}}{\sqrt{x}(1+x)}\mathrm{d}x$;

(23) $\int\frac{\mathrm{d}x}{\sin x\cos x}$;

(24) $\int\frac{\ln\tan x}{\sin x\cos x}\mathrm{d}x$;

(25) $\int\cos^3 x\mathrm{d}x$;

(26) $\int\sin3x\sin4x\mathrm{d}x$;

(27) $\int\sin\frac{x}{4}\cos\frac{x}{3}\mathrm{d}x$;

(28) $\int\cot^3 x\csc x\mathrm{d}x$;

(29) $\int\frac{\mathrm{d}x}{\mathrm{e}^x+\mathrm{e}^{-x}}$;

(30) $\int \frac{1+x}{\sqrt{1-3x^2}}\mathrm{d}x$；

(31) $\int \frac{x^3}{1+x^2}\mathrm{d}x$；

(32) $\int \frac{\mathrm{d}x}{x^2-1}$；

(33) $\int \frac{x\mathrm{d}x}{x^4+2x^2+5}$；

(34) $\int \frac{\mathrm{d}x}{\sin 2x+2\sin x}$；

(35) $\int \frac{\mathrm{e}^x(1+\sin x)}{1+\cos x}$；

(36) $\int \frac{\mathrm{d}x}{\sin(x+a)\sin(x+b)}$（其中 $a-b\neq k\pi$）.

3. 用第二类换元积分法求下列不定积分：

(1) $\int \frac{\mathrm{d}x}{1+\sqrt{x+2}}$；

(2) $\int \frac{\mathrm{d}x}{\sqrt{1-x}+\sqrt[4]{1-x}}$；

(3) $\int \frac{\mathrm{d}x}{x^3(x^2+1)}$；

(4) $\int \frac{\mathrm{d}x}{\sqrt[3]{(1-x)^2(1+x)^4}}$；

(5) $\int \frac{\sqrt{1-x^2}}{x^4}\mathrm{d}x$；

(6) $\int \frac{2^x\times 3^x}{9^x-4^x}\mathrm{d}x$；

(7) $\int x^2\sqrt{3-x^2}\,\mathrm{d}x$；

(8) $\int \frac{\mathrm{d}x}{(1+x^2)^2}$；

(9) $\int \frac{\sqrt{x^2-a^2}}{x}\mathrm{d}x$；

(10) $\int \frac{x}{\sqrt{x^2+4x+8}}\mathrm{d}x$；

(11) $\int \frac{\mathrm{d}x}{\sqrt{(x^2-2x+4)^3}}$；

(12) $\int \left\{\frac{f(x)}{f'(x)}-\frac{f^2(x)f''(x)}{[f'(x)]^3}\right\}\mathrm{d}x$.

4.3 分部积分法

前面利用复合函数求导法则推导了换元积分法，在求导法则中两个函数乘积的求导法则至关重要，现在由函数乘积的求导法则来推导另一个求积分的基本方法——分部积分法.

设函数 $u=u(x)$ 及 $v=v(x)$ 具有连续导数．那么，两个函数乘积的导数公式为

$$(uv)'=u'v+uv',$$

移项得

$$uv'=(uv)'-u'v.$$

对这个等式两边求不定积分，得

$$\int uv'\mathrm{d}x = uv - \int u'v\mathrm{d}x \tag{4.3.1}$$

或

$$\int u\mathrm{d}v = uv - \int v\mathrm{d}u. \tag{4.3.2}$$

这个公式称为分部积分公式.

分部积分过程可以简记为

$$\int uv'\mathrm{d}x = \int u\mathrm{d}v = uv - \int v\mathrm{d}u = uv - \int u'v\mathrm{d}x.$$

分部积分法适用于被积函数为两个不同函数类型乘积的不定积分，其公式特点是两边的积分中 u 与 v 恰好位置互换，当$\int u\mathrm{d}v$ 不易直接计算，但$\int v\mathrm{d}u$ 易于计算时，可以使用分部积分法．对于选取 u，$\mathrm{d}v$ 的原则，积分容易者选为 $\mathrm{d}v$，求导简单者选为 u.

例 4.3.1 求$\int x\sin x\mathrm{d}x$.

解 $\int x\sin x\mathrm{d}x = -\int x\mathrm{d}(\cos x) = -x\cos x + \int \cos x\mathrm{d}x$

$$= -x\cos x + \sin x + C.$$

例 4.3.2 求$\int x\mathrm{e}^x\mathrm{d}x$.

解 $\int x\mathrm{e}^x\mathrm{d}x = \int x d\,\mathrm{e}^x = x\mathrm{e}^x - \int \mathrm{e}^x\mathrm{d}x = x\mathrm{e}^x - \mathrm{e}^x + C.$

例 4.3.3 求$\int x^2\mathrm{e}^x\mathrm{d}x$.

解 $\int x^2\mathrm{e}^x\mathrm{d}x = \int x^2\mathrm{d}\mathrm{e}^x = x^2\mathrm{e}^x - \int \mathrm{e}^x\mathrm{d}x^2$

$$= x^2\mathrm{e}^x - 2\int x\mathrm{e}^x\mathrm{d}x = x^2\mathrm{e}^x - 2\int x\mathrm{d}\mathrm{e}^x$$

$$= x^2 e^x - 2xe^x + 2\int e^x dx$$

$$= x^2 e^x - 2xe^x + 2e^x + C$$

$$= e^x(x^2 - 2x + 2) + C.$$

第一类换元积分法与分部积分法在运算过程中有相似之处，第一步都是凑微分，如：

$$\int f[\varphi(x)]\varphi'(x)dx = \int f[\varphi(x)]d\varphi(x) \xlongequal{\varphi(x)=u} \int f(u)du ,$$

$$\int u(x)v'(x)dx = \int u(x)dv(x) = u(x)v(x) - \int v(x)du(x).$$

在计算不定积分时，有时须把换元积分法与分部积分法结合使用，并且分部积分法可以多次使用.

例 4.3.4 求$\int x\ln x dx$.

解 $\int x\ln x dx = \frac{1}{2}\int \ln x dx^2 = \frac{1}{2}x^2\ln x - \frac{1}{2}\int x^2 \cdot \frac{1}{x}dx$

$$= \frac{1}{2}x^2\ln x - \frac{1}{2}\int x dx = \frac{1}{2}x^2\ln x - \frac{1}{4}x^2 + C.$$

归纳上述例题可以知道，如果被积函数类型为

$$\int P_n(x)e^{kx}dx, \int P_n(x)\sin ax dx, \int P_n(x)\cos ax dx,$$

其中 k，a 为常数，$P_n(x)$为 n 次多项式时，均可以令

$$u(x)=P_n(x), \ dv=e^{kx}dx(\sin ax dx \text{ 或 } \cos ax dx).$$

例 4.3.5 求$\int \arccos x dx$.

解 $\int \arccos x dx = x\arccos x - \int x d(\arccos x)$

$$= x\arccos x + \int x \cdot \frac{1}{\sqrt{1-x^2}}dx$$

$$= x\arccos x - \frac{1}{2}\int (1-x^2)^{-\frac{1}{2}}d(1-x^2)$$

$$= x\arccos x - \sqrt{1-x^2} + C.$$

例 4.3.6 求$\int x\arctan x dx$.

解 $\int x\arctan x dx = \frac{1}{2}\int \arctan x dx^2 = \frac{1}{2}x^2\arctan x - \frac{1}{2}\int x^2 \cdot \frac{1}{1+x^2}dx$

$$= \frac{1}{2}x^2\arctan x - \frac{1}{2}\int \left(1 - \frac{1}{1+x^2}\right)dx$$

$$= \frac{1}{2}x^2\arctan x - \frac{1}{2}x + \frac{1}{2}\arctan x + C.$$

归纳上述例题可以知道，如果被积函数类型为

$$\int P_n(x)\ln x\mathrm{d}x\ ,\int P_n(x)\arcsin x\mathrm{d}x\ ,\int P_n(x)\arccos x\mathrm{d}x,\int P_n(x)\arctan x\mathrm{d}x\ ,$$

其中 $P_n(x)$为 n 次多项式时，均可以令

$$u(x)=\ln x(\arcsin x \text{ 或 } \arctan x),\ \mathrm{d}v=P_n(x)\mathrm{d}x.$$

例 4.3.7 求$\int \mathrm{e}^x\sin x\mathrm{d}x$.

解 因为

$$\begin{aligned}\int \mathrm{e}^x\sin x\mathrm{d}x &= \int \sin x\mathrm{d}\mathrm{e}^x = \mathrm{e}^x\sin x - \int \mathrm{e}^x\mathrm{d}\sin x\\ &= \mathrm{e}^x\sin x - \int \mathrm{e}^x\cos x\mathrm{d}x\\ &= \mathrm{e}^x\sin x - \int \cos x\mathrm{d}\mathrm{e}^x\\ &= \mathrm{e}^x\sin x - \mathrm{e}^x\cos x + \int \mathrm{e}^x\mathrm{d}\cos x\\ &= \mathrm{e}^x\sin x - \mathrm{e}^x\cos x - \int \mathrm{e}^x\sin x\mathrm{d}x,\end{aligned}$$

所以

$$\int \mathrm{e}^x\sin x\mathrm{d}x = \frac{1}{2}\mathrm{e}^x(\sin x - \cos x) + C.$$

归纳上述例题可以知道，如果被积函数类型为$\int \mathrm{e}^{kx}\sin(ax+b)\mathrm{d}x$ ，$\int \mathrm{e}^{kx}\cos(ax+b)\mathrm{d}x$ ，其中 k，a，b 均为常数，那么 u 和 $\mathrm{d}v$ 的选取可以随意.

例 4.3.8 求 $I_n=\int \frac{\mathrm{d}x}{(x^2+a^2)^n}$ ，其中 n 为正整数.

解 $I_1=\int \frac{\mathrm{d}x}{x^2+a^2}=\frac{1}{a}\arctan\frac{x}{a}+C.$

当 $n>1$ 时，用分部积分法，有

$$\begin{aligned}\int \frac{\mathrm{d}x}{(x^2+a^2)^{n-1}} &= \frac{x}{(x^2+a^2)^{n-1}} + 2(n-1)\int \frac{x^2}{(x^2+a^2)^n}\mathrm{d}x\\ &= \frac{x}{(x^2+a^2)^{n-1}} + 2(n-1)\int \left[\frac{1}{(x^2+a^2)^{n-1}} - \frac{a^2}{(x^2+a^2)^n}\right]\mathrm{d}x,\end{aligned}$$

即

$$I_{n-1}=\frac{x}{(x^2+a^2)^{n-1}}+2(n-1)(I_{n-1}-a^2I_n),$$

于是

$$I_n=\frac{1}{2a^2(n-1)}\left[\frac{x}{(x^2+a^2)^{n-1}}+(2n-3)I_{n-1}\right].$$

以此作为递推公式，并由 $I_1=\frac{1}{a}\arctan\frac{x}{a}+C$ 即可得 I_n.

求解不定积分的方法可以多样，并且多种方法相互结合，需要灵活掌握.

例 4.3.9 求$\int e^{\sqrt{x}}dx$

解 （解法 1） 令 $x=t^2$，则 $dx=2tdt$，于是

$$\int e^{\sqrt{x}}dx=2\int te^t dt=2e^t(t-1)+C=2e^{\sqrt{x}}(\sqrt{x}-1)+C.$$

（解法 2）
$$\begin{aligned}\int e^{\sqrt{x}}dx&=\int e^{\sqrt{x}}d(\sqrt{x})^2=2\int\sqrt{x}e^{\sqrt{x}}d\sqrt{x}\\&=2\int\sqrt{x}de^{\sqrt{x}}=2\sqrt{x}e^{\sqrt{x}}-2\int e^{\sqrt{x}}d\sqrt{x}\\&=2\sqrt{x}e^{\sqrt{x}}-2e^{\sqrt{x}}+C=2e^{\sqrt{x}}(\sqrt{x}-1)+C.\end{aligned}$$

例 4.3.10 计算$\int\sqrt{a^2+x^2}dx\,(a>0)$.

解 令 $x=a\tan t$，$dx=a\sec^2 tdt$，所以

$$\sqrt{a^2+x^2}=\sqrt{a^2(1+\tan t)}=a\sec t,$$
$$\int\sqrt{a^2+x^2}dx=\int a^2\sec^3 tdt.$$

下求 $\int\sec^3 tdt$.

$$\begin{aligned}\int\sec^3 tdt&=\int\sec t d(\tan t)\\&=\sec t\cdot\tan t-\int\sec t\tan^2 tdt\\&=\sec t\cdot\tan t-\int\sec^3 tdt+\int\sec tdt\\&=\sec t\cdot\tan t+\ln|\sec t+\tan t|-\int\sec^3 tdt,\end{aligned}$$

所以

$$\int\sec^3 tdt=\frac{1}{2}(\sec t\tan t+\ln|\sec t+\tan t|)+C,$$

所以

$$\int\sqrt{a^2+x^2}dx=\frac{a^2}{2}(\sec t\tan t+\ln|\sec t+\tan t|)+C,$$

因为 $\tan t=\frac{x}{a}$，$\sec t=\frac{\sqrt{a^2+x^2}}{a}$，

所以

$$\int\sqrt{a^2+x^2}dx=\frac{a^2}{2}\left(\frac{x\sqrt{a^2+x^2}}{a^2}+\ln\left|\frac{\sqrt{a^2+x^2}+x}{a}\right|\right)+C.$$

习题 4.3

1. 求不定积分$\int x\cos 2x\mathrm{d}x$.

2. 求不定积分$\int x\sin^2 x\mathrm{d}x$.

3. 求不定积分$\int (x-1)\cos 5x\mathrm{d}x$.

4. 求不定积分$\int x\mathrm{e}^{-x}\mathrm{d}x$.

5. 求不定积分$\int (2x-1)\ln x\mathrm{d}x$.

6. 求不定积分$\int x^2\ln 3x\mathrm{d}x$.

7. 求不定积分$\int (2x+1)\ln x\mathrm{d}x$.

8. 求不定积分$\int \frac{\ln 5x}{x^2}\mathrm{d}x$.

9. 求不定积分$\int x\arcsin x\mathrm{d}x$.

10. 求不定积分$\int (x^2-1)\arctan x\mathrm{d}x$.

11. 求不定积分$\int \arctan\sqrt{4x-1}\mathrm{d}x$.

12. 求不定积分$\int \ln\left(x+\sqrt{1+x^2}\right)\mathrm{d}x$.

13. 求不定积分$\int \mathrm{e}^{-2x}\cos x\mathrm{d}x$.

14. 求不定积分$\int \mathrm{e}^{\sqrt{2x+1}}\mathrm{d}x$.

15. 求不定积分$\int \frac{\ln\ln x}{x}\mathrm{d}x$.

16. 求不定积分$\int (\arccos x)^2\mathrm{d}x$.

17. 求不定积分$\int \frac{x}{\cos^2 x}\mathrm{d}x$.

18. 求不定积分$\int x^3\ln^2 x\mathrm{d}x$.

19. 求不定积分$\int \frac{\ln x-\ln(x+1)}{x(x+1)}\mathrm{d}x$.

20. 求不定积分$\int x\arctan x\ln(1+x^2)\mathrm{d}x$.

21. 求不定积分$\int [\ln(x+\sqrt{1+x^2})]^2\mathrm{d}x$.

22. 求不定积分$\int x(1+x)^{100}\mathrm{d}x$.

23. 求不定积分$\int \sqrt{x}\sin\sqrt{x}\mathrm{d}x$.

24. 求不定积分$\int \frac{1}{x^3}\cdot \mathrm{e}^{\frac{1}{x}}\mathrm{d}x$.

25. 求不定积分$\int \sin\ln x\mathrm{d}x$.

26. 求不定积分$\int x\tan x\sec^4 x\mathrm{d}x$.

4.4 函数的积分

前面学习了两种求不定积分的方法——换元积分法和分部积分法，这两种方法都是依据微分运算的过程，加入不定积分运算形成的．本节介绍的方法是依据被积函数特殊形式所形成的不定积分计算过程，主要针对有理分式结构.

4.4.1 有理函数的积分

有理函数是指由两个多项式的商所表示的函数，即具有如下形式的函数：

$$\frac{P(x)}{Q(x)}=\frac{a_0x^n+a_1x^{n-1}+\cdots+a_{n-1}x+a_n}{b_0x^m+b_1x^{m-1}+\cdots+b_{m-1}x+b_m}. \tag{4.4.1}$$

其中，m 和 n 都是非负整数；$P(x)$是 n 次多项式；$Q(x)$是 m 次多项式；a_0，a_1，a_2，…，a_n 及 b_0，b_1，b_2，…，b_n 都是实数，并且 $a_0\neq0$，$b_0\neq0$.

当 $n<m$ 时，称这有理函数是**真分式**；当 $n\geqslant m$ 时，称这有理函数是**假分式**.

假分式总可以化成一个多项式与一个真分式之和的形式，通常采用多项式长除法，这种方法与数字除法一样.

例如，$\frac{x^3+x+1}{x^2+1}=\frac{x(x^2+1)+1}{x^2+1}=x+\frac{1}{x^2+1}$，多项式长除法过程如下：

$$\begin{array}{r|l} & \quad\quad\quad\;\; x \\ x^2+1 & x^3+x+1 \\ & \underline{x^3+x\quad\;} \\ & \quad\quad\quad\;\; 1 \end{array}$$

当假分式化为多项式与真分式之和的形式后，其中对于多项式的不定积分已经掌握，下面研究真分式的不定积分.

求真分式的不定积分时，对于真分式$\frac{P(x)}{Q(x)}$，如果分母可分解为最简形式，即

$$Q(x)=Q_1(x)\cdots Q_n(x),$$

且 $Q_1(x)$，…，$Q_n(x)$没有公因子，那么可拆成多个真分式之和，即

$$\frac{P(x)}{Q(x)}=\frac{P_1(x)}{Q_1(x)}+\cdots+\frac{P_n(x)}{Q_n(x)}. \tag{4.4.2}$$

这个过程称作**化真分式为部分分式之和**，其中最简形式为$\frac{P_1(x)}{(x-a)^k}$，$\frac{P_2(x)}{(x^2+px+q)^l}$的**真分式形式**，其中 x^2+px+q 为**二次质因式**，即 $p^2-4q<0$.

将式(4.4.1)化成式(4.4.2)需要确定每部分分子的形式及多项式的系数，所采用的方法

为待定系数法，即确定 $P_1(x)$，…，$P_n(x)$的具体表达式，可采用如下过程.

对于$\frac{P_1(x)}{(x-a)^k}$，其中 $k>2$，一定可以写成如下形式：

$$\frac{P_1(x)}{(x-a)^k}=\frac{A_1}{(x-a)^k}+\frac{A_2}{(x-a)^{k-1}}+\cdots+\frac{A_k}{x-a}. \tag{4.4.3}$$

式中，A_1，…，A_k 为常数.

在分解过程中注意，所拆成部分分式的数量与 k 一致，且分子多项式的次数比分母中因子 $x-a$ 低一次，所以式(4.4.3)中分子为常数.

对于$\frac{P_2(x)}{(x^2+px+q)^l}$，其中 $l>2$，一定可以写成如下形式：

$$\frac{P_2(x)}{(x^2+px+q)^l}=\frac{B_1x+C_1}{(x^2+px+q)^l}+\frac{B_2x+C_2}{(x^2+px+q)^{l-1}}+\cdots+\frac{B_lx+C_l}{x^2+px+q}. \tag{4.4.4}$$

式中，B_1，…，B_l，C_1，…，C_l 为常数.

在分解过程中注意，所拆成部分分式的数量与 l 一致，且分子多项式的次数比分母中因子 x^2+px+q 低一次，所以为一次多项式.

通过上述可以看出，在假设分子多项式形式时，分子多项式的次数仅比分母的因子低一次. 为了确定常数 A_1，…，A_k，B_1，…，B_l，C_1，…，C_l，只需将式(4.4.3)及式(4.4.4)右端进行通分，因式(4.4.3)与式(4.4.4)为等式，所以与左端进行比较，对应的多项式系数相等，进而确定常数取值.

例如：化$\frac{3x^2-2x}{(x^2+x+1)(x-1)^2}$为部分分式之和.

假设

$$\frac{3x^2-2x}{(x^2+x+1)(x-1)^2}=\frac{Ax+B}{x^2+x+1}+\frac{C}{(x-1)^2}+\frac{D}{x-1}.$$

对等式右端通分，得

$$\frac{(Ax+B)(x-1)^2+C(x^2+x+1)+D(x^2+x+1)(x-1)}{(x^2+x+1)(x-1)^2}.$$

整理，分子为

$$(A+D)x^3+(-2A+B+C)x^2+(A-2B+C)x+(B+C-D).$$

它与 $3x^2-2x$ 相等，所以

$$\begin{cases}A+D=0,\\-2A+B+C=3,\\A-2B+C=-2,\\B+C-D=0.\end{cases}$$

解得

$$\begin{cases} A=-1, \\ B=\dfrac{2}{3}, \\ C=\dfrac{1}{3}, \\ D=1. \end{cases}$$

所以

$$\frac{3x^2-2x}{(x^2+x+1)(x-1)^2}=\frac{-x+\dfrac{2}{3}}{x^2+x+1}+\frac{1}{3(x-1)^2}+\frac{1}{x-1}.$$

综上所述，将有理函数化为部分分式后可能出现的情况归纳如下：

(1) 当存在$\int \frac{A}{x-a}\mathrm{d}x$时，直接进行不定积分运算，即

$$\int \frac{A}{x-a}\mathrm{d}x = A\ln|x-a|+C;$$

(2) 当存在$\int \frac{A}{(x-a)^n}\mathrm{d}x$时，采用第一类换元积分法计算不定积分，即

$$\int \frac{A}{(x-a)^n}\mathrm{d}x = -\frac{A}{n-1}\cdot\frac{1}{(x-a)^{n-1}}+C(n\neq 1);$$

(3) 当存在$\int \frac{\mathrm{d}x}{(x^2+px+q)^n}$时，分母进行配方，并进行换元，化成之前学过的形式，即

$$\int \frac{\mathrm{d}x}{(x^2+px+q)^n} = \int \frac{\mathrm{d}x}{\left[\left(x+\dfrac{p}{2}\right)^2+\dfrac{4q-p^2}{4}\right]^n} \xlongequal[\text{令}\frac{4q-p^2}{4}=a^2]{\text{令}x+\frac{p}{2}=u} \int \frac{\mathrm{d}u}{(u^2+a^2)^n},$$

剩余计算过程参见 4.3.8；

(4) 当存在$\int \frac{x+a}{(x^2+px+q)^n}\mathrm{d}x$时，将分子凑成$x^2+px+q$的导数与常数之和形式，即

$$x+a=\frac{1}{2}(2x+p)+\left(a-\frac{p}{2}\right),$$

第一部分利用凑微分直接计算，第二部分的形式按照情况(3)进行处理与计算，即

$$\int \frac{x+a}{(x^2+px+q)^n}\mathrm{d}x = -\frac{1}{2(n-1)}\cdot\frac{1}{(x^2+px+q)^{n-1}}+\left(a-\frac{p}{2}\right)\int \frac{\mathrm{d}x}{(x^2+px+q)^n},$$

其中，$p^2-4q<0$.

例 4.4.1 求$\int \frac{x+3}{x^2-5x+6}\mathrm{d}x$.

解
$$\begin{aligned}\int \frac{x+3}{x^2-5x+6}\mathrm{d}x &= \int \frac{x+3}{(x-2)(x-3)}\mathrm{d}x = \int\left(\frac{6}{x-3}-\frac{5}{x-2}\right)\mathrm{d}x \\ &= \int \frac{6}{x-3}\mathrm{d}x - \int \frac{5}{x-2}\mathrm{d}x = 6\ln|x-3|-5\ln|x-2|+C.\end{aligned}$$

其中

$$\frac{x+3}{(x-2)(x-3)}=\frac{A}{x-3}+\frac{B}{x-2}=\frac{(A+B)x+(-2A-3B)}{(x-2)(x-3)},$$

$$A+B=1,\ -3A-2B=3,\ A=6,\ B=-5.$$

例 4.4.2 求$\int\frac{x-2}{x^2+2x+3}\mathrm{d}x$.

解 $$\int\frac{x-2}{x^2+2x+3}\mathrm{d}x=\int\left(\frac{1}{2}\cdot\frac{2x+2}{x^2+2x+3}-3\cdot\frac{1}{x^2+2x+3}\right)\mathrm{d}x$$

$$=\frac{1}{2}\int\frac{2x+2}{x^2+2x+3}\mathrm{d}x-3\int\frac{1}{x^2+2x+3}\mathrm{d}x$$

$$=\frac{1}{2}\int\frac{\mathrm{d}(x^2+2x+3)}{x^2+2x+3}-3\int\frac{\mathrm{d}(x+1)}{(x+1)^2+(\sqrt{2})^2}$$

$$=\frac{1}{2}\ln(x^2+2x+3)-\frac{3}{\sqrt{2}}\arctan\frac{x+1}{\sqrt{2}}+C.$$

其中，

$$\frac{x-2}{x^2+2x+3}=\frac{\frac{1}{2}(2x+2)-3}{x^2+2x+3}=\frac{1}{2}\cdot\frac{x-2}{x^2+2x+3}-3\cdot\frac{1}{x^2+2x+3}.$$

例 4.4.3 求$\int\frac{1}{x(x-1)^2}\mathrm{d}x$.

解 $$\int\frac{1}{x(x-1)^2}\mathrm{d}x=\int\left[\frac{1}{x}-\frac{1}{x-1}+\frac{1}{(x-1)^2}\right]\mathrm{d}x$$

$$=\int\frac{1}{x}\mathrm{d}x-\int\frac{1}{x-1}\mathrm{d}x+\int\frac{1}{(x-1)^2}\mathrm{d}x$$

$$=\ln|x|-\ln|x-1|-\frac{1}{x-1}+C.$$

其中，

$$\frac{1}{x(x-1)^2}=\frac{1-x+x}{x(x-1)^2}=-\frac{1}{x(x-1)}+\frac{1}{(x-1)^2}$$

$$=-\frac{1-x+x}{x(x-1)}+\frac{1}{(x-1)^2}=\frac{1}{x}-\frac{1}{x-1}+\frac{1}{(x-1)^2}.$$

4.4.2 三角函数有理式的积分

三角函数有理式是指由三角函数和常数经过有限次四则运算所构成的函数，其特点是分子、分母都包含三角函数的和、差和乘积运算．由于各种三角函数都可以用 $\sin x$ 及 $\cos x$ 的有理式表示，故三角函数有理式也就是 $\sin x$，$\cos x$ 的有理式. 用于三角函数有理式积分的变换：把 $\sin x$，$\cos x$ 表示成 $\tan\frac{x}{2}$的函数，然后做变换 $u=\tan\frac{x}{2}$.

$$\sin x=2\sin\frac{x}{2}\cos\frac{x}{2}=\frac{2\tan\frac{x}{2}}{\sec^2\frac{x}{2}}=\frac{2\tan\frac{x}{2}}{1+\tan^2\frac{x}{2}}=\frac{2u}{1+u^2};$$

$$\cos x=\cos^2\frac{x}{2}-\sin^2\frac{x}{2}=\frac{1-\tan^2\frac{x}{2}}{\sec^2\frac{x}{2}}=\frac{1-u^2}{1+u^2}.$$

变换后原积分变成了有理函数的积分.

例 4.4.4 求$\int\frac{dx}{2+\cos x}$.

解 作变换 $t=\tan\frac{x}{2}$，则有 $dx=\frac{2}{1+t^2}dt$，$\cos x=\frac{1-t^2}{1+t^2}$.

$$\int\frac{dx}{2+\cos x}=\int\frac{\frac{2dt}{1+t^2}}{2+\frac{1-t^2}{1+t^2}}=2\int\frac{1}{3+t^2}dt=\frac{2}{\sqrt{3}}\int\frac{1}{1+\left(\frac{t}{\sqrt{3}}\right)^2}d\frac{t}{\sqrt{3}}$$

$$=\frac{2}{\sqrt{3}}\arctan\frac{t}{\sqrt{3}}+C=\frac{2}{\sqrt{3}}\arctan\left(\frac{1}{\sqrt{3}}\tan\frac{x}{2}\right)+C.$$

说明：并非所有的三角函数有理式的积分都要通过变换化为有理函数的积分．例如，

$$\int\frac{\cos x}{1+\sin x}dx=\int\frac{1}{1+\sin x}d(1+\sin x)=\ln(1+\sin x)+C.$$

4.4.3 简单无理函数的积分

无理函数的积分一般要采用第二类换元积分法把根号消去，也称为**根式代换法**.

例 4.4.5 求$\int\frac{1}{1+\sqrt[3]{x}}dx$.

解 令 $\sqrt[3]{x}=t$，则 $x=t^3$，$dx=3t^2dt$.

$$原式=\int\frac{1}{1+t}3t^2dt=3\int\frac{t^2-1+1}{t+1}dt=3\int\left((t-1)+\frac{1}{t+1}\right)dt$$

$$=\frac{3}{2}t^2-3t+3\ln|t+1|+C$$

$$=\frac{3}{2}x^{\frac{2}{3}}-3x^{\frac{1}{3}}+3\ln\left|\sqrt[3]{x}+1\right|+C.$$

例 4.4.6 求$\int\frac{\sqrt{x}}{\sqrt{x}+\sqrt[3]{x}}dx$.

解 被积函数中既有$\sqrt{x}$又有$\sqrt[3]{x}$，为了能同时消去这两个根式，选择令 $x=t^6$，于是 $dx=6t^5dt$.

$$\int\frac{t^2}{t^3+t^2}6t^5dt=6\int\frac{t^8}{t^2(t+1)}dt=6\int\frac{t^6}{t+1}dt,$$

利用有理式长除法，得

$$\frac{t^6}{t+1}=(t^5-t^4+t^3-t^2+t-1)+\frac{1}{t-1}.$$

$$原式=\frac{1}{6}t^6-\frac{1}{5}t^5+\frac{1}{4}t^4-\frac{1}{3}t^3+\frac{1}{2}t^2-t+\ln(t-1)+C$$

$$=\frac{1}{6}x-\frac{1}{5}x^{\frac{5}{6}}+\frac{1}{4}x^{\frac{4}{6}}-\frac{1}{3}x^{\frac{3}{6}}+\frac{1}{2}x^{\frac{2}{6}}-x^{\frac{1}{6}}+\ln|x^{\frac{1}{6}}-1|+C.$$

习题 4.4

1. 求不定积分 $\int\frac{x^2}{x+1}dx$.

2. 求不定积分 $\int\frac{x^3}{x+2}dx$.

3. 求不定积分 $\int\frac{2x-3}{x^2-3x+5}dx$.

4. 求不定积分 $\int\frac{x-2}{x^2-6x+10}dx$.

5. 求不定积分 $\int\frac{dx}{x(x^2+3)}$.

6. 求不定积分 $\int\frac{dx}{1+x^3}$.

7. 求不定积分 $\int\frac{x^2+2}{(x+1)^2(x-2)}dx$.

8. 求不定积分 $\int\frac{x^5+x^4+x^3+1}{x^2+1}dx$.

9. 求不定积分 $\int\frac{dx}{(x^2+2)(x^2-3x)}$.

10. 求不定积分 $\int\frac{-x^2+2}{(x^2+1)(x^2+x+1)^2}dx$.

11. 求不定积分 $\int\frac{dx}{1+\sin^2x}$.

12. 求不定积分 $\int\frac{dx}{1+\sin x}$.

13. 求不定积分 $\int\frac{dx}{1+\sin x-2\cos x}$.

14. 求不定积分 $\int\frac{dx}{1+\sqrt[3]{x+3}}$.

15. 求不定积分 $\int \frac{\sqrt{x+1}+1}{\sqrt{x+1}-1}\mathrm{d}x$.

16. 求不定积分 $\int \frac{\mathrm{d}x}{\sqrt[3]{(x-1)^2(x+1)^4}}$.

4.5 总习题

1. 求不定积分$\int \frac{\mathrm{d}x}{1+\mathrm{e}^x}$.

2. 求不定积分$\int \frac{x}{(x+2)^3}\mathrm{d}x$.

3. 求不定积分$\int \frac{x^3}{1-x^8}\mathrm{d}x$.

4. 求不定积分$\int \frac{1+\sin x}{x-\cos x}\mathrm{d}x$.

5. 求不定积分$\int \frac{\ln^2(\ln x)}{x}\mathrm{d}x$.

6. 求不定积分$\int \frac{\sin x\cos x}{1+\cos^4 x}\mathrm{d}x$.

7. 求不定积分$\int \cot^4 x\mathrm{d}x$.

8. 求不定积分$\int \sin x\sin \frac{x}{2}\sin \frac{x}{3}\mathrm{d}x$.

9. 求不定积分$\int \frac{\mathrm{d}x}{x(x^6-1)}$.

10. 求不定积分$\int \sqrt{\frac{1-x}{1+x}}\mathrm{d}x$.

11. 求不定积分$\int x\sin^2 x\mathrm{d}x$.

12. 求不定积分$\int \mathrm{e}^{ax}\sin bx\mathrm{d}x$.

13. 求不定积分$\int \frac{\mathrm{d}x}{\sqrt{1+\mathrm{e}^{2x}}}$.

14. 求不定积分$\int \frac{\mathrm{d}x}{x^3\sqrt{x^2+1}}$.

15. 求不定积分$\int \sqrt{x}\cos\sqrt{x}\mathrm{d}x$.

16. 求不定积分$\int x\ln(1+x^2)\mathrm{d}x$.

17. 求不定积分$\int \frac{\cos^2 x}{\sin^3 x}\mathrm{d}x$.

18. 求不定积分$\int \arctan 2\sqrt{x}\mathrm{d}x$.

19. 求不定积分$\int \frac{x^{11}}{x^8+3x^4+2}\mathrm{d}x$.

20. 求不定积分$\int \frac{\mathrm{d}x}{1-x^4}$.

21. 求不定积分$\int \mathrm{e}^{\cos x}\cdot \frac{x\sin^3 x+\cos x}{\sin^2 x}\mathrm{d}x$.

22. 求不定积分$\int \frac{\mathrm{d}x}{1+\mathrm{e}^x}$.

23. 求不定积分$\int \sqrt{1-x^2}\arccos x\mathrm{d}x$.

24. 求不定积分$\int \frac{1}{\sin x\cos^3 x}\mathrm{d}x$.

25. 求不定积分$\int \frac{\mathrm{d}x}{(1+\sin x)\cos x}$.

第5章　定　积　分

本章研究积分学的另一基本问题——定积分．定积分起源于解决实际问题．定积分是"和式的极限"运算的抽象过程，通过牛顿－莱布尼茨公式揭示定积分与不定积分的密切联系，不定积分的计算是学习定积分的基础．本章最后介绍应用定积分解决实际问题的思想与过程．

5.1　定积分的概念与性质

5.1.1　定积分问题引例

1. 曲边梯形的面积

设函数 $y=f(x)$ 在区间 $[a,b]$ 上非负、连续，由直线 $x=a$，$x=b$，$y=0$ 及曲线 $y=f(x)$ 所围成的图形称为曲边梯形，其中曲线弧称为曲边，如图 5.1.1 所示.

如何求解曲边图形的面积呢？首先介绍求解图形面积的基本思想与过程．对于生活中所遇到的图形，可归结为多边形与曲边图形．例如求解任意多边形的面积，如图 5.1.2 所示，我们先将图形进行"分割"，分割为若干可求面积的图形，因为我们知道三角形的面积公式为

$$三角形面积=\frac{1}{2}\times底\times高,$$

所以可以将直多边形按照其顶点连线分割成若干三角形，对每个三角形逐一计算其面积，之后再进行累加，就得到了多边形的面积，其中三角形为构成多边形的基本元素，将其称为"基元"．将这种思想可归结为"分割－求值－求和"，其中，分割是指分割成若干基元，求值是指求若干基元的面积，求和是指将所求基元面积累加.

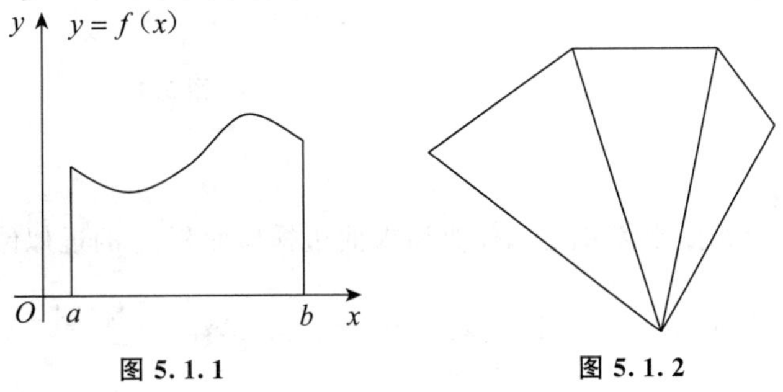

图 5.1.1　　　　图 5.1.2

求多边形面积的思想同样可以应用于求曲边图形的面积．如图 5.1.3 所示，将曲边图形用十字线切割后归结为两类图形：矩形和曲边梯形．矩形面积可以求取，所以只要求出曲边梯形的面积，就可求得曲边图形的面积，曲边梯形是曲边图形的基元．下面应用同样的思想介绍求得曲边梯形的面积，但在具体操作时还要针对“曲边”这一特点进行特殊处理.

(1) 分割

在区间$[a, b]$内插入若干分点

$$a=x_0<x_1<x_2<\cdots<x_i<\cdots<x_n=b,$$

并将区间$[a, b]$分割为若干小区间

$$[x_0, x_1], [x_1, x_2], \cdots, [x_{i-1}, x_i], \cdots, [x_{n-1}, x_n],$$

小区间的长度分别记为 Δx_i，即

$$\Delta x_1=x_1-x_0, \Delta x_2=x_2-x_1, \cdots, \Delta x_n=x_n-x_{n-1},$$

过每个分点作平行于 y 轴的直线，沿此直线进行图形的分割，把曲边梯形分成 n 个小曲边梯形，假设每个小曲边梯形的面积为

$$\Delta A_i, i=1, 2, \cdots, n.$$

(2) 求值(求近似值)

当插入分点足够多，每一个小的曲边梯形足够小时，如图 5.1.4 所示，每个小曲边梯形都用一个等宽的小矩形代替，每个小曲边梯形的面积都近似地等于小矩形的面积，则所有小矩形面积的和就是曲边梯形面积的近似值，这种思想为“以直代曲”．在每个小区间$[x_{i-1}, x_i]$上任取一点 ξ_i，以$[x_{i-1}, x_i]$为底、$f(\xi_i)$为高的窄矩形近似替代第 i 个窄曲边梯形$(i=1, 2, \cdots, n)$. 即 $\Delta A_i=f(\xi_i)\Delta x_i$.

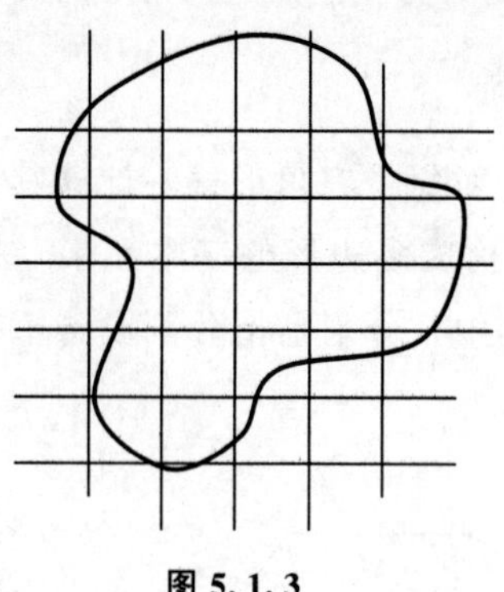

图 5.1.3

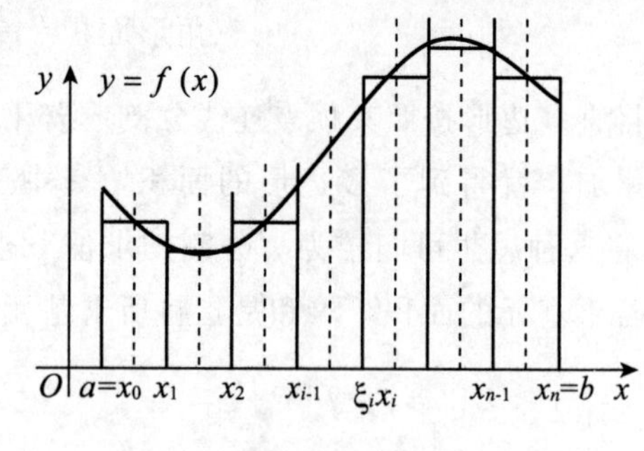

图 5.1.4

(3) 求和

把这样得到的 n 个窄矩形面积之和作为所求曲边梯形面积 A 的近似值，即

$$A\approx f(\xi_1)\Delta x_1+f(\xi_2)\Delta x_2+\cdots+f(\xi_n)\Delta x_n=\sum_{i=1}^{n} f(\xi_i)\Delta x_i.$$

(4) 取极限(求精确值)

显然，分点越多、每个小曲边梯形越窄，所求得的曲边梯形面积 A 的近似值就越接近曲边梯形面积 A 的精确值，因此，要求曲边梯形面积 A 的精确值，只需无限地增加分点，使每个小曲边梯形的宽度趋于零，记 $\lambda=\max\{\Delta x_1, \Delta x_2, \cdots, \Delta x_n\}$，即 λ 为区间中长度最长的，于是令 $\lambda\to 0$，即当最长的趋近于零时，就能保证每个小曲边梯形的宽度均趋于零．所以曲边梯形的面积为

$$A=\lim_{\lambda\to 0}\sum_{i=1}^{n} f(\xi_i)\Delta x_i.$$

2. 变速直线运动的路程

设物体作直线运动，已知速度 $v=v(t)$ 是时间间隔 $[T_1, T_2]$ 上 t 的连续函数，且 $v(t)\geqslant 0$，计算在这段时间内物体所经过的路程 S.

(1) 分割

在时间间隔 $[T_1, T_2]$ 内任意插入若干个分点

$$T_1=t_0<t_2<\cdots<t_{n-1}<t_n=T_2,$$

把 $[T_1, T_2]$ 分成 n 个小时间段

$$[t_0, t_1], [t_1, t_2], \cdots, [t_{n-1}, t_n],$$

各小段时间的间隔依次为

$$\Delta t_1=t_1-t_0, \Delta t_2=t_2-t_1, \cdots, \Delta t_n=t_n-t_{n-1}.$$

相应地，在各段时间内物体经过的路程依次为

$$\Delta S_1, \Delta S_2, \cdots, \Delta S_n.$$

(2) 求值(求近似值)

在足够小的时间间隔内，物体运动看成是均速的．在时间间隔 $[t_{i-1}, t_i]$ 上任取一个时刻 $\tau_i(t_{i-1}<\tau_i<t_i)$，以 τ_i 时刻的速度 $v(\tau_i)$ 来代替 $[t_{i-1}, t_i]$ 上各个时刻的速度，得到部分路程 ΔS_i 的近似值，即 $\Delta S_i=v(\tau_i)\Delta t_i(i=1, 2, \cdots, n)$.

(3) 求和

把物体在每一小的时间间隔 Δt_i 内运动的距离加起来作为物体在时间间隔 $[T_1, T_2]$ 内所经过的路程 S 的近似值，于是这 n 段部分路程的近似值之和就是所求变速直线运动路程 S 的近似值，即

$$S\approx\sum_{i=1}^{n} v(\tau_i)\Delta t_i.$$

(4) 取极限(求精确值)

记 $\lambda=\max\{\Delta t_1, \Delta t_2, \cdots, \Delta t_n\}$，当 $\lambda\to 0$ 时，取上述和式的极限，即得变速直线运动的路程

$$S=\lim_{\lambda\to 0}\sum_{i=1}^{n} v(\tau_i)\Delta t_i.$$

5.1.2 定积分的定义

抛开上述问题的具体意义，抓住它们在数量关系上共同的本质与特性加以概括，就抽象出下述定积分的定义.

定义 5.1.1 设函数 $f(x)$在$[a, b]$上有界，用分点 $a=x_0<x_1<x_2\cdots<x_{n-1}<x_n=b$ 把$[a, b]$分成 n 个小区间 $[x_0, x_1]$，$[x_1, x_2]$，$[x_2, x_3]$，…，$[x_{n-1}, x_n]$，记 $\Delta x_i=x_i-x_{i-1}(i=1, 2, \cdots, n)$. $\forall \xi_i\in[x_{i-1}, x_i](i=1, 2, \cdots, n)$，作和

$$S=\sum_{i=1}^{n} f(\xi_i)\Delta x_i.$$

记 $\lambda=\max\{\Delta x_1, \Delta x_2, \cdots, \Delta x_n\}$，如果当 $\lambda\to 0$ 时，上述和式的极限存在，且极限值与区间$[a, b]$的分法和ξ_i 的取法无关，则称这个极限为函数 $f(x)$在区间$[a, b]$上的定积分，记作$\int_a^b f(x)\mathrm{d}x$,即

$$\int_a^b f(x)\mathrm{d}x=\lim_{\lambda\to 0}\sum_{i=1}^{n} f(\xi_i)\Delta x_i.$$

其中，x 称为积分变量，$f(x)$称为被积函数，$f(x)\mathrm{d}x$ 称为被积表达式，$[a, b]$为积分区间，a 为积分下限，b 为积分上限.

根据定积分的定义，曲边梯形的面积为 $A=\int_a^b f(x)\mathrm{d}x$. 变速直线运动的路程为

$$S=\int_{T_1}^{T_2} v(t)\mathrm{d}t.$$

说明：

(1) 定积分的值只与被积函数及积分区间有关,而与积分变量的记法无关,即

$$\int_a^b f(x)\mathrm{d}x=\int_a^b f(t)\mathrm{d}t=\int_a^b f(u)\mathrm{d}u.$$

(2) 和 $\sum\limits_{i=1}^{n} f(\xi_i)\Delta x_i$ 通常称为 $f(x)$的积分和.

(3) 如果函数 $f(x)$在$[a, b]$上的定积分存在，我们就说 $f(x)$在区间$[a, b]$上可积.

函数 $f(x)$在$[a, b]$上满足什么条件时,$f(x)$在$[a, b]$上可积呢?

定理 5.1.1 设 $f(x)$在区间$[a, b]$上连续,则 $f(x)$在$[a, b]$上可积.

定理 5.1.2 设 $f(x)$在区间$[a, b]$上有界，且只有有限个间断点，则 $f(x)$在$[a, b]$上可积.

5.1.3 定积分的几何意义

在区间$[a, b]$上，当 $f(x)\geqslant 0$ 时，积分 $\int_a^b f(x)\mathrm{d}x$ 在几何上表示由曲线 $y=f(x)$以及两条直线 $x=a$，$x=b$ 与 x 轴所围成的曲边梯形的面积；当 $f(x)\leqslant 0$ 时，由曲线 $y=f(x)$以及

两条直线 $x=a$，$x=b$ 与 x 轴所围成的曲边梯形位于 x 轴的下方，定积分在几何上表示上述曲边梯形面积的负值：

$$\int_a^b f(x)\mathrm{d}x = \lim_{\lambda\to 0}\sum_{i=1}^{n} f(\xi_i)\Delta x_i = -\lim_{\lambda\to 0}\sum_{i=1}^{n}[-f(\xi_i)]\Delta x_i = -\int_a^b[-f(x)]\mathrm{d}x.$$

当 $f(x)$既取得正值又取得负值时，函数 $f(x)$的图形某些部分在 x 轴的上方，而其他部分在 x 轴的下方．如果我们对面积赋以正负号，即对在 x 轴上方的图形面积赋以正号，对在 x 轴下方的图形面积赋以负号，则在一般情形下，定积分 $\int_a^b f(x)\mathrm{d}x$ 的几何意义为：它是介于 x 轴、函数 $f(x)$的图形及两条直线 $x=a$，$x=b$ 之间的各部分面积的代数和，如图 5.1.5 所示.

$$\int_a^b f(x)=A+B-C.$$

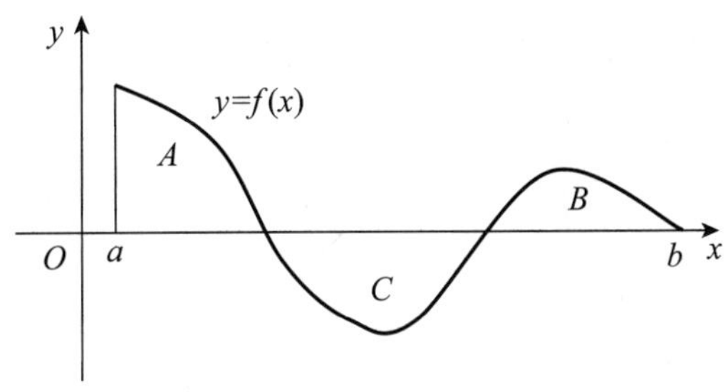

图 5.1.5

通过定积分的几何意义可以看出，当被积函数给定，积分区间一旦固定时，定积分的结果就是常数，即曲线所围图形面积的代数和.

由定积分的定义及几何性质可知：

$$\int_a^b f(x)\mathrm{d}x = -\int_b^a f(x)\mathrm{d}x\ ,\ \int_a^a f(x)\mathrm{d}x = 0\ ,\ \int_a^b \mathrm{d}x = b-a.$$

例 5.1.1 计算定积分$\int_0^1 x\mathrm{d}x$.

解 (解法 1)定义法.

把区间[0，1]分成 n 等份，分点为和小区间长度为 $x_i=\frac{i}{n}(i=1，2，\cdots，n-1)$，$\Delta x_i=\frac{1}{n}(i=1，2，\cdots，n)$，取 $\xi_i=\frac{i}{n}(i=1，2，\cdots，n)$，作积分和

$$\begin{aligned}\sum_{i=1}^{n} f(\xi_i)\Delta x_i &= \sum_{i=1}^{n}\xi_i\Delta x_i = \sum_{i=1}^{n}\frac{i}{n}\cdot\frac{1}{n}\\ &= \frac{1}{n^2}\sum_{i=1}^{n} i = \frac{1}{n^2}\cdot\frac{(1+n)n}{2}\\ &= \frac{1}{2}+\frac{1}{2n}.\end{aligned}$$

因为 $\lambda=\frac{1}{n}$，当 $\lambda\to 0$ 时，$n\to\infty$，所以

$$\int_0^1 x\mathrm{d}x = \lim_{\lambda\to 0}\sum_{i=1}^{n} f(\xi_i)\Delta x_i = \lim_{n\to\infty}\left(\frac{1}{2}+\frac{1}{2n}\right)=\frac{1}{2}.$$

(解法 2)几何意义法.

应用定积分的几何意义(如图 5.1.6 所示)可知，所求定积分即为被积函数 $y=x$ 与 $x=0$，$x=1$ 及 x 轴所围图形面积 $\int_0^1 x\mathrm{d}x=\frac{1}{2}$.

例 5.1.2 用定积分的几何意义求 $\int_0^1(1-x)\mathrm{d}x$.

解 函数 $y=1-x$ 在区间 $[0,1]$ 上的定积分是以 $y=1-x$ 为曲边，以区间 $[0,1]$ 为底的曲边梯形的面积，如图 5.1.7 所示.

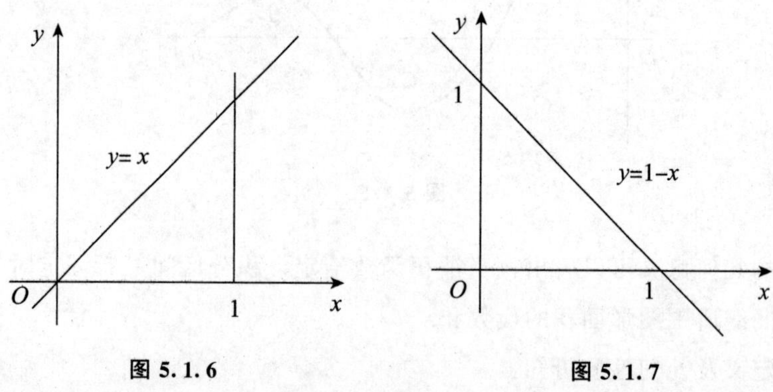

图 5.1.6　　图 5.1.7

因为以 $y=1-x$ 为曲边，以区间 $[0,1]$ 为底的曲边梯形是直角三角形，其底边长及高均为 1，所以

$$\int_0^1(1-x)\mathrm{d}x=\frac{1}{2}\times 1\times 1=\frac{1}{2}.$$

5.1.4 定积分的性质

规定：

(1) 当 $a=b$ 时，$\int_a^b f(x)\mathrm{d}x=0$.

(2) 当 $a>b$ 时，$\int_a^b f(x)\mathrm{d}x=-\int_b^a f(x)\mathrm{d}x$.

性质 5.1.1 函数的和(差)的定积分等于它们的定积分的和(差)，即

$$\int_a^b[f(x)\pm g(x)]\mathrm{d}x=\int_a^b f(x)\mathrm{d}x\pm\int_a^b g(x)\mathrm{d}x.$$

证明 $$\int_a^b [f(x)\pm g(x)]\mathrm{d}x = \lim_{\lambda\to 0}\sum_{i=1}^{n}[f(\xi_i)\pm g(\xi_i)]\Delta x_i$$
$$= \lim_{\lambda\to 0}\sum_{i=1}^{n} f(\xi_i)\Delta x_i \pm \lim_{\lambda\to 0}\sum_{i=1}^{n} g(\xi_i)\Delta x_i$$
$$= \int_a^b f(x)\mathrm{d}x \pm \int_a^b g(x)\mathrm{d}x.$$

性质 5.1.2 被积函数的常数因子可以提到积分号外面，即

$$\int_a^b kf(x)\mathrm{d}x = k\int_a^b f(x)\mathrm{d}x.$$

这是因为$\int_a^b kf(x)\mathrm{d}x = \lim_{\lambda\to 0}\sum_{i=1}^{n} kf(\xi_i)\Delta x_i = k\lim_{\lambda\to 0}\sum_{i=1}^{n} f(\xi_i)\Delta x_i = k\int_a^b f(x)\mathrm{d}x.$

性质 5.1.3 如果将积分区间分成两部分，则在整个区间上的定积分等于这两部分区间上定积分之和，即

$$\int_a^b f(x)\mathrm{d}x = \int_a^c f(x)\mathrm{d}x + \int_c^b f(x)\mathrm{d}x.$$

这个性质表明定积分对于积分区间具有可加性.

值得注意的是不论 a，b，c 的相对位置如何，总有等式

$$\int_a^b f(x)\mathrm{d}x = \int_a^c f(x)\mathrm{d}x + \int_c^b f(x)\mathrm{d}x$$

成立．例如，当 $a<b<c$ 时，由于

$$\int_a^c f(x)\mathrm{d}x = \int_a^b f(x)\mathrm{d}x + \int_b^c f(x)\mathrm{d}x,$$

于是有

$$\int_a^b f(x)\mathrm{d}x = \int_a^c f(x)\mathrm{d}x - \int_b^c f(x)\mathrm{d}x = \int_a^c f(x)\mathrm{d}x + \int_c^b f(x)\mathrm{d}x.$$

性质 5.1.4 如果在区间 $[a, b]$上 $f(x)=1$，则

$$\int_a^b 1\mathrm{d}x = \int_a^b \mathrm{d}x = b-a.$$

性质 5.1.5 如果在区间 $[a, b]$上 $f(x)\geqslant 0$，则

$$\int_a^b f(x)\mathrm{d}x \geqslant 0\,(a<b).$$

推论 5.1.1 如果在区间 $[a, b]$上 $f(x)\leqslant g(x)$，则

$$\int_a^b f(x)\mathrm{d}x \leqslant \int_a^b g(x)\mathrm{d}x\,(a<b).$$

这是因为 $g(x)-f(x)\geqslant 0$，从而

$$\int_a^b g(x)\mathrm{d}x - \int_a^b f(x)\mathrm{d}x = \int_a^b [g(x)-f(x)]\mathrm{d}x \geqslant 0.$$

所以

$$\int_a^b f(x)\mathrm{d}x \leqslant \int_a^b g(x)\mathrm{d}x.$$

推论 5.1.2 $\left|\int_a^b f(x)\mathrm{d}x\right| \leqslant \int_a^b |f(x)|\mathrm{d}x\,(a<b)$.

这是因为$-|f(x)| \leqslant f(x) \leqslant |f(x)|$，所以

$$-\int_a^b |f(x)|\mathrm{d}x \leqslant \int_a^b f(x)\mathrm{d}x \leqslant \int_a^b |f(x)|\mathrm{d}x,$$

即

$$\left|\int_a^b f(x)\mathrm{d}x\right| \leqslant \int_a^b |f(x)|\mathrm{d}x.$$

性质 5.1.6 设M及m分别是函数$f(x)$在区间$[a,b]$上的最大值及最小值，则

$$m(b-a) \leqslant \int_a^b f(x)\mathrm{d}x \leqslant M(b-a)\,(a<b).$$

证明 因为$m \leqslant f(x) \leqslant M$，所以

$$\int_a^b m\mathrm{d}x \leqslant \int_a^b f(x)\mathrm{d}x \leqslant \int_a^b M\mathrm{d}x,$$

从而

$$m(b-a) \leqslant \int_a^b f(x)\mathrm{d}x \leqslant M(b-a).$$

性质 5.1.7(定积分中值定理) 如果函数$f(x)$在闭区间$[a,b]$上连续，则在积分区间$[a,b]$上至少存在一个点ξ，使下式成立：

$$\int_a^b f(x)\mathrm{d}x = f(\xi)(b-a).$$

这个公式叫做**积分中值公式**.

证明 由性质6

$$m(b-a) \leqslant \int_a^b f(x)\mathrm{d}x \leqslant M(b-a).$$

各项除以$b-a$得

$$m \leqslant \frac{1}{b-a}\int_a^b f(x)\mathrm{d}x \leqslant M.$$

再由连续函数的介值定理，在$[a,b]$上至少存在一点ξ，使

$$f(\xi) = \frac{1}{b-a}\int_a^b f(x)\mathrm{d}x.$$

于是两端乘以$b-a$得中值公式

$$\int_a^b f(x)\mathrm{d}x = f(\xi)(b-a).$$

习题 5.1

1. 利用定积分的定义计算由抛物线$y=x^2+1$，两直线$x=1$，$x=-1$及x轴所围成的图

形的面积.

2. 利用定积分的几何意义计算下列定积分：

(1) $\int_{-\frac{1}{2}}^{1}(2x+1)\mathrm{d}x$；

(2) $\int_{0}^{3}\sqrt{9-x^2}\mathrm{d}x$；

(3) $\int_{-\pi}^{\pi}\sin x\mathrm{d}x$；

(4) 已知 $\int_{0}^{\frac{\pi}{2}}\cos x\mathrm{d}x=1$，求 $\int_{-\frac{\pi}{2}}^{\frac{\pi}{2}}\cos x\mathrm{d}x$.

3. 已知 $\int_{-1}^{2}f(x)\mathrm{d}x=5$，$\int_{2}^{5}f(x)\mathrm{d}x=4$，$\int_{-1}^{2}g(x)\mathrm{d}x=3$，求：

(1) $\int_{-1}^{2}6f(x)\mathrm{d}x$；

(2) $\int_{-1}^{5}f(x)\mathrm{d}x$；

(3) $\int_{-1}^{2}\frac{1}{3}[4f(x)-5g(x)]\mathrm{d}x$；

(4) $\int_{5}^{2}f(x)\mathrm{d}x$.

4. 设 $f(x)$ 与 $g(x)$ 在 $[a,b]$ 上连续，证明：

(1) 若在 $[a,b]$ 上，$f(x)\geqslant 0$，且 $f(x)$ 在 $[a,b]$ 上不恒为零，则 $\int_{a}^{b}f(x)\mathrm{d}x>0$；

(2) 若在 $[a,b]$ 上，$f(x)\geqslant 0$，且 $\int_{a}^{b}f(x)\mathrm{d}x=0$，则在 $[a,b]$ 上 $f(x)\equiv 0$；

(3) 若在 $[a,b]$ 上，$f(x)\leqslant g(x)$，且 $\int_{a}^{b}f(x)\mathrm{d}x=\int_{a}^{b}g(x)\mathrm{d}x$，则在 $[a,b]$ 上 $f(x)\equiv g(x)$；

(4) $\int_{a}^{b}f^2(x)\mathrm{d}x\geqslant\left[\int_{a}^{b}f(x)\mathrm{d}x\right]^2$（其中 $b-a=1$）.

5. 比较下列定积分的大小：

(1) $\int_{0}^{1}x^2\mathrm{d}x$ 与 $\int_{0}^{1}x^4\mathrm{d}x$；

(2) $\int_{0}^{1}\sqrt{x}\mathrm{d}x$ 与 $\int_{0}^{1}\sqrt[3]{x}\mathrm{d}x$；

(3) $\int_{2}^{4}\mathrm{e}^x\mathrm{d}x$ 与 $\int_{2}^{4}\mathrm{e}^{2x}\mathrm{d}x$；

(4) $\int_{1}^{2}\ln x\mathrm{d}x$ 与 $\int_{1}^{2}(\ln x)^2\mathrm{d}x$；

(5) $\int_{0}^{1}\mathrm{e}^x\mathrm{d}x$ 与 $\int_{0}^{1}(x+1)\mathrm{d}x$；

(6) $\int_{0}^{\frac{\pi}{2}}\sin x\mathrm{d}x$ 与 $\int_{0}^{\frac{\pi}{2}}x\mathrm{d}x$.

6. 估计下列各积分的值：

(1) $\int_{1}^{3}(1+x^{3})\mathrm{d}x$；

(2) $\int_{2}^{5}\frac{1}{x+2}\mathrm{d}x$；

(3) $\int_{\frac{\pi}{4}}^{\frac{5\pi}{4}}(1+\cos^{2}x)\mathrm{d}x$；

(4) $\int_{\frac{\sqrt{3}}{3}}^{\sqrt{3}}\arctan x\mathrm{d}x$；

(5) $\int_{0}^{2}\mathrm{e}^{x^{2}}\mathrm{d}x$；

(6) $\int_{-1}^{3}\frac{x}{x^{2}+1}\mathrm{d}x$.

5.2 微积分基本公式

5.1 节介绍了定积分的概念及性质，这也是我们仅有的求解定积分的方法，下面介绍定积分与不定积分的联系，进而利用不定积分的计算方法求解定积分问题.

5.2.1 积分上限函数及其导数

回顾定积分的几何意义，我们知道，当被积函数给定，积分区间一旦固定时，定积分的结果就是常数. 现在将其中一个端点变量化，不失一般性地假设端点 b 不再固定，而是可以沿着 x 轴方向移动，可以看出，所围图形的面积随 b 的移动不断变化，由图 5.2.1 变为图 5.2.2 ，进而定积分的结果不再为数值，而为积分右端点的函数，即得到积分变上限函数.

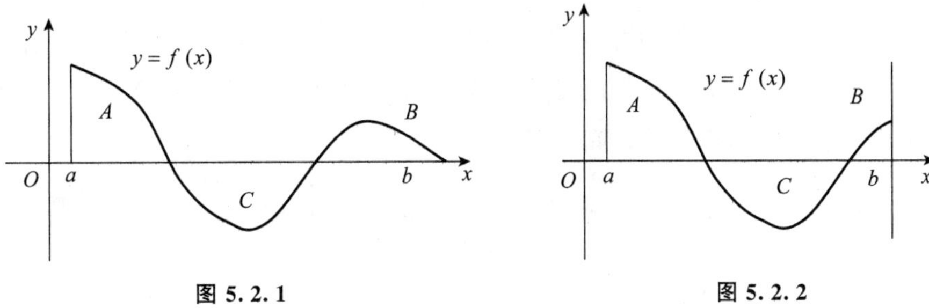

图 5.2.1　　图 5.2.2

设函数 $f(x)$在区间 $[a,b]$上连续，并且设 x 为 $[a,b]$上的一点，我们把函数 $f(x)$在部分区间 $[a,x]$上的定积分

$$\int_a^x f(x)\mathrm{d}x$$

称为积分上限函数. 它是区间 $[a,b]$上的函数，记为

$$\Phi(x)=\int_a^x f(x)\mathrm{d}x \text{ 或 } \Phi(x)=\int_a^x f(t)\mathrm{d}t.$$

定理 5.2.1 如果函数 $f(x)$在区间 $[a,b]$上连续，则函数

$$\Phi(x)=\int_a^x f(x)\mathrm{d}x$$

在 $[a,b]$上具有导数，并且它的导数为

$$\Phi'(x)=\frac{\mathrm{d}}{\mathrm{d}x}\int_a^x f(t)\mathrm{d}t=f(x)\,(a\leqslant x<b).$$

简要证明 若 $x\in(a,b)$，取 Δx 使 $x+\Delta x\in(a,b)$.

$$\begin{aligned}\Delta\Phi&=\Phi(x+\Delta x)-\Phi(x)\\&=\int_a^{x+\Delta x}f(t)\mathrm{d}t-\int_a^x f(t)\mathrm{d}t\end{aligned}$$

$$= \int_a^x f(t)\mathrm{d}t + \int_x^{x+\Delta x} f(t)\mathrm{d}t - \int_a^x f(t)\mathrm{d}t$$

$$= \int_x^{x+\Delta x} f(t)\mathrm{d}t = f(\xi)\Delta x.$$

应用积分中值定理，有

$$\Delta\Phi = f(\xi)\Delta x.$$

其中 ξ 在 x 与 $x+\Delta x$ 之间，$\Delta x \to 0$ 时，$\xi \to x$，于是

$$\Phi'(x) = \lim_{\Delta x \to 0} \frac{\Delta\Phi}{\Delta x} = \lim_{\Delta x \to 0} f(\xi) = \lim_{\xi \to x} f(\xi) = f(x).$$

若 $x=a$，取 $\Delta x>0$，则同理可证 $\Phi'_+(x)= f(a)$；若 $x=b$，取 $\Delta x<0$，则同理可证 $\Phi'_-(x)=f(b)$.

定理 5.2.2 如果函数 $f(x)$在区间$[a，b]$上连续，则函数

$$\Phi(x) = \int_a^x f(x)\mathrm{d}x$$

就是 $f(x)$在$[a，b]$上的一个原函数.

定理 5.2.2 具有重要意义，一方面肯定了连续函数的原函数是存在的，另一方面初步地揭示了积分学中的定积分与原函数之间的联系.

注意 $\Phi(x) = \int_a^x f(x)\mathrm{d}x$ 作为一个函数，它的自变量所在的位置是积分的上限处，对于复合函数形式，应该为 $\Phi(\varphi(x)) = \int_a^{\varphi(x)} f(x)\mathrm{d}x$，即被积函数不变，积分上限进行复合.

例 5.2.1 求 $\frac{\mathrm{d}}{\mathrm{d}x}\left(\int_0^x \ln t\mathrm{d}t\right)$.

解 $\frac{\mathrm{d}}{\mathrm{d}x}\left(\int_0^x \ln t\mathrm{d}t\right) = \ln x$.

例 5.2.2 求$\int_{\ln x}^1 \mathrm{e}^t\mathrm{d}t$ 的导数.

解

$$\int_{\ln x}^1 \mathrm{e}^t\mathrm{d}t = -\int_1^{\ln x} \mathrm{e}^t\mathrm{d}t$$

$$\frac{\mathrm{d}}{\mathrm{d}t}\left(-\int_1^{\ln x} \mathrm{e}^t\mathrm{d}t\right) = -\mathrm{e}^{\ln x} \cdot (\ln x)'$$

$$= -x \cdot \frac{1}{x}$$

$$= -1.$$

例 5.2.3 求 $\lim\limits_{x\to\infty} \frac{\int_0^x t^3\mathrm{e}^{t^3}\mathrm{d}t}{x\mathrm{e}^{x^3}}$.

解 原式为$\frac{\infty}{\infty}$型未定式，应用洛必达则法 .

$$\text{原极限}=\lim_{x\to\infty}\frac{x^3 e^{x^3}}{e^{x^3}+xe^{x^3}\cdot 3x^2}=\lim_{x\to\infty}\frac{x^3}{1+3x^3}=\frac{1}{3}.$$

5.2.2 牛顿—莱布尼茨公式

定理 5.2.3 如果函数 $F(x)$是连续函数 $f(x)$在区间$[a, b]$上的一个原函数，则

$$\int_a^b f(x)\mathrm{d}x = F(b) - F(a).$$

此公式称为牛顿—莱布尼茨公式，也称为微积分基本公式.

证明 已知函数 $F(x)$是连续函数 $f(x)$的一个原函数，又根据定理 5.2.2，积分上限函数

$$\Phi(x) = \int_a^x f(t)\mathrm{d}t$$

也是 $f(x)$的一个原函数．于是有一常数 C，使

$$F(x)-\Phi(x)=C\ (a\leqslant x\leqslant b).$$

当 $x=a$ 时，有 $F(a)-\Phi(a)=C$，而 $\Phi(a)=0$，所以 $C=F(a)$；当 $x=b$ 时，$F(b)-\Phi(b)=F(a)$，所以 $\Phi(b)=F(b)-F(a)$，即

$$\int_a^b f(x)\mathrm{d}x = F(b) - F(a).$$

为了方便起见，可把 $F(b)-F(a)$记成$[F(x)]_a^b$，于是

$$\int_a^b f(x)\mathrm{d}x = [F(x)]_a^b = F(b) - F(a).$$

定理 5.2.3 进一步揭示了定积分与被积函数的原函数或不定积分之间的联系.

例 5.2.4 计算$\int_0^1 x\mathrm{d}x$.

解 由于$\frac{1}{2}x^2$ 是 x 的一个原函数，所以

$$\int_0^1 x\mathrm{d}x = \frac{1}{2}x^2\Big|_0^1 = \frac{1}{2}\cdot 1^2 - \frac{1}{2}\cdot 0^2 = \frac{1}{2}.$$

例 5.2.5 计算$\int_0^{\frac{\pi}{4}}(\tan^2 x - \cos x)\mathrm{d}x$.

解
$$\begin{aligned}\text{原式}&=\int_0^{\frac{\pi}{4}}\tan^2 x\mathrm{d}x - \int_0^{\frac{\pi}{4}}\cos x\mathrm{d}x\\&=\int_0^{\frac{\pi}{4}}(\sec^2 - 1)\mathrm{d}x - \sin x\Big|_0^{\frac{\pi}{4}}\\&= 1 - \frac{\pi}{4} - \frac{\sqrt{2}}{2}.\end{aligned}$$

例 5.2.6 计算$\int_1^2\left(\frac{1}{x} - 2^x e^x\right)\mathrm{d}x$.

解 $\int_1^2 \frac{1}{x}\mathrm{d}x - \int_1^2 (2e)^x\mathrm{d}x = \ln x\Big|_1^2 - \frac{(2e)^x}{\ln 2e}\Big|_1^2$

$$= \ln 2 - \frac{1}{\ln 2\mathrm{e}}(4\mathrm{e}^2 - 2\mathrm{e})$$

$$= \ln 2 - \frac{4\mathrm{e}^2 - 2\mathrm{e}}{\ln 2 + 1}.$$

例 5.2.7 计算正弦曲线 $y=\sin x$ 在 $[0, 2\pi]$ 上与 x 轴所围成的各部分平面图形的面积，并计算总面积与 $\int_0^{2\pi}\sin x\mathrm{d}x$.

解 正弦曲线与 x 轴所围成的图形共分两部分，在区间 $[0, \pi]$ 上，图形位于 x 轴上方．在区间 $[\pi, 2\pi]$ 上，图形位于 x 轴下方，分别计算两部分的定积分，

$$A=\int_0^{\pi}\sin x\mathrm{d}x = [-\cos x]_0^{\pi} =-(-1)-(-1)=2.$$

同理 $B=\int_{\pi}^{2\pi}\sin x\mathrm{d}x = [-\cos x]_{\pi}^{2\pi} =-1+(-1)=-2.$

所以 $y=\sin x$ 在 $[0, 2\pi]$ 所围图形两部分的面积均为 2，总面积为 4，$\int_0^{2\pi}\sin x\mathrm{d}x = 0.$

例 5.2.8 设 $f(x)$ 在 $[0, +\infty)$ 内连续且 $f(x)>0$，证明函数 $F(x) = \dfrac{\int_0^x tf(t)\mathrm{d}t}{\int_0^x f(t)\mathrm{d}t}$ 在 $(0, +\infty)$ 内为单调增加函数.

证明 $\dfrac{\mathrm{d}}{\mathrm{d}x}\int_0^x tf(t)\mathrm{d}t = xf(x)$，$\dfrac{\mathrm{d}}{\mathrm{d}x}\int_0^x f(t)\mathrm{d}t = f(x)$，故

$$F'(x) = \frac{xf(x)\int_0^x f(t)\mathrm{d}t - f(x)\int_0^x tf(t)\mathrm{d}t}{\left(\int_0^x f(t)\mathrm{d}t\right)^2} = \frac{f(x)\int_0^x (x-t)f(t)\mathrm{d}t}{\left(\int_0^x f(t)\mathrm{d}t\right)^2}.$$

按假设，当 $0<t<x$ 时，$f(t)>0$，$(x-t)f(t)>0$，所以

$$\int_0^x f(t)\mathrm{d}t > 0，\int_0^x (x-t)f(t)\mathrm{d}t > 0.$$

从而 $F'(x)>0\,(x>0)$，这就证明了 $f(x)$ 在 $(0, +\infty)$ 内为单调增加函数．

习题 5.2

1. 计算下列各导数：

(1) $\dfrac{\mathrm{d}}{\mathrm{d}x}\int_0^x \cos(2t-1)\mathrm{d}t$；

(2) $\dfrac{\mathrm{d}}{\mathrm{d}x}\int_0^{2x} \mathrm{e}^{t^2}\mathrm{d}t$；

(3) $\frac{\mathrm{d}}{\mathrm{d}x}\int_{x}^{\mathrm{e}^{-x}} \frac{\mathrm{d}t}{\sqrt{1+t^2}}$；

(4) $\frac{\mathrm{d}}{\mathrm{d}t}\int_{x^2}^{\arctan x} \sin 2t^2 \mathrm{d}t$.

2. 函数 $y=y(x)$ 由方程$\int_0^y \mathrm{e}^{t^2}\mathrm{d}t+\int_0^x \cos t\mathrm{d}t=0$ 确定，求 $y'(0)$.

3. 计算下列各极限：

(1) $\lim\limits_{x\to 0}\frac{\left(\int_0^x \mathrm{e}^{t^2}\mathrm{d}t\right)^2}{\int_0^x t\mathrm{e}^{t^2}\mathrm{d}t}$；

(2) $\lim\limits_{x\to 0}\frac{\int_0^x \sin t^2 \cdot \ln(1+t)\mathrm{d}t}{x^3\tan(\sqrt{1+x}-1)}$.

4. 计算下列积分：

(1) $\int_1^2 (x^2+3x+4)\mathrm{d}x$；

(2) $\int_1^3 \left(x^4-\frac{2}{x}\right)\mathrm{d}x$；

(3) $\int_1^4 \left(\sqrt{x}-\frac{1}{\sqrt[3]{x}}\right)\mathrm{d}x$；

(4) $\int_1^{\sqrt{3}} \frac{\mathrm{d}x}{1+x^2}$；

(5) $\int_{-\frac{\sqrt{3}}{2}}^{\frac{\sqrt{3}}{2}} \frac{\mathrm{d}x}{\sqrt{1-x^2}}$；

(6) $\int_0^1 \frac{x^4+x^3+2}{x^2-1}\mathrm{d}x$；

(7) $\int_{-\mathrm{e}-2}^{-3} \frac{\mathrm{d}x}{2+x}$；

(8) $\int_0^{\frac{\pi}{4}} \tan^2\theta \mathrm{d}\theta$；

(9) $\int_{-\pi}^{\pi} |\cos x|\mathrm{d}x$；

(10) $\int_0^1 xf'(x^2)\mathrm{d}x$.

5. (1) 设函数 $f(x)$在区间$[0，1]$上连续，且 $f(x)=4x^3-3x^2\int_0^1 f(x)\mathrm{d}x$，求 $f(1)$；

(2) 设函数 $f(x)$在区间$[0，10]$上连续，且$\int_0^{x^3+2} f(t)\mathrm{d}t=5+x^4$，求 $f(10)$；

(3) 设 $f(x)=2\int_0^x f(t)\mathrm{d}t+3$，且 $f(x)$可导，$f(x)\neq 0$，求 $f(x)$.

6. 设 $f(x)=\dfrac{1}{\sqrt{1-x^2}}-3\int_0^{\frac{\sqrt{2}}{2}}f(x)\mathrm{d}x$，求$\int_0^{\frac{\sqrt{2}}{2}}f(x)\mathrm{d}x$.

7. 设 $f(x)=\int_0^{x^2}(t-1)\mathrm{d}t$，求 $f(x)$的极值.

8. (1) 讨论方程 $x+1-\int_0^x\dfrac{\mathrm{d}t}{1+t^3}=0$ 在区间$(0,1)$内的实根个数；

(2) 设 $f(x)$在$[a,b]$上连续，且 $f(x)\neq0$，又 $F(x)=\int_a^x f^2(t)\mathrm{d}t+\int_b^x\dfrac{1}{f^2(t)}\mathrm{d}t$，证明方程 $F(x)=0$ 在(a,b)内有且仅有一个实根.

9. 设 $F(x)=\begin{cases}\dfrac{1}{2x}\int_0^x\cos t\mathrm{d}t, x>0,\\ \dfrac{1}{2}, \quad x=0,\\ \dfrac{1-\cos x}{x^2}, \quad x<0,\end{cases}$ 讨论 $F(x)$在 $x=0$ 处的连续性与可导性.

5.3 定积分的换元积分法和分部积分法

5.2节通过牛顿－莱布尼茨公式将定积分与不定积分紧密地联系在了一起，对于不定积分中存在的计算方法，在定积分中同样适用，但因为定积分运算中存在积分上下限的代换计算，也使得函数定积分的运算产生了更多的性质和变化.

5.3.1 换元积分法

定理 5.3.1 假设函数 $f(x)$在区间$[a,b]$上连续，令函数 $x=\varphi(t)$，$t\in[\alpha,\beta]$，$\varphi(t)$在$[\alpha,\beta]$(或$[\beta,\alpha]$)上单调并具有连续导数，且 $\varphi(\alpha)=a$，$\varphi(\beta)=b$，则有

$$\int_a^b f(x)\mathrm{d}x=\int_\alpha^\beta f[\varphi(t)]\varphi'(t)\mathrm{d}t.$$

这个公式叫做**定积分的换元公式**.

证明 由假设知，$f(x)$在区间$[a,b]$上连续，因而是可积的；$f[\varphi(t)]\varphi'(t)$在区间$[\alpha,\beta]$(或$[\beta,\alpha]$)上也是连续的，因而是可积的.

假设 $F(x)$是 $f(x)$的一个原函数，则

$$\int_a^b f(x)\mathrm{d}x=F(b)-F(a).$$

另一方面，因为$\{F[\varphi(t)]\}'=F'[\varphi(t)]\varphi'(t)=f[\varphi(t)]\varphi'(t)$，所以 $F[\varphi(t)]$是$f[\varphi(t)]\varphi'(t)$的一个原函数，从而

$$\int_\alpha^\beta f[\varphi(t)]\varphi'(t)\mathrm{d}t=F[\varphi(\beta)]-F[\varphi(\alpha)]=F(b)-F(a).$$

因此

$$\int_a^b f(x)\mathrm{d}x=\int_\alpha^\beta f[\varphi(t)]\varphi'(t)\mathrm{d}t.$$

例 5.3.1 计算$\int_0^a b\sqrt{1-\frac{x^2}{a^2}}\mathrm{d}x$.

解 令 $x=a\sin t,\mathrm{d}x=a\cos t\mathrm{d}t$. 当 $x=0$ 时，$t=0$；当 $x=a$ 时，$t=\frac{\pi}{2}$.

$$b\sqrt{1-\frac{x^2}{a^2}}=b\sqrt{1-\frac{a^2\sin^2 t}{a^2}}=b\cos t\mathrm{d}t.$$

$$\int_0^a b\sqrt{1-\frac{x^2}{a^2}}\mathrm{d}x=\int_0^{\frac{\pi}{2}}ab\cos^2 t\mathrm{d}t=b\int_0^{\frac{\pi}{2}}\cos^2 t\mathrm{d}t=\frac{ab}{2}\int_0^{\frac{\pi}{2}}(\cos 2t+1)\mathrm{d}t$$

$$=\frac{ab}{2}\left[\frac{1}{2}\int_0^{\frac{\pi}{2}}\cos 2t\mathrm{d}(2t)+x\Big|_0^{\frac{\pi}{2}}\right]=\frac{ab}{2}\left[\frac{1}{2}\sin 2t\Big|_0^{\frac{\pi}{2}}+\frac{\pi}{2}\right]$$

$$= \frac{ab}{2}\left(0+\frac{\pi}{2}\right)=\frac{ab}{4}\pi.$$

被积函数为椭圆在第一象限部分的面积(如图 5.3.1 所示)，因为椭圆的面积公式为 πab，所以

$$\int_0^a b\sqrt{1-\frac{x^2}{a^2}}\mathrm{d}x=\frac{ab}{4}\pi.$$

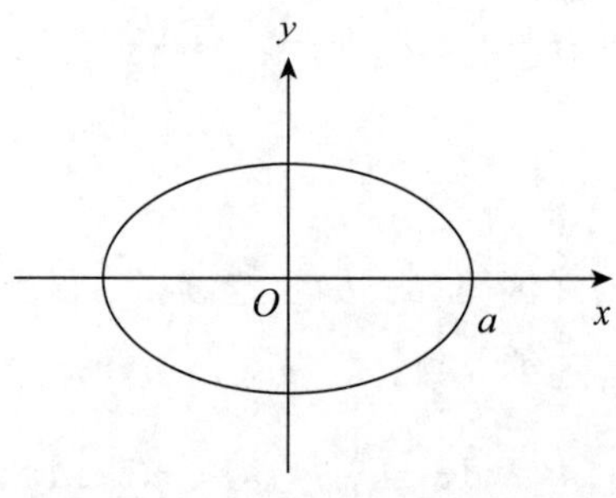

图 5.3.1

例 5.3.2 计算$\int_0^1 \frac{x}{\sqrt{3x+1}}\mathrm{d}x$.

解 令 $\sqrt{3x+1}=t$，所以 $3x+1=t^2$，即 $x=\frac{1}{3}(t^2-1)$，$\mathrm{d}x=\frac{2}{3}t\mathrm{d}t$，当 $x=0$ 时，$t=1$；$x=1$ 时，$t=2$.

$$\int_0^1 \frac{x}{\sqrt{3x+1}}\mathrm{d}x=\int_1^2 \frac{\frac{1}{3}(t^2-1)\cdot\frac{2}{3}t\mathrm{d}t}{t}$$

$$=\frac{2}{9}\int_1^2(t^2-1)\mathrm{d}t=\frac{2}{9}\left[\frac{1}{3}t^3-t\right]_1^2=\frac{8}{27}.$$

例 5.3.3 计算 $\int_0^{\pi}\sqrt{\sin x-\sin^3 x}\mathrm{d}x$.

解 原式$=\int_0^{\pi}\sqrt{\sin x(1-\sin^2 x)}\mathrm{d}x$

$$=\int_0^{\pi}\sin^{\frac{1}{2}}x\,|\cos x|\,\mathrm{d}x=\int_0^{\frac{\pi}{2}}\sin^{\frac{1}{2}}x\cos x\mathrm{d}x+\int_{\frac{\pi}{2}}^{\pi}\sin^{\frac{1}{2}}x(-\cos x)\mathrm{d}x$$

$$=\int_0^{\frac{\pi}{2}}\sin^{\frac{1}{2}}x\mathrm{d}(\sin x)-\int_{\frac{\pi}{2}}^{\pi}\sin^{\frac{1}{2}}x\mathrm{d}(\sin x)=\frac{2}{3}\sin^{\frac{3}{2}}x\Big|_0^{\frac{\pi}{2}}-\frac{2}{3}\sin^{\frac{3}{2}}x\Big|_{\frac{\pi}{2}}^{\pi}$$

$$=\frac{2}{3}\times(1-0)-\frac{2}{3}\times(0-1)=\frac{4}{3}.$$

如果未能区别不同区间上 $\cos x$ 的符号，则会有错误，例如，

$$\int_0^{\pi}\sin^{\frac{1}{2}}x\mathrm{d}(\sin x)=\frac{2}{3}\sin^{\frac{3}{2}}x\,|_0^{\pi}=\frac{2}{3}\times(0-0)=0.$$

下面以例题的形式，介绍一些具有特殊性质的函数在定积分运算中所得到的重要结论，这些结论可以在计算其他问题中直接使用.

例 5.3.4 证明：若函数 $f(x)$在对称区间$[-a,\ a]$上连续且具有奇偶性，则偶函数在对称区间内的定积分满足$\int_{-a}^{a} f(x)\mathrm{d}x = 2\int_{0}^{a} f(x)\mathrm{d}x$；奇函数在对称区间内的定积分必为零.

证明 因为$\int_{-a}^{a} f(x)\mathrm{d}x = \int_{-a}^{0} f(x)\mathrm{d}x + \int_{0}^{a} f(x)\mathrm{d}x$,

$$\int_{-a}^{0} f(x)\mathrm{d}x \xlongequal{\text{令 } x=-t} -\int_{a}^{0} f(-t)\mathrm{d}t = \int_{0}^{a} f(-t)\mathrm{d}t = \int_{0}^{a} f(-x)\mathrm{d}x,$$

所以

$$\begin{aligned}\int_{-a}^{a} f(x)\mathrm{d}x &= \int_{0}^{a} f(-x)\mathrm{d}x + \int_{0}^{a} f(x)\mathrm{d}x \\ &= \int_{0}^{a} [f(-x) + f(x)]\mathrm{d}x \\ &= \int_{0}^{a} 2f(x)\mathrm{d}x = 2\int_{0}^{a} f(x)\mathrm{d}x.\end{aligned}$$

若 $f(x)$为奇函数，则 $f(-x)+f(x)=0$，从而

$$\int_{-a}^{a} f(x)\mathrm{d}x = \int_{0}^{a} [f(-x) + f(x)]\mathrm{d}x = 0.$$

例 5.3.5 若 $f(x)$在$[0,\ 1]$上连续，证明：

(1) $\int_{0}^{\frac{\pi}{2}} f(\sin x)\mathrm{d}x = \int_{0}^{\frac{\pi}{2}} f(\cos x)\mathrm{d}x$.

(2) $\int_{0}^{\pi} xf(\sin x)\mathrm{d}x = \frac{\pi}{2}\int_{0}^{\pi} f(\sin x)\mathrm{d}x$.

证明 (1) 令 $x=\frac{\pi}{2}-t$，则

$$\begin{aligned}\int_{0}^{\frac{\pi}{2}} f(\sin x)\mathrm{d}x &= -\int_{\frac{\pi}{2}}^{0} f\left[\sin\left(\frac{\pi}{2} - t\right)\right]\mathrm{d}t \\ &= \int_{0}^{\frac{\pi}{2}} f\left[\sin\left(\frac{\pi}{2} - t\right)\right]\mathrm{d}t = \int_{0}^{\frac{\pi}{2}} f(\cos x)\mathrm{d}x.\end{aligned}$$

(2) 令 $x=\pi-t$，则

$$\begin{aligned}\int_{0}^{\pi} xf(\sin x)\mathrm{d}x &= -\int_{\pi}^{0} (\pi - t)f[\sin(\pi - t)]\mathrm{d}t \\ &= \int_{0}^{\pi} (\pi - t)f[\sin(\pi - t)]\mathrm{d}t = \int_{0}^{\pi} (\pi - t)f(\sin t)\mathrm{d}t \\ &= \pi\int_{0}^{\pi} f(\sin t)\mathrm{d}t - \int_{0}^{\pi} tf(\sin t)\mathrm{d}t \\ &= \pi\int_{0}^{\pi} f(\sin x)\mathrm{d}x - \int_{0}^{\pi} xf(\sin x)\mathrm{d}x.\end{aligned}$$

所以

$$\int_0^{\pi} xf(\sin x)\mathrm{d}x = \frac{\pi}{2}\int_0^{\pi} f(\sin x)\mathrm{d}x.$$

例 5.3.6 计算$\int_{-\pi}^{\pi} x\cos x\mathrm{d}x$.

解 注意积分区间对称，x 为奇函数，$\cos x$ 为偶函数，所以 $x\cdot\cos x$ 为奇函数，故

$$\int_{-\pi}^{\pi} x\cos x\mathrm{d}x = 0.$$

5.3.2 分部积分法

设函数 $u(x)$，$v(x)$在区间$[a, b]$上具有连续导数$u'(x)$，$v'(x)$，由$(uv)'=u'v+uv'$得$uv'=uv-u'v$，将其两端在区间$[a,b]$上积分得$\int_a^b uv'\mathrm{d}x = [uv]_a^b - \int_a^b u'v\mathrm{d}x$，或$\int_a^b u\mathrm{d}v = [uv]_a^b - \int_a^b v\mathrm{d}u$.

这就是定积分的**分部积分公式**．分部积分过程如下：

$$\int_a^b uv'\mathrm{d}x = \int_a^b u\mathrm{d}v = [uv]_a^b - \int_a^b v\mathrm{d}u = [uv]_a^b - \int_a^b u'v\mathrm{d}x = \cdots$$

例 5.3.7 求$\int_1^2 \ln x\mathrm{d}x$.

解
$$\text{原式} = x\ln x\Big|_1^2 - \int_1^2 x\mathrm{d}(\ln x) = x\ln x\Big|_1^2 - \int_1^2 x\cdot\frac{1}{x}\mathrm{d}x$$
$$= x\ln x\Big|_1^2 - x\Big|_1^2 = 2\ln 2 - 1.$$

例 5.3.8 求$\int_0^{\frac{\pi}{2}} x\cos x\mathrm{d}x$.

解
$$\text{原式} = \int_0^{\frac{\pi}{2}} x\mathrm{d}(\sin x) = x\sin x\Big|_0^{\frac{\pi}{2}} - \int_0^{\frac{\pi}{2}}\sin x\mathrm{d}x = \frac{\pi}{2} - (-\cos x)\Big|_0^{\frac{\pi}{2}} = \frac{\pi}{2} - 1$$

例 5.3.9 设 $I_n = \int_0^{\frac{\pi}{2}}\sin^n x\,\mathrm{d}x$($n$ 为正整数)，证明：

$$I_{2m} = \frac{2m-1}{2m}\cdot\frac{2m-3}{2m-2}\cdot\frac{2m-5}{2m-4}\cdots\frac{3}{4}\cdot\frac{1}{2}\cdot\frac{\pi}{2};$$
$$I_{2m+1} = \frac{2m}{2m+1}\cdot\frac{2m-2}{2m-1}\cdot\frac{2m-4}{2m-3}\cdots\frac{4}{5}\cdot\frac{2}{3}.$$

证明
$$I_n = \int_0^{\frac{\pi}{2}}\sin^n x\,\mathrm{d}x$$
$$= -\int_0^{\frac{\pi}{2}}\sin^{n-1}x\,\mathrm{d}(\cos x)$$
$$= -\left[\cos x\sin^{n-1}x\right]_0^{\frac{\pi}{2}} + (n-1)\int_0^{\frac{\pi}{2}}\cos^2 x\sin^{n-2}x\,\mathrm{d}x$$
$$= (n-1)\int_0^{\frac{\pi}{2}}(\sin^{n-2}x - \sin^n x)\mathrm{d}x$$

$$=(n-1)\int_0^{\frac{\pi}{2}}\sin^{n-2}x\mathrm{d}x-(n-1)\int_0^{\frac{\pi}{2}}\sin^n x\mathrm{d}x$$

$$=(n-1)I_{n-2}-(n-1)I_n.$$

由此得

$$I_n=\frac{n-1}{n}I_{n-2};$$

$$I_{2m}=\frac{2m-1}{2m}\cdot\frac{2m-3}{2m-2}\cdot\frac{2m-5}{2m-4}\cdots\frac{3}{4}\cdot\frac{1}{2}\cdot I_0;$$

$$I_{2m+1}=\frac{2m}{2m+1}\cdot\frac{2m-2}{2m-1}\cdot\frac{2m-4}{2m-3}\cdots\frac{4}{5}\cdot\frac{2}{3}\cdot I_1.$$

特别地，

$$I_0=\int_0^{\frac{\pi}{2}}\mathrm{d}x=\frac{\pi}{2},I_1=\int_0^{\frac{\pi}{2}}\sin x\mathrm{d}x=1.$$

因此

$$I_{2m}=\frac{2m-1}{2m}\cdot\frac{2m-3}{2m-2}\cdot\frac{2m-5}{2m-4}\cdots\frac{3}{4}\cdot\frac{1}{2}\cdot\frac{\pi}{2};$$

$$I_{2m+1}=\frac{2m}{2m+1}\cdot\frac{2m-2}{2m-1}\cdot\frac{2m-4}{2m-3}\cdots\frac{4}{5}\cdot\frac{2}{3}.$$

习题 5.3

1. 用换元积分法求下列定积分：

(1) $\int_{\frac{\pi}{3}}^{\pi}\cos\left(x+\frac{\pi}{3}\right)\mathrm{d}x$;

(2) $\int_{-1}^{2}\frac{\mathrm{d}x}{(2+3x)^3}$;

(3) $\int_0^{\frac{\pi}{4}}\sin^4 x\cos x\mathrm{d}x$;

(4) $\int_0^{\pi}(1-\cos^3\theta)\mathrm{d}\theta$;

(5) $\int_{\frac{\pi}{6}}^{\frac{\pi}{2}}\sin^2\theta\mathrm{d}\theta$;

(6) $\int_0^3\sqrt{9-x^2}\mathrm{d}x$;

(7) $\int_{\sqrt{3}}^{2}\frac{\sqrt{4-x^2}}{x^2}\mathrm{d}x$;

(8) $\int_{-2}^{\sqrt{2}}\frac{\mathrm{d}x}{x\sqrt{x^2-1}}$;

(9) $\int_{-1}^{3} \frac{x\mathrm{d}x}{\sqrt{3+2x}}$;

(10) $\int_{0}^{2} \frac{x\mathrm{d}x}{\sqrt{5-x^2}}$;

(11) $\int_{-1}^{0} x\mathrm{e}^{-\frac{x^2}{2}}\mathrm{d}x$;

(12) $\int_{1}^{\mathrm{e}} \frac{\ln x}{x\sqrt{2+\ln^2 x}}\mathrm{d}x$;

(13) $\int_{-1}^{1} \frac{x+3}{x^2+2x+2}\mathrm{d}x$;

(14) $\int_{-2}^{-1} \frac{x\mathrm{d}x}{(x^2+4x+5)^2}$;

(15) $\int_{-\frac{\pi}{2}}^{\frac{\pi}{2}} x^3\cos x\mathrm{d}x$;

(16) $\int_{-\frac{\pi}{2}}^{\frac{\pi}{2}} \sin^4\theta\mathrm{d}\theta$;

(17) $\int_{-\frac{\sqrt{3}}{2}}^{\frac{\sqrt{3}}{2}} \frac{(\arccos x)^2}{\sqrt{1-x^2}}\mathrm{d}x$;

(18) $\int_{-3}^{3} \frac{x^5\cos^2 x}{2x^6+3x^4+4x^2+5}\mathrm{d}x$;

(19) $\int_{0}^{\frac{\pi}{2}} \sin x\cos 2x\mathrm{d}x$;

(20) $\int_{-\frac{\pi}{2}}^{\frac{\pi}{2}} \sqrt{\cos x-\cos^3 x}\mathrm{d}x$;

(21) $\int_{1}^{\sqrt{3}} \frac{\mathrm{d}x}{x^2\sqrt{1+x^2}}$;

(22) $\int_{0}^{\pi} \sqrt{1+\cos 2\theta}\mathrm{d}\theta$.

(23) $\int_{0}^{3} \max\{x,x^3\}\mathrm{d}x$.

2. 证明$\int_{a}^{1} \frac{\mathrm{d}x}{1+x^2}=\int_{1}^{\frac{1}{a}} \frac{\mathrm{d}x}{1+x^2}$.

3. 设 $f(x)$在$[a, b]$上连续，证明$\int_{a}^{b} f(x)\mathrm{d}x=\int_{a}^{b} f(a+b-x)\mathrm{d}x$.

4. 证明$\int_{0}^{1} x^m(1-x)^n\mathrm{d}x=\int_{0}^{1} x^n(1-x)^m\mathrm{d}x$(其中 m,n 均为自然数).

5. 用分部积分法求下列定积分：

(1) $\int_{0}^{2} x\mathrm{e}^{-2x}\mathrm{d}x$;

(2) $\int_{1}^{e} x^2 \ln x \mathrm{d}x$;

(3) $\int_{0}^{\frac{\pi}{2}} x\cos 4x \mathrm{d}x$;

(4) $\int_{\frac{\pi}{4}}^{\frac{\pi}{3}} \frac{x}{\cos^2 x} \mathrm{d}x$;

(5) $\int_{1}^{8} \frac{\ln x}{\sqrt[3]{x}} \mathrm{d}x$;

(6) $\int_{0}^{1} x^2 \arctan x \mathrm{d}x$;

(7) $\int_{0}^{\frac{\pi}{2}} \mathrm{e}^x \sin x \mathrm{d}x$;

(8) $\int_{1}^{e} \cos(\ln x) \mathrm{d}x$;

(9) $\int_{\frac{1}{e}}^{e} |\ln x| \mathrm{d}x$.

5.4 广义积分

之前介绍的定积分中，其积分区间是有限的$[a, b]$区间，被积函数均是有界函数，然而在实际问题中会出现以下两种情况：积分区间是无穷区间，或被积函数是无界函数．因此，需要将定积分的概念在这两种情况下加以推广，形成广义积分，也称反常积分.

5.4.1 无穷限的广义积分

定义 5.4.1 设函数 $f(x)$在区间$[a, +\infty)$上连续，取$b>a$，如果极限

$$\lim_{b\to+\infty}\int_a^b f(x)\mathrm{d}x$$

存在，则称此极限为函数 $f(x)$在无穷区间$[a, +\infty)$上的**广义积分**，记作$\int_a^{+\infty} f(x)\mathrm{d}x$，即

$$\int_a^{+\infty} f(x)\mathrm{d}x=\lim_{b\to+\infty}\int_a^b f(x)\mathrm{d}x. \tag{5.4.1}$$

这时也称广义积分$\int_a^{+\infty} f(x)\mathrm{d}x$ **收敛**.

如果上述极限不存在，函数 $f(x)$在无穷区间$[a, +\infty)$上的广义积分$\int_a^{+\infty} f(x)\mathrm{d}x$就没有意义，此时称广义积分$\int_a^{+\infty} f(x)\mathrm{d}x$ **发散**.

类似地，设函数 $f(x)$在区间$(-\infty, b]$上连续，如果极限

$$\lim_{a\to-\infty}\int_a^b f(x)\mathrm{d}x\ (a<b)$$

存在，则称此极限为函数 $f(x)$在无穷区间$(-\infty, b]$上的**广义积分**，记作$\int_{-\infty}^b f(x)\mathrm{d}x$，即

$$\int_{-\infty}^b f(x)\mathrm{d}x=\lim_{a\to-\infty}\int_a^b f(x)\mathrm{d}x. \tag{5.4.2}$$

这时也称广义积分$\int_{-\infty}^b f(x)\mathrm{d}x$ **收敛**．如果上述极限不存在，则称广义积分$\int_{-\infty}^b f(x)\mathrm{d}x$ **发散**.

设函数 $f(x)$在区间$(-\infty, +\infty)$上连续，如果广义积分

$$\int_{-\infty}^0 f(x)\mathrm{d}x \text{ 和 } \int_0^{+\infty} f(x)\mathrm{d}x$$

都收敛，则称上述两个广义积分的和为 $f(x)$在无穷区间$(-\infty, +\infty)$上的广义积分，记作$\int_{-\infty}^{+\infty} f(x)\mathrm{d}x$，即

$$\int_{-\infty}^{+\infty} f(x)\mathrm{d}x = \int_{-\infty}^{0} f(x)\mathrm{d}x + \int_{0}^{+\infty} f(x)\mathrm{d}x$$

$$= \lim_{a\to-\infty}\int_{a}^{0} f(x)\mathrm{d}x + \lim_{b\to+\infty}\int_{0}^{b} f(x)\mathrm{d}x. \tag{5.4.3}$$

这时也称广义积分 $\int_{-\infty}^{+\infty} f(x)\mathrm{d}x$ 收敛.

如果上式右端有一个广义积分发散，则称广义积分 $\int_{-\infty}^{+\infty} f(x)\mathrm{d}x$ 发散．上述广义积分称为**无穷限的广义积分**.

广义积分的计算，如果 $F(x)$是 $f(x)$的原函数，则

$$\int_{a}^{+\infty} f(x)\mathrm{d}x = \lim_{b\to+\infty}\int_{a}^{b} f(x)\mathrm{d}x = \lim_{b\to+\infty}[F(x)]_{a}^{b}$$

$$= \lim_{b\to+\infty} F(b) - F(a) = \lim_{x\to+\infty} F(x) - F(a).$$

可采用如下简记形式：

$$\int_{a}^{+\infty} f(x)\mathrm{d}x = [F(x)]_{a}^{+\infty} = \lim_{x\to+\infty} F(x) - F(a). \tag{5.4.4}$$

类似地，

$$\int_{-\infty}^{b} f(x)\mathrm{d}x = [F(x)]_{-\infty}^{b} = F(b) - \lim_{x\to-\infty} F(x),$$

$$\int_{-\infty}^{+\infty} f(x)\mathrm{d}x = [F(x)]_{-\infty}^{+\infty} = \lim_{x\to+\infty} F(x) - \lim_{x\to-\infty} F(x).$$

例 5.4.1 计算广义积分 $\int_{0}^{+\infty} x^2 \mathrm{e}^{-x^3}\mathrm{d}x$.

解 $\int_{0}^{+\infty} x^2 \mathrm{e}^{-x^3}\mathrm{d}x = \lim\limits_{b\to+\infty} \frac{1}{3}\int_{0}^{b} -\mathrm{e}^{-x^3}\mathrm{d}(-x^3)$

$$= \lim_{b\to+\infty} -\frac{1}{3}\mathrm{e}^{-x^3}\Big|_{0}^{b} = \lim_{b\to+\infty} -\frac{1}{3}(\mathrm{e}^{-b^3}-1) = \frac{1}{3}.$$

例 5.4.2 讨论广义积分 $\int_{1}^{+\infty} \frac{\mathrm{d}x}{\sqrt[3]{x}}$的敛散性.

解 $\int_{1}^{+\infty} \frac{\mathrm{d}x}{\sqrt[3]{x}} = \lim\limits_{b\to+\infty}\int_{1}^{b} x^{-\frac{1}{3}}\mathrm{d}x = \lim\limits_{b\to+\infty} \frac{3}{2}x^{\frac{2}{3}}\Big|_{1}^{b} = \lim\limits_{b\to+\infty} \frac{3}{2}(b^{\frac{2}{3}}-1) = +\infty.$

例 5.4.3 讨论广义积分 $\int_{a}^{+\infty} \frac{1}{x^p}\mathrm{d}x\,(a>0)$的敛散性.

解 当 $p=1$ 时，$\int_{a}^{+\infty} \frac{1}{x^p}\mathrm{d}x = \int_{a}^{+\infty} \frac{1}{x}\mathrm{d}x = [\ln x]_{a}^{+\infty} = +\infty.$

当 $p<1$ 时，$\int_{a}^{+\infty} \frac{1}{x^p}\mathrm{d}x = \left[\frac{1}{1-p}x^{1-p}\right]_{a}^{+\infty} = +\infty.$

当 $p>1$ 时，$\int_{a}^{+\infty} \frac{1}{x^p}\mathrm{d}x = \left[\frac{1}{1-p}x^{1-p}\right]_{a}^{+\infty} = \frac{a^{1-p}}{p-1}.$

因此，当 $p>1$ 时，此广义积分收敛，其值为$\dfrac{a^{1-p}}{p-1}$，当 $p\leqslant 1$ 时，此广义积分发散.

5.4.2 无界函数的广义积分

如果函数 $f(x)$在点 a 的任一邻域内都无界，那么点 a 称为函数 $f(x)$的**瑕点**(无穷间断点). 无界函数的广义积分又称为**瑕积分**.

定义 5.4.2 设函数 $f(x)$在区间$(a, b]$上连续，而点 a 为 $f(x)$的瑕点. 取 $t>a$，如果极限

$$\lim_{t\to a^+}\int_t^b f(x)\mathrm{d}x$$

存在，则称此极限为函数 $f(x)$在$(a, b]$上的**广义积分**，仍然记作 $\int_a^b f(x)\mathrm{d}x$，即

$$\int_a^b f(x)\mathrm{d}x=\lim_{t\to a^+}\int_t^b f(x)\mathrm{d}x. \tag{5.4.5}$$

这时也称广义积分 $\int_a^b f(x)\mathrm{d}x$ **收敛**.

如果上述极限不存在，就称广义积分 $\int_a^b f(x)\mathrm{d}x$ **发散**.

类似地，设函数 $f(x)$在区间$[a, b)$上连续，而点 b 为瑕点. 取 $t<b$，如果极限

$$\lim_{t\to b^-}\int_a^t f(x)\mathrm{d}x$$

存在，则称此极限为函数 $f(x)$在$[a, b)$上的广义积分，仍然记作 $\int_a^b f(x)\mathrm{d}x$，即

$$\int_a^b f(x)\mathrm{d}x=\lim_{t\to b^-}\int_a^t f(x)\mathrm{d}x. \tag{5.4.6}$$

这时也称广义积分 $\int_a^b f(x)\mathrm{d}x$ 收敛. 如果上述极限不存在，就称广义积分 $\int_a^b f(x)\mathrm{d}x$ 发散.

设函数 $f(x)$在区间$[a, b]$上除点 $c(a<c<b)$外连续，而点 c 为瑕点. 如果两个广义积分

$$\int_a^c f(x)\mathrm{d}x \text{ 与 } \int_c^b f(x)\mathrm{d}x$$

都收敛，则定义

$$\int_a^b f(x)\mathrm{d}x=\int_a^c f(x)\mathrm{d}x+\int_c^b f(x)\mathrm{d}x.$$

否则，就称广义积分 $\int_a^b f(x)\mathrm{d}x$ 发散.

广义积分的计算，如果 $F(x)$为 $f(x)$的原函数，则有

$$\begin{aligned}\int_a^b f(x)\mathrm{d}x &=\lim_{t\to a^+}\int_t^b f(x)\mathrm{d}x=\lim_{t\to a^+}[F(x)]_t^b\\ &=F(b)-\lim_{t\to a^+}F(t)=F(b)-\lim_{x\to a^+}F(x).\end{aligned}$$

可采用如下简记形式：

$$\int_a^b f(x)\mathrm{d}x=[F(x)]_a^b=F(b)-\lim_{x\to a^+}F(x).$$

类似地，有

$$\int_a^b f(x)\mathrm{d}x=[F(x)]_a^b=\lim_{x\to b^-}F(x)-F(a).$$

当 a 为瑕点时，

$$\int_a^b f(x)\mathrm{d}x=[F(x)]_a^b=F(b)-\lim_{x\to a^+}F(x).$$

当 b 为瑕点时，

$$\int_a^b f(x)\mathrm{d}x=[F(x)]_a^b=\lim_{x\to b^-}F(x)-F(a).$$

当 $c(a<c<b)$ 为瑕点时，

$$\int_a^b f(x)\mathrm{d}x=\int_a^c f(x)\mathrm{d}x+\int_c^b f(x)\mathrm{d}x=[\lim_{x\to c^-}F(x)-F(a)]+[F(b)-\lim_{x\to c^+}F(x)]. \tag{5.4.7}$$

例 5.4.4 讨论广义积分 $\int_0^2\frac{1}{2-x}\mathrm{d}x$ 的收敛性.

解 2 为 $f(x)=\frac{1}{2-x}$的无穷间断点，即瑕点.

$$\begin{aligned}\int_0^2\frac{1}{2-x}\mathrm{d}x&=\lim_{a\to 2^-}\int_0^a\frac{\mathrm{d}x}{2-x}=\lim_{a\to 2^-}\left(-\ln(2-x)\big|_0^a\right)\\&=\lim_{a\to 2^-}(-\ln(2-a)+\ln 2)=\lim_{a\to 2^-}\ln\frac{2}{2-a}=+\infty.\end{aligned}$$

因此，该积分发散.

例 5.4.5 讨论广义积分 $\int_{-1}^1\frac{1}{x^3}\mathrm{d}x$ 的收敛性.

解 函数$\frac{1}{x^3}$在区间[−1，1]上除 $x=0$ 外连续，且$\lim\limits_{x\to 0}\frac{1}{x^3}=\infty$，即 0 为$\frac{1}{x^3}$的瑕点，所以

$$\int_{-1}^1\frac{1}{x^3}\mathrm{d}x=\int_{-1}^0\frac{1}{x^3}\mathrm{d}x+\int_0^1\frac{1}{x^3}\mathrm{d}x.$$

由于

$$\int_{-1}^0\frac{1}{x^3}\mathrm{d}x=-\frac{1}{2}\left[\frac{1}{x^2}\right]_{-1}^0=+\infty,$$

即广义积分 $\int_{-1}^0\frac{1}{x^3}\mathrm{d}x$ 发散，所以广义积分 $\int_{-1}^1\frac{1}{x^3}\mathrm{d}x$ 发散.

例 5.4.6 讨论广义积分 $\int_a^b\frac{\mathrm{d}x}{(x-a)^q}$的敛散性.

解 当 $q=1$ 时，$\int_a^b\frac{\mathrm{d}x}{(x-a)^q}=\int_a^b\frac{\mathrm{d}x}{x-a}=[\ln(x-a)]_a^b=+\infty.$

当 $q>1$ 时，$\int_a^b \frac{dx}{(x-a)^q}=\left[\frac{1}{1-q}(x-a)^{1-q}\right]_a^b=+\infty$.

当 $q<1$ 时，$\int_a^b \frac{dx}{(x-a)^q}=\left[\frac{1}{1-q}(x-a)^{1-q}\right]_a^b=\frac{1}{1-q}(b-a)^{1-q}$.

因此，当 $q<1$ 时，此广义积分收敛,其值为$\frac{1}{1-q}(b-a)^{1-q}$；当 $q\geqslant 1$ 时，此广义积分发散.

例 5.4.7 计算广义积分 $\int_0^1 \ln x dx$.

解 $\int_0^1 \ln x dx=\lim\limits_{a\to 0^+}\int_a^1 \ln x dx==\lim\limits_{a\to 0^+}(x\ln x|_a^1-\int_a^1 x\cdot\frac{1}{x}dx)$

$$=\lim_{a\to 0^+}(-a\ln a-1+a)=-1+\lim_{a\to 0^+}\frac{\ln a}{-\frac{1}{a}}=-1+\lim_{a\to 0^+}\frac{\frac{1}{a}}{\frac{1}{a^2}}=-1.$$

5.4.3 Γ 函数

下面介绍一类特殊的函数，其形式为广义积分形式.

定义：含参变量 $s(s>0)$ 的广义积分

$$\Gamma(s)=\int_0^{+\infty} x^{s-1}e^{-x}dx \tag{5.4.8}$$

称为 **Γ 函数**.

Γ 函数是一个重要的广义积分，它是一个无穷区间上的广义积分，同时当 $s<1$ 时，它又是一个无界函数的广义积分，它是收敛的(证明略). 下面我们着重介绍它的几个重要性质.

(1) 递推公式：$\Gamma(s+1)=s\Gamma(s)\ (s>0)$.

证明 $\Gamma(s+1)=\int_0^{+\infty} e^{-x}x^s dx=\lim\limits_{b\to+\infty}\lim\limits_{\varepsilon\to 0^+}\int_\varepsilon^b e^{-x}x^s dx$.

应用分部积分得

$$\int_\varepsilon^b e^{-x}x^s dx=[-e^{-x}x^s]\Big|_\varepsilon^b+s\int_\varepsilon^b e^{-x}x^{s-1}dx.$$

因 $\lim\limits_{b\to+\infty}\lim\limits_{\varepsilon\to 0^+}[e^{-x}x^s]_\varepsilon^b=0$，所以

$$\Gamma(s+1)=\lim_{b\to+\infty}\lim_{\varepsilon\to 0^+}s\int_\varepsilon^b e^{-x}x^{s-1}dx=s\int_0^{+\infty} e^{-x}x^{s-1}dx=s\Gamma(s).$$

显然，$\Gamma(1)=\int_0^{+\infty} e^{-x}dx=1$.

反复运用递推公式，便有

$$\Gamma(2)=1\times\Gamma(1)=1,$$
$$\Gamma(3)=2\times\Gamma(2)=2!,$$
$$\Gamma(4)=3\times\Gamma(3)=3!,$$

…………

一般的，对任何正整数 n，有

$$\Gamma(n+1)=n!.$$

所以，我们可以把 Γ 函数看成是阶乘的推广.

(2) 当 $s\to 0^{+}$，$\Gamma(s)\to+\infty$.

因为 $\Gamma(s)=\dfrac{\Gamma(s+1)}{s}$，$\Gamma(1)=1$，所以当 $s\to 0^{+}$，$\Gamma(s)\to+\infty$(Γ 函数在 $s>0$ 时连续).

(3) $\Gamma(s)\Gamma(1-s)=\dfrac{\pi}{\sin(\pi s)}(0<s<1)$.

这个公式称为余元公式，证明从略. 当 $s=\dfrac{1}{2}$时，由余元公式可得

$$\Gamma\left(\frac{1}{2}\right)=\sqrt{\pi}.$$

(4) 在 $\Gamma(s)=\int_{0}^{+\infty} \mathrm{e}^{-x}x^{s-1}\mathrm{d}x$ 中，作代换 $x=u^{2}$，有

$$\Gamma(s)=2\int_{0}^{+\infty} \mathrm{e}^{-u^{2}}u^{2s-1}\mathrm{d}u.$$

再令 $2s-1=t$，或 $s=\dfrac{1+t}{2}$，即有

$$\int_{0}^{+\infty} \mathrm{e}^{-u^{2}}u^{t}\mathrm{d}u=\frac{1}{2}\Gamma\left(\frac{1+t}{2}\right)\quad(t>-1).$$

上式左端是应用上常见的积分，它的值可以通过上式用 Γ 函数计算出来.

对 $\Gamma(s)=2\int_{0}^{+\infty} \mathrm{e}^{-u^{2}}u^{2s-1}\mathrm{d}u$，令 $s=\dfrac{1}{2}$，得

$$2\int_{0}^{+\infty} \mathrm{e}^{-u^{2}}\mathrm{d}u=\Gamma\left(\frac{1}{2}\right)=\sqrt{\pi}.$$

从而

$$\int_{0}^{+\infty} \mathrm{e}^{-u^{2}}\mathrm{d}u=\frac{\sqrt{\pi}}{2}.$$

这个积分是在概率论中常用的积分.

习题 5.4

1. 计算下列广义积分的值.

(1) $\int_{1}^{+\infty}\dfrac{\mathrm{d}x}{x^{3}}$；

(2) $\int_{1}^{+\infty}\dfrac{\mathrm{d}x}{\sqrt{x}}$；

(3) $\int_0^{+\infty} \frac{dx}{e^{1+x}+e^{3-x}}$;

(4) $\int_0^{+\infty} xe^{-x^2}dx$;

(5) $\int_0^{+\infty} e^{-3x}dx$;

(6) $\int_1^{+\infty} \frac{dx}{(1+x)(1+x^2)}$;

(7) $\int_0^{+\infty} e^{-x}\sin x dx$;

(8) $\int_{-\infty}^{+\infty} \frac{dx}{x^2+4x+5}$;

(9) $\int_0^2 \frac{xdx}{\sqrt{4-x^2}}$;

(10) $\int_0^2 \frac{dx}{(2-x)^2}$;

(11) $\int_1^2 \frac{dx}{x\ln x}$;

(12) $\int_{-1}^0 \frac{xdx}{\sqrt{1+x}}$.

2. 求瑕积分 $\int_0^1 \frac{\ln x}{x-1}dx$ 的瑕点.

3. 当 k 为何值时，广义积分 $\int_2^{+\infty} \frac{dx}{x(\ln x)^k}$ 收敛？当 k 为何值时，广义积分 $\int_2^{+\infty} \frac{dx}{x(\ln x)^k}$ 发散？当 k 为何值时，广义积分 $\int_2^{+\infty} \frac{dx}{x(\ln x)^k}$ 取得最小值？

4. 用 Γ 函数表示下列积分，并指出这些积分的收敛范围：

(1) $\int_0^{+\infty} e^{-x^n}dx\ (n>0)$；

(2) $\int_0^1 \left(\ln \frac{1}{x}\right)^p dx$；

(3) $\int_0^{+\infty} x^m e^{-x^n}dx\ (n\neq 0)$.

5. 证明下列各式(其中 $n\in \mathbf{N}_+$)：

(1) $\Gamma\left(\frac{2n+1}{2}\right)=\frac{1\cdot 3\cdot 5\cdot \cdots \cdot (2n-1)\sqrt{\pi}}{2^n}$；

(2) $1\cdot 3\cdot 5\cdot \cdots \cdot (2n-1)=\frac{\Gamma(2n)}{2^{n-1}\Gamma(n)}$；

(3) $2\cdot 4\cdot 6\cdot \cdots \cdot (2n)=2^n\Gamma(n+1)$.

5.5 定积分的应用

定积分来源于解决实际问题，通过对定积分的学习，研究了定积分的几何意义与物理意义，定积分的数学结构由“和式的极限”归结而来，在掌握了定积分运算的方法之后，现在将定积分的运算思想、计算方法应用于实际问题.

5.5.1 定积分的元素法

回忆曲边梯形面积的计算过程，体会定积分的定义，即可总结得出应用定积分解决实际问题的基本思想.

设 $y=f(x)\geqslant 0(x\in[a,b])$为连续函数，那么通过定积分的几何意义可知：

$$A=\int_a^b f(x)\mathrm{d}x$$

是以$[a,b]$为底的曲边梯形的面积．计算过程归纳如下：

将区间$[a,b]$分割为若干小区间，曲边梯形划分为若干小的曲边梯形，用一个等宽的小矩形代替小曲边梯形，以 Δx_i 为底、$f(\xi_i)$为高的窄矩形的面积为

$$\Delta A_i=f(\xi_i)\Delta x_i .$$

A 的近似值为

$$A\approx\sum_{i=1}^{n}f(\xi_i)\Delta x_i .$$

取极限

$$A=\lim_{\lambda\to 0}\sum_{i=1}^{n}f(\xi_i)\Delta x_i=\int_a^b f(x)\mathrm{d}x.$$

在上述过程中关键在于：

(1) 微分 $\mathrm{d}A(x)=f(x)\mathrm{d}x$ 表示点 x 处以 $\mathrm{d}x$ 为宽的小曲边梯形面积的近似值 $\Delta A\approx f(x)\mathrm{d}x$，$f(x)\mathrm{d}x$ 称为曲边梯形的面积元素.

(2) 以$[a,b]$为底的曲边梯形的面积 A 就是以面积元素 $f(x)\mathrm{d}x$ 为被积表达式，以$[a,b]$为积分区间的定积分 $A=\int_a^b f(x)\mathrm{d}x$.

一般情况下，为求某一量 U，先将此量分布在某一区间$[a,b]$上，分布在$[a,x]$上的量用函数 $U(x)$表示，再求这一量的元素 $\mathrm{d}U(x)$，设 $\mathrm{d}U(x)=u(x)\mathrm{d}x$ 然后以 $u(x)\mathrm{d}x$ 为被积表达式，以$[a,b]$为积分区间求定积分即得

$$U=\int_a^b u(x)\mathrm{d}x.$$

用这一方法求一量的值的方法称为微元法(或元素法).

5.5.2 平面图形的面积

1. 直角坐标系下平面图形的面积

设平面图形由上、下两条曲线 $y=f_{上}(x)$ 与 $y=f_{下}(x)$ 及左、右两条直线 $x=a$ 与 $x=b$ 所围成(如图 5.5.1 所示)，则面积元素为 $[f_{上}(x)-f_{下}(x)]\mathrm{d}x$，于是平面图形的面积为

$$S=\int_a^b[f_{上}(x)-f_{下}(x)]\mathrm{d}x. \tag{5.5.1}$$

类似地，设平面图形由左、右两条曲线 $x=\varphi_{左}(y)$ 与 $x=\varphi_{右}(y)$ 及上、下两条直线 $y=d$ 与 $y=c$ 所围成(如图 5.5.2 所示)，则其面积为

$$S=\int_c^d[\varphi_{右}(y)-\varphi_{左}(y)]\mathrm{d}y. \tag{5.5.2}$$

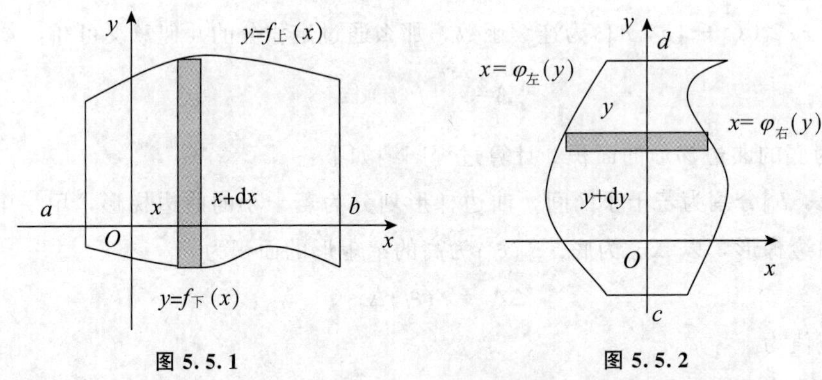

图 5.5.1　　　图 5.5.2

例 5.5.1 计算由抛物线 $y=x^2$ 与直线 $y=x$ 所围成的图形的面积.

解 由抛物线与直线所围成图形如图 5.5.3 所示.

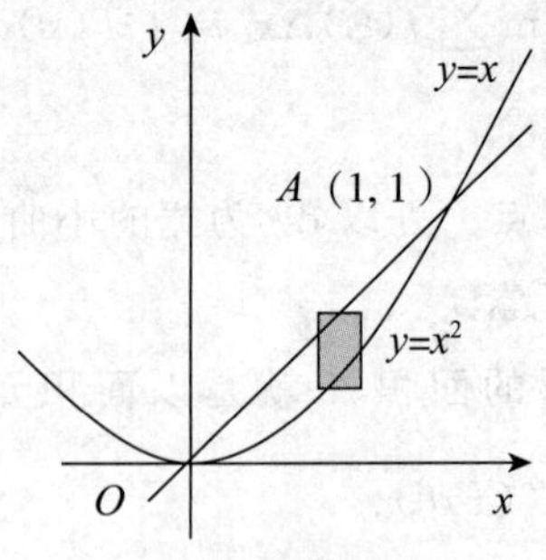

图 5.5.3

先求出这两条线的交点，为此解方程组：

$$\begin{cases}y=x^2,\\ y=x,\end{cases}$$

得两个解：$x=0$，$y=0$ 及 $x=1$，$y=1$，即交点坐标为(0，0)和(1，1).

取横轴坐标 x 为积分变量，它的变化区间为[0，1].相应于[0，1]上的任一小区间所对应的窄条的面积近似于高为 $x-x^2$ 和底为 $\mathrm{d}x$ 的矩形的面积，从而得到其面积元素为 $\mathrm{d}A=(x-x^2)\mathrm{d}x$.

以 $(x-x^2)\mathrm{d}x$ 为被积表达式，在[0，1]内作窄积分，使得所求面积为

$$A=\int_0^1 (x-x^2)\mathrm{d}x=\left[\frac{1}{2}x^2-\frac{1}{3}x^3\right]_0^1=\frac{1}{2}-\frac{1}{3}=\frac{1}{6}.$$

例 5.5.2 计算由抛物线 $y^2=x$ 与直线 $y=x-2$ 所围成的图形的面积.

解 由抛物线与直线所围成图形如图 5.5.4 所示.

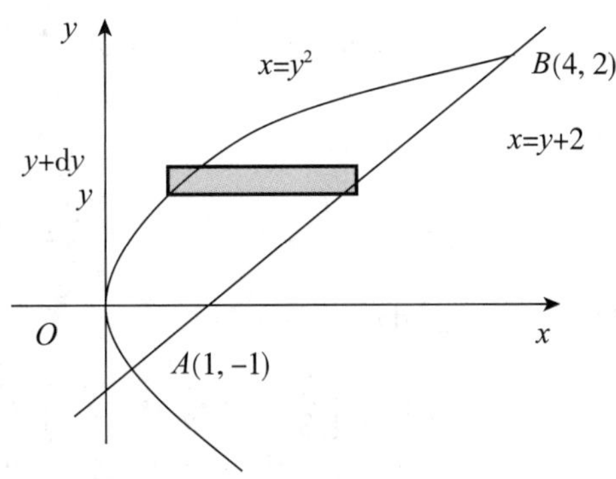

图 5.5.4

先求出这两条线的交点，为此解方程组：

$$\begin{cases} y^2=x, \\ y=x-2, \end{cases}$$

得两个解：$x=1$，$y=-1$ 及 $x=4$，$y=2$，即交点坐标为(1，−1)和 (4，2).

（解法一） 取纵轴坐标 y 为积分变量，它的变化区间为[−1，2].相应于[−1，2]上的任一小区间所对应的窄条的面积近似于高为 $\mathrm{d}y$ 和底为 $y+2-y^2$ 的矩形的面积，从而得到其面积元素为

$$\mathrm{d}A=(y+2-y^2)\mathrm{d}y.$$

以 $(y+2-y^2)\mathrm{d}y$ 为被积表达式，在[0，1]内作窄积分，使得所求面积为

$$A=\int_{-1}^2 (y+2-y^2)\mathrm{d}y=\left[\frac{1}{2}y^2+2y-\frac{1}{3}y^3\right]_{-1}^2=\frac{9}{2}.$$

（解法二） 如果选取横坐标 x 为积分变量，它的变化区间为[0，4]. 过 A 点作垂直于 x 轴的直线(如图 5.5.5 所示)，根据定积分的积分区间可加性，将[0，4]划分为[0，1]和[1，4]两个区间，对应地将原图形分为左、右两个图形，分别求其面积.

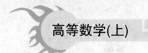

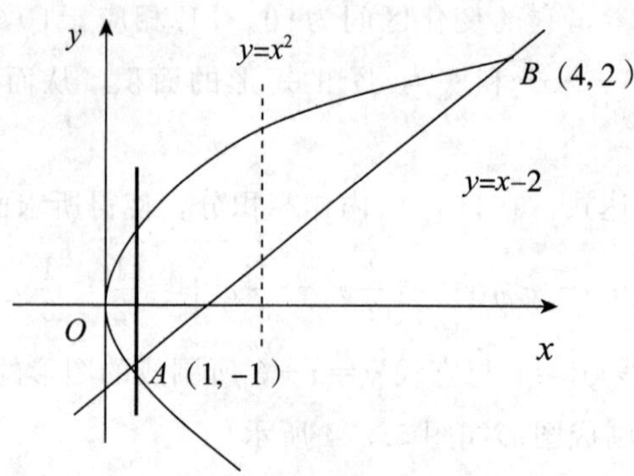

图 5.5.5

左边图形的面积元素应为$\left(\sqrt{x}-(-\sqrt{x})\right)\mathrm{d}x$.

$$A_{左}=\int_0^1\left(\sqrt{x}-(-\sqrt{x})\right)\mathrm{d}x=\int_0^1 2\sqrt{x}\,\mathrm{d}x=2\cdot\frac{2}{3}x^{\frac{3}{2}}\bigg|_0^1=\frac{4}{3}.$$

右边图形的面积元素应为$\left(\sqrt{x}-x+2\right)\mathrm{d}x$.

$$A_{右}=\int_1^4\left(\sqrt{x}-x+2\right)\mathrm{d}x=\left[\frac{2}{3}x^{\frac{3}{2}}-\frac{1}{2}x^2+2x\right]_1^4=\frac{19}{6}.$$

所以

$$A=A_{左}+A_{右}=\frac{4}{3}+\frac{19}{6}=\frac{9}{2}.$$

2. 极坐标情形

由顶点在圆心的角的两边和这两边所截一段圆弧围成的图形叫扇形，扇形面积公式为

$$A=\frac{1}{2}R^2\theta.$$

由曲线$\rho=\varphi(\theta)$及射线$\theta=\alpha$，$\theta=\beta$围成的图形称为曲边扇形．因不能保证$\rho=\varphi(\theta)$为圆弧，所以不能直接适用扇形面积公式.

应用微元法，由极点引出射线将曲边扇形进行分割，形成若干小的曲边扇形，当切割足够小时，将每个小曲边扇形近似看作扇形，应用扇形面积公式求出近似值，之后累加，求极限.

通过上面的叙述，可以写出曲边扇形的面积元素为

$$\mathrm{d}S=\frac{1}{2}[\varphi(\theta)]^2\mathrm{d}\theta.$$

曲边扇形的面积为

$$S=\int_\alpha^\beta\frac{1}{2}[\varphi(\theta)]^2\mathrm{d}\theta. \tag{5.5.3}$$

例 5.5.3 求三叶玫瑰线$r=a\sin3\theta$所围图形的面积.

解 图 5.5.6 给出三叶玫瑰线的一叶，三叶玫瑰线所围图形的面积为所示图形的 3 倍，

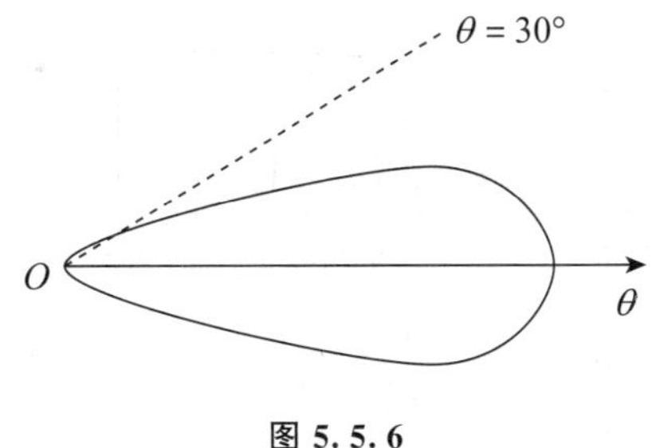

图 5.5.6

所以

$$\text{面积}=3\int_{-\frac{\pi}{6}}^{\frac{\pi}{6}}\frac{1}{2}(a\sin3\theta)^2\mathrm{d}\theta=3\int_0^{\frac{\pi}{6}}a^2\sin^2 3\theta\mathrm{d}\theta=a^2\int_0^{\frac{\pi}{6}}\sin^2 3\theta\mathrm{d}(3\theta).$$

令 $3\theta=t$，则当 $\theta=0$ 时，$t=0$；当 $\theta=\frac{\pi}{6}$时，$t=\frac{\pi}{2}$.

所以，原式$=a^2\int_0^{\frac{\pi}{2}}\sin^2 t\mathrm{d}t=a^2\cdot\frac{\pi}{2}\cdot\frac{1}{2}=\frac{\pi a^2}{4}$.

例 5.5.4 计算双纽线 $r^2=a^2\cos2\theta$ 所围图形的面积.

解 图 5.5.7 给出双纽线，双纽线所围图形的面积为右边图形的 2 倍，所以

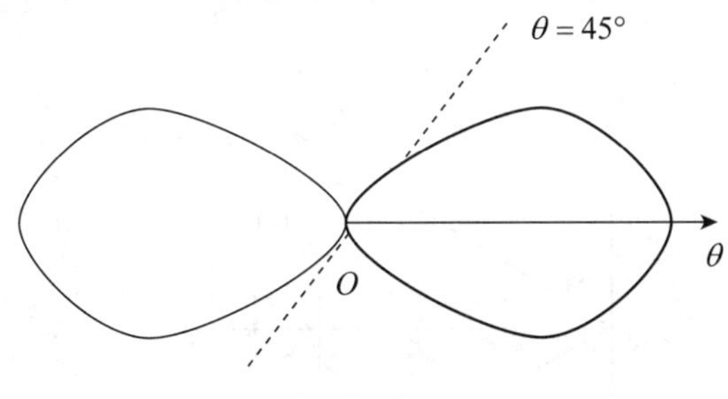

图 5.5.7

$$\text{面积}=2\int_{-\frac{\pi}{4}}^{\frac{\pi}{4}}\frac{1}{2}a^2\cos2\theta\mathrm{d}\theta=2a^2\int_0^{\frac{\pi}{4}}\cos2\theta\mathrm{d}\theta=a^2\int_0^{\frac{\pi}{4}}\cos2\theta\mathrm{d}(2\theta)=a^2\cdot\sin2\theta\Big|_0^{\frac{\pi}{4}}=a^2.$$

5.5.3 体积

虽然定积分的几何意义为曲边梯形的面积，但是应用定积分也可求出一些特殊空间立体的体积，其中空间立体的特殊性体现在能否写出其体积微元.

1. 旋转体的体积

旋转体就是由一个平面图形绕这平面内一条直线旋转一周而成的立体．这直线叫做旋转轴．常见的旋转体为圆柱、圆锥、圆台、球体.

旋转体都可以看作是由连续曲线 $y=f(x)$，直线 $x=a$，$x=b$ 及 x 轴所围成的曲边梯形绕 x 轴旋转一周而成的立体，如图 5.5.8 所示．

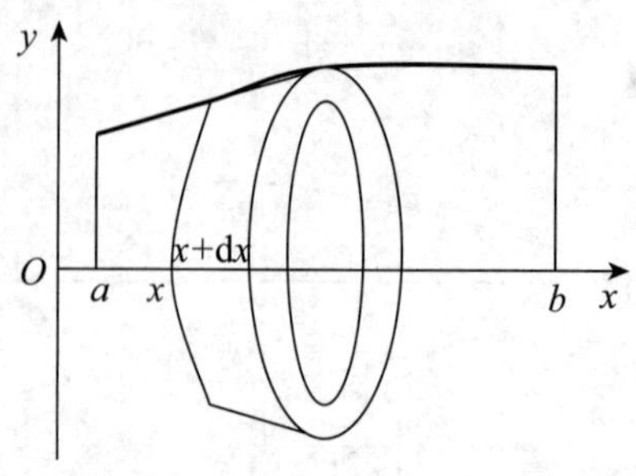

图 5.5.8

设过区间$[a, b]$内点x且垂直于x轴的平面左侧的旋转体的体积为$V(x)$，当平面左、右平移dx后，体积的增量近似为$\Delta V=\pi[f(x)]^2dx$，于是体积元素为

$$dV=\pi[f(x)]^2dx.$$

旋转体的体积为

$$V=\int_a^b \pi[f(x)]^2dx. \tag{5.5.4}$$

例 5.5.5 连接坐标原点O及点$P(a, b)$的直线、直线$x=a$及x轴围成一个直角三角形．将它绕x轴旋转构成一个底半径为b、高为a的圆锥体，如图 5.5.9 所示．计算这圆锥体的体积.

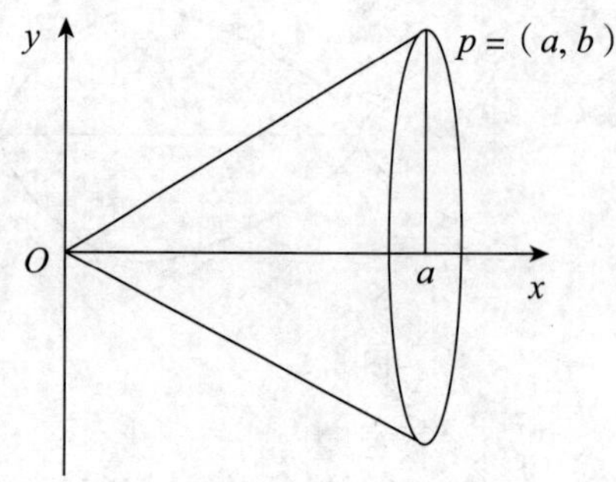

图 5.5.9

解 直角三角形斜边的直线方程为$y=\dfrac{b}{a}x$.

所求圆锥体的体积为

$$V=\int_0^a \pi\left(\frac{b}{a}x\right)^2dx=\frac{\pi b^2}{a^2}\left[\frac{1}{3}x^3\right]_0^a=\frac{1}{3}\pi ab^2.$$

例 5.5.6 计算由曲线$y=\cos x\left(0\leqslant x\leqslant\dfrac{\pi}{2}\right)$和$x$轴所围成的图形绕$x$轴旋转一周而成的旋转体(如图 5.5.10 所示)的体积.

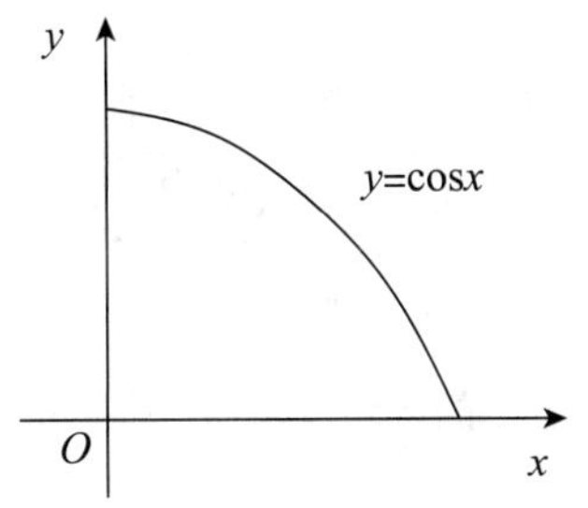

图 5.5.10

解 取 x 为积分变量，$x\in\left[0,\ \frac{\pi}{2}\right]$.

$$\int_0^{\frac{\pi}{2}}\pi\cos^2 x=\pi\int_0^{\frac{\pi}{2}}\frac{1+\cos 2x}{2}\mathrm{d}x=\frac{\pi}{2}\int_0^{\frac{\pi}{2}}(1+\cos 2x)\mathrm{d}x=\frac{\pi^2}{4}.$$

例 5.5.7 计算由摆线 $x=a(t-\sin t)$，$y=a(1-\cos t)$的一拱和直线 $y=0$ 所围成的图形(如图 5.5.11 所示)分别绕 x 轴、y 轴旋转而成的旋转体的体积.

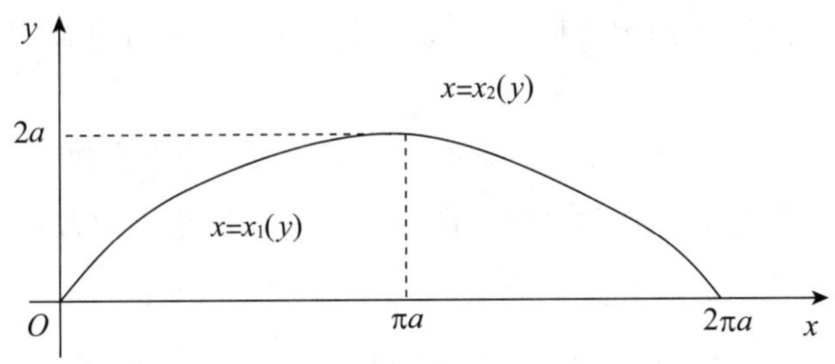

图 5.5.11

解 所给图形绕 x 轴旋转而成的旋转体的体积为

$$\begin{aligned}V_x&=\int_0^{2\pi a}\pi y^2\mathrm{d}x=\pi\int_0^{2\pi}a^2(1-\cos t)^2\cdot a(1-\cos t)\mathrm{d}t\\&=\pi a^3\int_0^{2\pi}(1-3\cos t+3\cos^2 t-\cos^3 t)\mathrm{d}t\\&=5\pi^2 a^3.\end{aligned}$$

所给图形绕 y 轴旋转而成的旋转体的体积是两个旋转体体积的差．设曲线左半边为 $x=x_1(y)$、右半边为 $x=x_2(y)$，则

$$\begin{aligned}V_y&=\int_0^{2a}\pi x_2^2(y)\mathrm{d}y-\int_0^{2a}\pi x_1^2(y)\mathrm{d}y\\&=\pi\int_{2\pi}^{\pi}a^2(t-\sin t)^2\cdot a\sin t\mathrm{d}t-\pi\int_0^{\pi}a^2(t-\sin t)^2\cdot a\sin t\mathrm{d}t\\&=-\pi a^3\int_0^{2\pi}(t-\sin t)^2\sin t\mathrm{d}t=6\pi^3 a^3.\end{aligned}$$

2. 平行截面面积为已知的立体的体积

设立体在 x 轴的投影区间为 $[a,\ b]$，过点 x 且垂直于 x 轴的平面与立体相截，截面面积已知，记为 $A(x)$，则体积元素为 $A(x)\mathrm{d}x$ ，立体的体积为

$$V=\int_a^b A(x)\mathrm{d}x. \tag{5.5.5}$$

例 5.5.8 一个平面经过半径为 R 的圆柱体的底圆中心，并与底面交成角 α. 计算这个平面截圆柱所得立体的体积.

解 取这个平面与圆柱体的底面的交线为 x 轴，底面上过圆中心且垂直于 x 轴的直线为 y 轴．那么底圆的方程为 $x^2+y^2=R^2$. 立体中过点 x 且垂直于 x 轴的截面是一个直角三角形. 两个直角边分别为 $\sqrt{R^2-x^2}$ 及 $\sqrt{R^2-x^2}\tan\alpha$. 因而截面面积为

$$A(x)=\frac{1}{2}(R^2-x^2)\tan\alpha.$$

于是所求的立体体积为

$$V=\int_{-R}^{R}\frac{1}{2}(R^2-x^2)\tan\alpha\mathrm{d}x=\frac{1}{2}\tan\alpha\left[R^2x-\frac{1}{3}x^3\right]_{-R}^{R}=\frac{2}{3}R^3\tan\alpha.$$

例 5.5.9 求以半径为 R 的圆为底且垂直于底圆直径的所有截面都是等边三角形的立体体积．

解 取底圆所在的平面为 xOy 平面，圆心为原点，底圆的方程为 $x^2+y^2=R^2$. 过 x 轴上的点 x $(-R<x<R)$作垂直于 x 轴的平面，所对应的等边三角形的截面边长为 $2\sqrt{R^2-x^2}$，高为 $\sqrt{3(R^2-x^2)}$. 这截面的面积为

$$A(x)=\frac{1}{2}\times 2\sqrt{R^2-x^2}\times\sqrt{3(R^2-x^2)}=\sqrt{3}(R^2-x^2),$$

于是所求立体的体积为

$$V=\int_{-R}^{R}\sqrt{3}(R^2-x^2)\mathrm{d}x=\frac{4\sqrt{3}}{3}R^3.$$

5.5.4 平面曲线的弧长

设 A，B 是曲线弧上的两个端点．在弧 AB 上任取分点

$$A=M_0,\ M_1,\ M_2,\ \cdots,\ M_{i-1},\ M_i,\ \cdots,\ M_{n-1},\ M_n=B,$$

并依次连接相邻的分点得一内接折线．当分点的数目无限增加且每个小段 $M_{i-1}M_i$ 都缩向一点时，如果此折线的长 $\sum_{i=1}^{n}|M_{i-1}M_i|$ 的极限存在，则称此极限为曲线弧 AB 的弧长，并称此曲线弧 AB 是可求长的.

定理 5.5.1 光滑曲线弧是可求长的.

1. 直角坐标情形

设曲线弧由直角坐标方程

$$y=f(x) \quad (a\leqslant x\leqslant b)$$

给出，其中 $f(x)$在区间$[a,\ b]$上具有一阶连续导数．现在来计算这曲线弧的长度.

取横坐标 x 为积分变量，它的变化区间为$[a,\ b]$．曲线 $y=f(x)$上相应于$[a,\ b]$上任一小区间$[x,\ x+\mathrm{d}x]$的一段弧的长度，可以用该曲线在点$(x,\ f(x))$处的切线上相应的一小段的长度来近似代替，而切线上这相应的小段的长度为

$$\sqrt{(\mathrm{d}x)^2+(\mathrm{d}y)^2}=\sqrt{1+(y')^2}\,\mathrm{d}x,$$

从而得弧长元素(即弧微分)

$$\mathrm{d}s=\sqrt{1+(y')^2}\,\mathrm{d}x.$$

以$\sqrt{1+(y')^2}\,\mathrm{d}x$ 为被积表达式，在闭区间$[a,\ b]$上作定积分，便得所求的弧长为

$$s=\int_a^b \sqrt{1+(y')^2}\,\mathrm{d}x. \tag{5.5.6}$$

例 5.5.10 计算曲线 $y=\frac{2}{3}x^{\frac{3}{2}}$上相应于 x 从 a 到 b 的一段弧的长度.

解 $y'=x^{\frac{1}{2}}$，从而弧长元素

$$\mathrm{d}s=\sqrt{1+(y')^2}\,\mathrm{d}x=\sqrt{1+x}\,\mathrm{d}x.$$

因此，所求弧长为

$$s=\int_a^b \sqrt{1+x}\,\mathrm{d}x=\left[\frac{2}{3}(1+x)^{\frac{3}{2}}\right]_a^b=\frac{2}{3}\left[(1+b)^{\frac{3}{2}}-(1+a)^{\frac{3}{2}}\right].$$

例 5.5.11 计算悬链线 $y=c\,\mathrm{ch}\,\frac{x}{c}$上介于 $x=-b$ 与 $x=b$ 之间一段弧的长度.

解 $y'=\mathrm{sh}\,\frac{x}{c}$，从而弧长元素为

$$\mathrm{d}s=\sqrt{1+\mathrm{sh}^2\,\frac{x}{c}}\,\mathrm{d}x=\mathrm{ch}\,\frac{x}{c}\,\mathrm{d}x.$$

因此，所求弧长为

$$s=\int_{-b}^b \mathrm{ch}\,\frac{x}{c}\,\mathrm{d}x=2\int_0^b \mathrm{ch}\,\frac{x}{c}\,\mathrm{d}x=2c\left[\mathrm{sh}\,\frac{x}{c}\,\mathrm{d}x\right]_0^b=2c\,\mathrm{sh}\,\frac{b}{c}.$$

2. 参数方程情形

设曲线弧由参数方程 $x=\varphi(t)$，$y=\psi(t)\,(a\leqslant t\leqslant b)$给出，其中 $\varphi(t)$，$\psi(t)$在$[\alpha,\ \beta]$上具有连续导数.

因为$\frac{\mathrm{d}y}{\mathrm{d}x}=\frac{\psi'(t)}{\varphi'(t)}$，$\mathrm{d}x=\varphi'(t)\,\mathrm{d}t$，所以弧长元素为

$$\mathrm{d}s=\sqrt{1+\frac{(\psi'(t))^2}{(\varphi'(t))^2}}\varphi'(t)\,\mathrm{d}t=\sqrt{(\varphi'(t))^2+(\psi'(t))^2}\,\mathrm{d}t.$$

所求弧长为

$$s=\int_\alpha^\beta \sqrt{(\varphi'(t))^2+(\psi'(t))^2}\,\mathrm{d}t. \tag{5.5.7}$$

例 5.5.12 计算摆线 $x=a(\theta-\sin\theta)$，$y=a(1-\cos\theta)$的一拱($0\leqslant\theta\leqslant 2\pi$)的长度.

解 弧长元素为

$$ds=\sqrt{a^2(1-\cos\theta)^2+a^2\sin^2\theta}\,d\theta=a\sqrt{2(1-\cos\theta)}\,d\theta=2a\sin\frac{\theta}{2}d\theta.$$

所求弧长为

$$s=\int_0^{2\pi}2a\sin\frac{\theta}{2}d\theta=2a\left[-2\cos\frac{\theta}{2}\right]_0^{2\pi}=8a.$$

3. 极坐标情形

设曲线弧由极坐标方程

$$\rho=\rho(\theta)\quad(a\leqslant\theta\leqslant b)$$

给出，其中 $r(\theta)$在$[\alpha,\beta]$上具有连续导数．由直角坐标与极坐标的关系可得

$$x=\rho(\theta)\cos\theta,\ y=\rho(\theta)\sin\theta,\ (\alpha\leqslant\theta\leqslant\beta).$$

于是得弧长元素为

$$ds=\sqrt{(x'(\theta))^2+(y'(\theta))^2}\,d\theta=\sqrt{(\rho(\theta))^2+(\rho'(\theta))^2}\,d\theta.$$

从而所求弧长为

$$s=\int_\alpha^\beta\sqrt{(\rho(\theta))^2+(\rho'(\theta))^2}\,d\theta.\tag{5.5.8}$$

例 5.5.13 求阿基米德螺线 $\rho=a\theta$ $(a>0)$相应于 θ 从 0 到 2π 一段的弧长，如图 5.5.12 所示．

解 弧长元素为

$$ds=\sqrt{a^2\theta^2+a^2}\,d\theta=a\sqrt{1+\theta^2}\,d\theta.$$

于是所求弧长为

$$s=\int_0^{2\pi}a\sqrt{1+\theta^2}\,d\theta=\frac{a}{2}\left[2\pi\sqrt{1+4\pi^2}+\ln(2\pi+\sqrt{1+4\pi^2})\right].$$

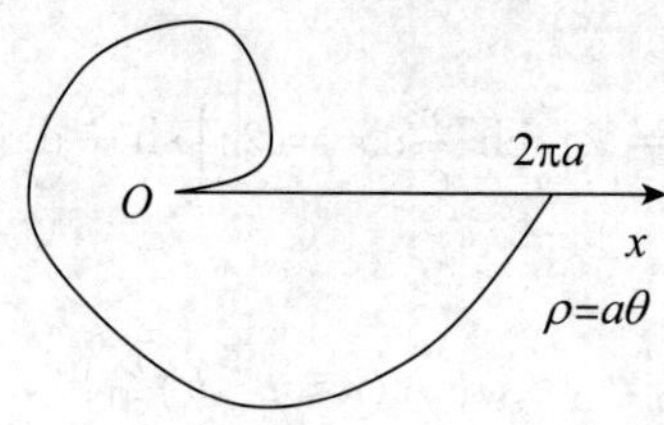

图 5.5.12

习题 5.5

1. 用定积分计算由直线 $y=x$，直线 $x=4$ 及 x 轴所围成图形的面积.

2. 计算由抛物线 $y=x^2$ 及直线 $y-2x=0$ 所围成图形的面积.

3. 求曲线 $y=-x^3+3x^2-2x$ 与 x 轴所围成图形的面积.

4. 求由曲线 $y=x+\frac{1}{x}$ 与直线 $x=2$ 及 $y=2$ 所围成图形的面积.

5. 求曲线 $y=\mathrm{e}^x$，$y=\sin x$ 与直线 $x=0$ 和 $x=1$ 所围成的图形绕 x 轴旋转所成立体的体积.

6. 求星形线 $\begin{cases} x=a\cos^3\varphi, \\ y=a\sin^3\varphi \end{cases}$ $(0\leqslant\varphi\leqslant 2\pi，a>0)$的全长.

7. 求圆 $x^2+(y-b)^2=a^2\,(0<a<b)$绕 x 轴旋转一周得到的立体体积.

8. 计算悬链线 $y=\frac{1}{2}(\mathrm{e}^x+\mathrm{e}^{-x})$在$[0，t]$上的一段弧长.

9. 计算悬链线 $y=\frac{1}{2}(\mathrm{e}^x+\mathrm{e}^{-x})$在$[0，t]$上的曲边梯形绕 x 轴旋转一周所得旋转体的体积.

5.6 总习题

1. 填空题

(1) 函数 $f(x)$在$[a,b]$上有界是$f(x)$在$[a,b]$上可积的________条件.

(2) 函数 $f(x)$在$[a,b]$上连续是$f(x)$在$[a,b]$上可积的________条件.

(3) 若函数 $f(x)$在$[a,b]$上有定义且$|f(x)|$在$[a,b]$上可积，则$\int_a^b f(x)\mathrm{d}x$ ________ 存在.

(4) 设函数 $f(x)$与 $g(x)$在$[a,b]$上连续，且 $f(x)\geqslant g(x)$，则$\int_a^b [f(x)-g(x)]\mathrm{d}x$ 的几何意义为________.

(5) 设函数 $f(x)$在$[a,b]$上连续，且 $f(x)\geqslant 0$，则$\int_a^b \pi f^2(x)\mathrm{d}x$ 的几何意义为________.

2. 求下列极限：

(1) $\lim\limits_{n\to\infty}\dfrac{1}{n}\sum\limits_{i=1}^{n}\sqrt{1-\dfrac{i}{n}}$；

(2) $\lim\limits_{n\to\infty}\dfrac{1^q+2^q+\cdots+n^q}{n^{q+1}}(q>0)$；

(3) $\lim\limits_{x\to a}\dfrac{x^m}{x-a}\int_a^x f(t)\mathrm{d}t$；

(4) $\lim\limits_{x\to-\infty}\dfrac{\int_x^0 \arctan t\mathrm{d}t}{\sqrt{x^2-2}}$.

3. 设 $x>0$，证明$\int_0^x \dfrac{1}{1+t^2}\mathrm{d}t+\int_0^{\frac{1}{x}}\dfrac{1}{1+t^2}\mathrm{d}t=\dfrac{\pi}{2}$.

4. 设 $f(x)$与 $g(x)$在$[a,b]$上都连续，证明：

(1) $\left[\int_a^b f(x)g(x)\mathrm{d}x\right]^2\leqslant\int_a^b f^2(x)\mathrm{d}x\cdot\int_a^b g^2(x)\mathrm{d}x$(柯西－施瓦茨不等式)；

(2) $\left\{\int_a^b [f(x)+g(x)]^2\mathrm{d}x\right\}^{\frac{1}{2}}\leqslant\left[\int_a^b f^2(x)\mathrm{d}x\right]^{\frac{1}{2}}+\left[\int_a^b g^2(x)\mathrm{d}x\right]^{\frac{1}{2}}$(闵可夫斯基不等式)；

(3) 若 $f(x)>0$，则$\int_a^b f(x)\mathrm{d}x\cdot\int_a^b\dfrac{1}{f(x)}\mathrm{d}x\geqslant(b-a)^2$.

5. 计算下列积分：

(1) $\int_0^{\frac{\pi}{2}}\dfrac{1+\sin x}{x-\cos x}\mathrm{d}x$；

(2) $\int_0^{\frac{\pi}{4}}\ln(1+\tan x)\mathrm{d}x$；

(3) $\int_{-\frac{\pi}{2}}^{\frac{\pi}{2}} \sqrt{1-\sin 2x}\,\mathrm{d}x$；

(4) $\int_{-\frac{\pi}{2}}^{\frac{\pi}{2}} x^2\,|\sin x|\,\mathrm{d}x$；

(5) $\int_{-\infty}^{+\infty} \frac{\mathrm{d}x}{\mathrm{e}^x+\mathrm{e}^{-x}}$；

(6) $\int_0^3 f(x-2)\,\mathrm{d}x$，其中 $f(x)=\begin{cases}\frac{x}{1+x^2}, & x\geqslant 0,\\ \frac{1}{1+\mathrm{e}^x}, & x<0.\end{cases}$

6.(积分第一中值定理)设 $f(x)$在闭区间$[a, b]$上连续，$g(x)$在闭区间$[a, b]$上连续不变号.证明至少存在一点 $\xi\in[a, b]$，使等式

$$\int_a^b f(x)g(x)\,\mathrm{d}x = f(\xi)\int_a^b g(x)\,\mathrm{d}x$$

成立.

第 6 章　微分方程初步

通过前面的学习，研究了函数及函数的微分运算与积分运算．函数作为高等数学的研究对象，是客观事物的内部联系在数量方面的反映．利用函数关系可以定量描述客观事物的发展规律．在解决实际问题时，寻求变量之间的函数关系具有重要意义，但一般不能直接发现变量间的函数关系，称其为未知函数．当我们描述实际对象的某些特征时不能直接构建出函数关系，但通过分析这一特征随时间(或空间)而演变的过程，可以列出含有未知函数及其导数(变化率)的关系式，这样的关系就是所谓的微分方程．利用微分与积分运算的互逆关系，对已建立的微分方程进行研究，求解未知函数，就是解微分方程，进一步可以分析未知函数的变化规律，预测它的未来性态，研究它的控制手段.

6.1　微分方程的基本概念

1676 年，莱布尼茨在给牛顿的信中第一次提出“微分方程”这个数学名词，1693 年，惠更斯在《教师学报》中明确提出了微分方程．从 17 世纪后期开始，由于自然科学的需要和数学自身的发展，产生了广泛的微分方程问题．下面通过几何、物理学中的两个具体问题来说明微分方程的基本概念.

例 6.1.1　一条曲线通过点(2，2)，且在该曲线上任一点 $M(x，y)$处的切线的斜率为 $4x$，求这曲线的方程.

解　设所求曲线的方程为 $y=y(x)$，根据导数的几何意义，可知未知函数 $y=y(x)$应满足关系式

$$\frac{\mathrm{d}y}{\mathrm{d}x}=4x. \tag{6.1.1}$$

该式为微分方程．此外，未知函数 $y=y(x)$还应满足下列条件：

$$x=2\text{ 时，}y=2\text{，简记为 }y|_{x=2}=2. \tag{6.1.2}$$

将式(6.1.1)两端积分，得

$$y=\int 4x\mathrm{d}x\text{，即 }y=2x^2+C. \tag{6.1.3}$$

将其称为微分方程的通解，其中 C 是任意常数.

把条件“$x=2$ 时，$y=2$”代入(6.1.3)式，得

$$2=8+C.$$

由此定出 $C=-6$，把 $C=-6$ 代入式(6.1.3)，得所求曲线方程

$$y=2x^2-6.$$

将其称为微分方程满足条件 $y|_{x=2}=2$ 的解.

例 6.1.2 一物体沿直线路径以 10m/s 的速度运行；当制动时物体获得加速度 -2m/s^2. 问开始制动后多少时间该物体才能停住，以及其制动距离？

解 设物体在开始制动后 ts 时行驶了 sm. 根据题意，反映制动阶段物体运动规律的函数 $s=s(t)$ 应满足关系式

$$\frac{\mathrm{d}^2 s}{\mathrm{d}t^2}=-2. \tag{6.1.4}$$

此外，未知函数 $s=s(t)$ 还应满足下列条件：

$$t=0 \text{ 时，} s=0\text{，} v=\frac{\mathrm{d}s}{\mathrm{d}t}=10\text{，简记为 } s|_{t=0}=0\text{，} s'|_{t=0}=-10. \tag{6.1.5}$$

将式(6.1.4)两端积分一次，得

$$v=\frac{\mathrm{d}s}{\mathrm{d}t}=-2t+C_1. \tag{6.1.6}$$

再积分一次，得

$$s=-t^2+C_1t+C_2. \tag{6.1.7}$$

这里 C_1，C_2 都是任意常数.

将条件 $v|_{t=0}=10$ 代入式(6.1.6)得

$$C_1=10.$$

将条件 $s|_{t=0}=0$ 代入式(6.1.7)得

$$C_2=0,$$

将 C_1，C_2 的值代入式(6.1.6)及式(6.1.7)得

$$v=-2t+10, \tag{6.1.8}$$

$$s=-t^2+10t. \tag{6.1.9}$$

在式(6.1.8)中令 $v=0$，得到物体从开始制动到完全停住所需的时间

$$t=\frac{10}{2}=5(\text{s}).$$

再把 $t=5$ 代入式(6.1.9)，得到物体在制动阶段行驶的路程

$$s=-25+50=25(\text{m}).$$

上述两个例子中的关系式(6.1.1)和(6.1.4)都具有共同的抽象结构，即都含有未知函数的导数，它们都是**微分方程**，差别在于未知函数的导数阶数不同. 一般的，凡表示未知函数、未知函数的各阶导数与自变量之间的关系的方程，叫做**微分方程**. 微分方程中所出现的未知函数的最高阶导数的阶数，叫**微分方程的阶**.

根据未知函数所含变量的个数,可将微分方程分为两类:常微分方程及偏微分方程．未知函数是一元函数的微分方程，叫常微分方程．未知函数是多元函数的微分方程，叫偏微分方程．在上册的学习中以一元函数为主，所以仅介绍常微分方程的基本概念，为表述方便将常微分方程简称为微分方程.

例如：

$x^3y'''+x^2y''-4xy'=3x^2$ 是3阶微分方程；

$y^{(4)}-4y'''+10y''-12y'+5y=\sin 2x$ 是4阶微分方程；

$y^{(n)}+1=0$ 是 n 阶微分方程.

一般的，n 阶微分方程形如

$$f(x, y, y', \cdots, y^{(n)})=0 \tag{6.1.10}$$

或

$$y^{(n)}=f(x, y, y', \cdots, y^{(n-1)}). \tag{6.1.11}$$

满足微分方程的函数(把函数代入微分方程能使该方程成为恒等式)叫做该微分方程的解．确切地说，设函数 $y=f(x)$在区间 I 上有 n 阶连续导数，如果在区间 I 上，

$$f(x, f(x), f'(x), \cdots, f^{(n)}(x))=0,$$

那么函数 $y=f(x)$就叫做微分方程 $f(x, y, y', \cdots, y^{(n)})=0$ 在区间 I 上的解.

如果微分方程的解中含有任意常数，且任意常数的个数与微分方程的阶数相同，这样的解叫做微分方程的通解．通解的意义是指它包含微分方程所有的解.

由于通解中含有任意常数项，所以不能唯一确定函数关系，用于确定通解中任意常数项取值的条件，称为初始条件，例如式(6.1.5)．因通解中所含任意常数项的个数与微分方程的阶数相同，所以几阶方程就需要几个初始条件，如二阶微分方程需要如下条件：

$$x=x_0\text{时}, y=y_0, y'=y_1,$$

一般写成

$$y|_{x=x_0}=y_0, y'|_{x=x_0}=y_1. \tag{6.1.12}$$

通过初始条件确定了通解中的任意常数以后，就确定了唯一的函数关系，即得到微分方程的特解，即不含任意常数的解．进一步，将求微分方程满足初始条件的解的问题称为初值问题.

如求微分方程 $y'=f(x, y)$满足初始条件 $y|_{x=x_0}=y_0$的解的问题，记为

$$\begin{cases} y'=f(x, y), \\ y|_{x=x_0}=y_0. \end{cases} \tag{6.1.13}$$

微分方程特解的图形是一条曲线，将其称为微分方程的积分曲线．通解的图形是一族积分曲线，称为积分曲线族.

例 6.1.3 验证：函数

$$x=C_1e^t+C_2e^{2t}$$

是二阶微分方程

$$\frac{d^2x}{dt^2}-3\frac{dx}{dt}+2x=0$$

的通解，并求满足初始条件$x\big|_{t=0}=1$，$x'\big|_{t=0}=0$ 的特解.

解 求所给函数的导数：

$$\frac{dx}{dt}=C_1e^t+2C_2e^{2t},$$

$$\frac{d^2x}{dt^2}=C_1e^t+4C_2e^{2t}.$$

将$\frac{d^2x}{dt^2}$，$\frac{dx}{dt}$及 x 的表达式代入所给方程，得

$$C_1e^t+4C_2e^{2t}-3(C_1e^t+2C_2e^{2t})+2(C_1e^t+C_2e^{2t})=0.$$

这表明函数 $x=C_1e^t+C_2e^{2t}$满足方程，且由于解中含有两个任意常数项，因此所给函数是所给方程的通解．将初始条件代入 x 和x'中，可得

$$\begin{cases}C_1+C_2=1,\\C_1+2C_2=0.\end{cases}$$

解得 $C_1=2$，$C_2=-1$，所以满足初始条件的特解为 $x=2e^t-e^{2t}$.

在了解了微分方程的基本概念之后，要特别说明的是，微分方程可解类型并不多，这里可解是指能够求解出微分方程的通解，即得到通解的解析表达式，所以对于微分方程所属类型的掌握至关重要．后面两节内容关于微分方程的解法介绍都是基于对微分方程的某种类型展开的.

习题 6.1

1. 请指出下列微分方程的阶数．

(1) $e^x(y')^3+2yy'+2x=0$；

(2) $x^3y'''+xy''+\sin x=0$；

(3) $(y'')^3-xy'+y=0$；

(4) $(3x+y)dx+(2x-1)dy=0$；

(5) $x^2\frac{d^2y}{dx^2}+xy\frac{dy}{dx}+x-y=0$；

(6) $\rho\frac{d^3\rho}{d\theta^3}+\theta\frac{d\rho}{d\theta}+1-\rho=0$.

2. 判断下列各题中的函数是否为所给微分方程的解.

(1) $xy'=3y$，$y=6x^3$；

(2) $y''+y'-6y=3xe^{2x}(5x+2)$，$y=x^3e^{2x}$；

(3) $y''+y=0$，$y=2\sin x+3\cos x$；

(4) $y''-(a+b)y'+aby=0$，$y=C_1e^{ax}+C_2e^{bx}$，其中 a，b，C_1，C_2 均为常数.

3. 验证下列二元方程所确定的函数为所给微分方程的解.

(1) $(x^3-4xy)y'=2y^2-3x^2y-2x$，$x^2+x^3y-2xy^2=C$；

(2) $(x^2y-x^2)y''+x^2(y')^2+2x(y-2)y'=2y$，$y=\ln(x^2y)$.

4. 确定下列函数关系式中所含的参数，使函数满足所给的初始条件.

(1) $3x^3+y^2=C$，$y|_{x=0}=3$；

(2) $y=(C_1+C_2x)e^{3x}$，$y|_{x=0}=1$，$y'|_{x=0}=2$；

(3) $y=C_1\cos(x+C_2)$，$y|_{x=\frac{\pi}{2}}=0$，$y'|_{x=\frac{\pi}{2}}=1$.

6.2 一阶微分方程

研究一阶微分方程的解法是微分方程求解问题的基础，一阶微分方程的一般形式为

$$f(x, y, y')=0 \tag{6.2.1}$$

或者

$$y'=f(x, y). \tag{6.2.2}$$

有时也写成如下对称形式：

$$P(x, y)\mathrm{d}x+Q(x, y)\mathrm{d}y=0. \tag{6.2.3}$$

若把 x 看作自变量，y 看作未知函数，则当 $Q(x, y)\neq 0$ 时，有

$$\frac{\mathrm{d}y}{\mathrm{d}x}=-\frac{P(x, y)}{Q(x, y)}. \tag{6.2.4}$$

若把 y 看作自变量，x 看作未知函数，则当 $P(x, y)\neq 0$ 时，有

$$\frac{\mathrm{d}x}{\mathrm{d}y}=-\frac{Q(x, y)}{P(x, y)}. \tag{6.2.5}$$

上面五种形式均可表示一阶微分方程，注意其形式的灵活转换，下面介绍常见的一阶微分方程及其解法.

6.2.1 可分离变量的微分方程

一般地，如果一阶微分方程 $y'=\varphi(x, y)$ 能写成

$$g(y)\mathrm{d}y=f(x)\mathrm{d}x \tag{6.2.6}$$

的形式，就是说，能把微分方程写成一端只含 y 的函数和 $\mathrm{d}y$，另一端只含 x 的函数和 $\mathrm{d}x$，那么原方程就称为可分离变量的微分方程．当变量分离之后，等式两边均是包含唯一一个变量的微分形式．对于恒等式两边进行同一运算仍然是恒等式，所以两边同时进行不定积分运算后，可得一个不含未知函数导数的方程

$$G(y)=F(x)+C. \tag{6.2.7}$$

由式(6.2.7)所确定的隐函数就是原方程的通解，称为隐式通解．若能将其写成 $y=\Phi(x)$，则称为微分方程显式通解.

可分离变量方程解法是微分方程中最基础的解法之一，很多微分方程最后均归结为可分离变量方程．将可分离变量的微分方程的解法总结如下.

(1) 分离变量，将方程写成 $g(y)\mathrm{d}y=f(x)\mathrm{d}x$ 的形式；

(2) 两端积分 $\int g(y)\mathrm{d}y=\int f(x)\mathrm{d}x$，设积分后得 $G(y)=F(x)+C$；

(3) 所求 $G(y)=F(x)+C$ 或它所确定的函数 $y=\Phi(x)$，$x=\psi(y)$，它们都可作为方程的

通解，其中 $G(y)=F(x)+C$ 称为隐式(通)解.

例 6.2.1　求微分方程 $\frac{\mathrm{d}y}{\mathrm{d}x}=2xy$ 的通解.

解　此方程为可分离变量方程，分离变量后得

$$\frac{1}{y}\mathrm{d}y=2x\mathrm{d}x.$$

两边积分，即

$$\int\frac{1}{y}\mathrm{d}y=\int 2x\mathrm{d}x,$$

得

$$\ln|y|=x^2+C,$$

即

$$\ln|y|=x^2+\ln C,$$

从而

$$y=C\mathrm{e}^{x^2}.$$

例 6.2.2　假设某种药物在人体内的代谢速率与该药物在人体内的含量 M 成正比. 已知 $t=0$ 时该药物的含量为 M_0，求在代谢过程中药物含量 $M(t)$ 随时间 t 变化的规律.

解　该药物的代谢速率就是 $M(t)$ 对时间 t 的导数 $\frac{\mathrm{d}M}{\mathrm{d}t}$，由于药物的代谢速率与其含量成正比，故得微分方程

$$\frac{\mathrm{d}M}{\mathrm{d}t}=-\lambda M.$$

式中，$\lambda(\lambda>0)$ 是常数，λ 前的负号表示当 t 增加时 M 单调减少，即 $\frac{\mathrm{d}M}{\mathrm{d}t}<0$.

由题意，初始条件为

$$M|_{t=0}=M_0.$$

将方程分离变量得

$$\frac{\mathrm{d}M}{M}=-\lambda\mathrm{d}t.$$

两边积分，得

$$\int\frac{\mathrm{d}M}{M}=\int(-\lambda)\mathrm{d}t,$$

即

$$\ln M=-\lambda t+\ln C,$$

也即

$$M=C\mathrm{e}^{-\lambda t}.$$

由初始条件，得

$$M_0=Ce^0=C.$$

所以药物含量 $M(t)$ 随时间 t 变化的规律 $M=M_0e^{-\lambda t}$.

例 6.2.3 求微分方程 $\frac{dy}{dx}=1+x+y^2+xy^2$ 的通解.

解 方程可化为

$$\frac{dy}{dx}=(1+x)(1+y^2).$$

分离变量得

$$\frac{1}{1+y^2}dy=(1+x)dx.$$

两边积分得

$$\int\frac{1}{1+y^2}dy=\int(1+x)dx,$$

即

$$\arctan y=\frac{1}{2}x^2+x+C.$$

于是原方程的通解为 $y=\tan\left(\frac{1}{2}x^2+x+C\right)$.

6.2.2 齐次方程

如果一阶微分方程 $\frac{dy}{dx}=f(x,y)$ 中的函数 $f(x,y)$ 可写成 $\frac{y}{x}$ 的函数，如 $f(x,y)=\varphi\left(\frac{y}{x}\right)$，即 $\frac{dy}{dx}=\varphi\left(\frac{y}{x}\right)$，则称该方程为**齐次方程**.

例 6.2.4 判断下列方程哪些是齐次方程.

(1) $xy'-y-\sqrt{y^2-x^2}=0$；

(2) $(x^2+y^2)dx-xydy=0$；

(3) $(2x+y-4)dx+(x+y-1)dy=0$.

解 (1) 是齐次方程，原式可化为 $\frac{dy}{dx}=\frac{y+\sqrt{y^2-x^2}}{x}$，即 $\frac{dy}{dx}=\frac{y}{x}+\sqrt{\left(\frac{y}{x}\right)^2-1}$；

(2) 是齐次方程，原式可化为 $\frac{dy}{dx}=\frac{x^2+y^2}{xy}$，即 $\frac{dy}{dx}=\frac{x}{y}+\frac{y}{x}$；

(3) 不是齐次方程，因原式形式化为 $\frac{dy}{dx}=-\frac{2x+y-4}{x+y-1}$ 后，不能写成 $\frac{dy}{dx}=\varphi\left(\frac{y}{x}\right)$ 的形式.

对于齐次方程的求解思想是：能否使用变量替换将齐次方程转化为已经掌握的可分离变量方程进行求解.

在齐次方程 $\frac{dy}{dx}=\varphi\left(\frac{y}{x}\right)$ 中，令 $u=\frac{y}{x}$，即 $y=ux$，对等式两边进行求导．因为 u 是 x 的函

数，所以有

$$\frac{\mathrm{d}y}{\mathrm{d}x}=x\frac{\mathrm{d}u}{\mathrm{d}x}+u.$$

原方程化为

$$u+x\frac{\mathrm{d}u}{\mathrm{d}x}=\varphi(u).$$

分离变量，得

$$\frac{\mathrm{d}u}{\varphi(u)-u}=\frac{\mathrm{d}x}{x}.$$

两端积分，得

$$\int\frac{\mathrm{d}u}{\varphi(u)-u}=\int\frac{\mathrm{d}x}{x}.$$

求出积分后，再用$\frac{y}{x}$代替u，便得所给齐次方程的通解.

当方程可以化为$\frac{\mathrm{d}y}{\mathrm{d}x}=\varphi\left(\frac{x}{y}\right)$时，也是齐次微分方程，将原方程写成$\frac{\mathrm{d}x}{\mathrm{d}y}=\frac{1}{\varphi\left(\frac{x}{y}\right)}$，这时可令$\frac{x}{y}=u(y)$，注意此时要假定$u$是$y$的函数，则$x=u(y)\cdot y$. 等式两边求$y$的导数后，得

$$\frac{\mathrm{d}x}{\mathrm{d}y}=\frac{\mathrm{d}u}{\mathrm{d}y}\cdot y+u.$$

原方程变为

$$\frac{\mathrm{d}u}{\mathrm{d}y}\cdot y+u=\frac{1}{\varphi(u)},$$

即

$$\frac{\mathrm{d}u}{\mathrm{d}y}=\frac{1}{\varphi(u)}-u.$$

它为可分离变量方程，化简为如下形式：

$$\frac{\mathrm{d}u}{\frac{1}{\varphi(u)}-u}=\mathrm{d}y.$$

两端积分，得

$$\int\frac{\mathrm{d}u}{\frac{1}{\varphi(u)}-u}=\int\mathrm{d}y.$$

求出积分后，再用$\frac{x}{y}$代替u，便得所给齐次方程的通解.

例 6.2.5　解方程 $y^2+x^2\frac{\mathrm{d}y}{\mathrm{d}x}=xy\frac{\mathrm{d}y}{\mathrm{d}x}$.

解　原方程可写成

$$\frac{\mathrm{d}y}{\mathrm{d}x}=\frac{y^2}{xy-x^2}=\frac{\left(\frac{y}{x}\right)^2}{\frac{y}{x}-1}.$$

因此原方程是齐次方程．令$\frac{y}{x}=u$，则

$$y=ux,\ \frac{\mathrm{d}y}{\mathrm{d}x}=u+x\frac{\mathrm{d}u}{\mathrm{d}x}.$$

于是原方程变为

$$u+x\frac{\mathrm{d}u}{\mathrm{d}x}=\frac{u^2}{u-1},$$

即

$$x\frac{\mathrm{d}u}{\mathrm{d}x}=\frac{u}{u-1}.$$

分离变量，得

$$\left(1-\frac{1}{u}\right)\mathrm{d}u=\frac{\mathrm{d}x}{x}.$$

两边积分，得

$$u-\ln|u|+C=\ln|x|,$$

或写成

$$\ln|xu|=u+C.$$

以$\frac{y}{x}$代上式中的u，便得所给方程的通解

$$\ln|y|=\frac{y}{x}+C.$$

例 6.2.6 解方程$\frac{\mathrm{d}y}{\mathrm{d}x}=\frac{y}{x+y}$.

解 方程为齐次微分方程，能够对其使用两种方法进行求解.

(解法 1) 原方程可化为

$$\frac{\mathrm{d}y}{\mathrm{d}x}=\frac{\frac{y}{x}}{1+\frac{y}{x}}.$$

令$\frac{y}{x}=u$，则 $y=u(x)\cdot x$，两边求导得

$$\frac{\mathrm{d}y}{\mathrm{d}x}=u+xu'.$$

原方程化为

$$u+xu'=\frac{u}{1+u}.$$

分离变量后得

$$\frac{(1+u)\mathrm{d}u}{u^2}=-\frac{\mathrm{d}x}{x}.$$

积分后得

$$-u^{-1}+\ln|u|=-\ln|x|-\ln C.$$

将$\frac{y}{x}=u$代入，可得到

$$x=y\ln Cy.$$

(解法 2) 原方程可化为

$$\frac{\mathrm{d}u}{\mathrm{d}x}=\frac{1}{\frac{x}{y}+1}.$$

令$\frac{x}{y}=u(y)$，则$x=u(y)\cdot y$，两边求导得

$$\frac{\mathrm{d}x}{\mathrm{d}y}=u(y)+\frac{\mathrm{d}u}{\mathrm{d}y}y.$$

原方程化为

$$u+u'y=u+1,$$

即

$$u'y=1,$$

可得

$$\mathrm{d}u=\frac{1}{y}\mathrm{d}y,$$

进而

$$u=\ln y+\ln C=\ln Cy,$$

所以

$$\frac{x}{y}=\ln Cy,$$

即

$$x=y\ln Cy.$$

6.2.3 一阶线性微分方程

形如

$$\frac{\mathrm{d}y}{\mathrm{d}x}+P(x)y=Q(x) \tag{6.2.8}$$

的方程，叫做一阶线性微分方程．其特点是方程中关于未知函数y及其导数均是一次式，注意与自变量x的函数$P(x)$，$Q(x)$形式无关．如果$Q(x)=0$，则方程称为齐次线性方程，否

则方程称为非齐次线性方程.

下面分别介绍齐次线性方程与非齐次线性方程的解法.

1. 一阶齐次线性微分方程的解法

形如

$$\frac{\mathrm{d}y}{\mathrm{d}x}+P(x)y=0 \tag{6.2.9}$$

的方程为一阶齐次线性方程．该方程是变量可分离方程．分离变量后得

$$\frac{\mathrm{d}y}{y}=-P(x)\mathrm{d}x.$$

两边积分，得

$$\ln|y|=-\int P(x)\mathrm{d}x+C_1$$

或

$$y=C\mathrm{e}^{-\int P(x)\mathrm{d}x}(C=\pm \mathrm{e}^{C_1}). \tag{6.2.10}$$

这就是齐次线性方程的通解(积分中不再加任意常数). 以后(6.2.10)式可作为公式直接使用.

例 6.2.7 求方程$(x-2)\frac{\mathrm{d}y}{\mathrm{d}x}=y$的通解.

解 这是齐次线性方程，分离变量得

$$\frac{\mathrm{d}y}{y}=\frac{\mathrm{d}x}{x-2}.$$

两边积分得

$$\ln|y|=\ln|x-2|+\ln C.$$

方程的通解为

$$y=C(x-2).$$

2. 一阶非齐次线性微分方程的解法

形如

$$\frac{\mathrm{d}y}{\mathrm{d}x}+P(x)y=Q(x), \tag{6.2.11}$$

其中，$Q(x)\neq 0$，将其称为一阶非齐次线性微分方程，而方程

$$\frac{\mathrm{d}y}{\mathrm{d}x}+P(x)y=0, \tag{6.2.12}$$

其左边项与所求非齐次方程左边项完全一致，所以将其称为对应于非齐次线性方程(6.2.11)的齐次线性方程.

通过上面的学习已经可以求解一阶齐次线性微分方程，显然齐次微分方程的通解不会是非齐次方程的通解，但由于这两个方程的左端相同，所以可以猜想它们的解必有一定联系．

下面介绍通过齐次方程通解构造非齐次方程通解的方法——常数变易法.

由于 $y=C\mathrm{e}^{-\int P(x)\mathrm{d}x}$ 为齐次线性方程(6.2.12)的通解，代入方程左端是0，不会是函数 $Q(x)$，因此能使方程的左端等于 $Q(x)$ 的解必定不是 $\mathrm{e}^{-\int P(x)\mathrm{d}x}$ 与常数 C 的乘积．设想将常数 C 换成函数 $C(x)$，即假设

$$y=C(x)\mathrm{e}^{-\int P(x)\mathrm{d}x} \tag{6.2.13}$$

为非齐次线性方程的通解，其中 $C(x)$ 为待定函数，它将满足什么条件？如果进一步将其确定，就得到了非齐次方程的通解．将式(6.2.13)代入非齐次线性方程得

$$C'(x)\mathrm{e}^{-\int P(x)\mathrm{d}x}-C(x)\mathrm{e}^{-\int P(x)\mathrm{d}x}P(x)+P(x)C(x)\mathrm{e}^{-\int P(x)\mathrm{d}x}=Q(x). \tag{6.2.14}$$

可得

$$C'(x)\mathrm{e}^{-\int P(x)\mathrm{d}x}=Q(x) \tag{6.2.15}$$

化简得

$$C'(x)=Q(x)\mathrm{e}^{\int P(x)\mathrm{d}x}. \tag{6.2.16}$$

两边积分得

$$C(x)=\int Q(x)\mathrm{e}^{\int P(x)\mathrm{d}x}\mathrm{d}x+C. \tag{6.2.17}$$

即只要 $C(x)$ 满足式(6.2.17)，则式(6.2.13)式就为非齐次线性微分方程(6.2.11)的通解，于是非齐次线性方程的通解为

$$y=\mathrm{e}^{-\int P(x)\mathrm{d}x}\left[\int Q(x)\mathrm{e}^{\int P(x)\mathrm{d}x}\mathrm{d}x+C\right]. \tag{6.2.18}$$

通过将对应齐次线性微分方程的通解中的任意常数 C 变换为待定函数 $C(x)$，从而求出非齐次线性微分方程的通解的方法称为常数变易法．注意，以后使用常数变易法求解一阶非齐次线性微分方程时不需推导式(6.2.14)，可直接写出式(6.2.15).

下面分析非齐次线性微分方程(6.2.18)的通解结构，将其改写为

$$y=C\mathrm{e}^{-\int P(x)\mathrm{d}x}+\mathrm{e}^{-\int P(x)\mathrm{d}x}\int Q(x)\mathrm{e}^{\int P(x)\mathrm{d}x}\mathrm{d}x.$$

上式右端第一项为对应的齐次线性方程的通解，第二项为原非齐次线性方程的一个特解(可将其代入原非齐次线性方程中验证)．由此可知，一阶非齐次线性方程的通解结构是，非齐次线性方程的通解等于对应的齐次线性方程通解与非齐次线性方程的一个特解之和，即

一阶非齐次线性方程的通解＝对应的齐次线性方程的通解＋非齐次线性方程的一个特解.

上述公式可推广到高阶非齐次方程的通解结构，在第3节中将以定理形式出现，现简述如下：

非齐次方程的通解＝对应的齐次方程的通解＋非齐次方程的一个特解.

在解非齐次线性微分方程时，可直接使用公式 $y=\mathrm{e}^{-\int P(x)\mathrm{d}x}\left[\int Q(x)\mathrm{e}^{\int P(x)\mathrm{d}x}\mathrm{d}x+C\right]$ 求解，此时要先化为 $\frac{\mathrm{d}y}{\mathrm{d}x}+P(x)y=Q(x)$ 的标准形式，注意导数项前面系数必须为1. 因公式不便记

忆，因此可用常数变易法求解.

例 6.2.8 求方程$\frac{dy}{dx}-\frac{2y}{x+1}=(x+1)^{\frac{5}{2}}$的通解.

解 (解法 1)使用常数变易法.

这是一个非齐次线性方程，先求对应的齐次线性方程$\frac{dy}{dx}-\frac{2y}{x+1}=0$的通解，分离变量得

$$\frac{dy}{y}=\frac{2dx}{x+1}.$$

两边积分得

$$\ln|y|=2\ln|x+1|+\ln C.$$

齐次线性方程的通解为

$$y=C(x+1)^2.$$

使用常数变易法把 C 换成 $C(x)$，即令 $y=C(x)\cdot(x+1)^2$，代入所给非齐次线性方程，得

$$C'(x)\cdot(x+1)^2+2C(x)\cdot(x+1)-\frac{2}{x+1}C(x)\cdot(x+1)^2=(x+1)^{\frac{5}{2}},$$

$$C'(x)=(x+1)^{\frac{1}{2}}.$$

两边积分，得

$$C(x)=\frac{2}{3}(x+1)^{\frac{3}{2}}+C.$$

再把上式代入 $y=C(x)\cdot(x+1)^2$ 中，即得所求方程的通解为

$$y=(x+1)^2\left[\frac{2}{3}(x+1)^{\frac{3}{2}}+C\right].$$

(解法 2)使用公式法，这里 $P(x)=-\frac{2}{x+1}$，$Q(x)=(x+1)^{\frac{5}{2}}$.

因为

$$\int P(x)dx=\int\left(-\frac{2}{x+1}\right)dx=-2\ln(x+1),$$

$$e^{-\int P(x)dx}=e^{2\ln(x+1)}=(x+1)^2,$$

$$\int Q(x)e^{\int P(x)dx}dx=\int(x+1)^{\frac{5}{2}}(x+1)^{-2}dx=\int(x+1)^{\frac{1}{2}}dx=\frac{2}{3}(x+1)^{\frac{3}{2}}.$$

所以通解为

$$y=e^{-\int P(x)dx}\left[\int Q(x)e^{\int P(x)dx}dx+C\right]=(x+1)^2\left[\frac{2}{3}(x+1)^{\frac{3}{2}}+C\right].$$

3. 伯努利方程

形如

$$\frac{dy}{dx}+P(x)y=Q(x)y^n\quad(n\neq0,\ 1)\tag{6.2.19}$$

的方程，叫做伯努利方程.

严格来说，伯努利方程不是一阶线性微分方程，因为存在 y^n，它属于一阶高次微分方程，但是经过变量替换后该方程可转化为一阶非齐次线性微分方程，进而可以进行求解.

例 6.2.9 判断下列方程是什么类型的方程.

(1) $\frac{\mathrm{d}y}{\mathrm{d}x}+\frac{1}{3}y=\frac{1}{3}(1-2x)y^4$； (2) $\frac{\mathrm{d}y}{\mathrm{d}x}-2xy=4x$.

解 方程(1)是伯努利方程.

方程(2)是线性方程，不是伯努利方程.

下面介绍伯努利方程的解法，对形如(6.2.19)式的方程以 y^n 除方程的两边，得

$$y^{-n}\frac{\mathrm{d}y}{\mathrm{d}x}+P(x)y^{1-n}=Q(x). \tag{6.2.20}$$

令 $z=y^{1-n}$，得线性方程

$$\frac{\mathrm{d}z}{\mathrm{d}x}+(1-n)P(x)z=(1-n)Q(x). \tag{6.2.21}$$

这是一个关于未知函数 z 的一阶非齐次线性微分方程，可使用常数变易法或公式法进行求解，再利用 $z=y^{1-n}$，就可求解出未知函数 y.

例 6.2.10 求方程$\frac{\mathrm{d}y}{\mathrm{d}x}-6x^2y=x^2y^2$ 的通解.

解 以 y^2 除方程的两端，得

$$y^{-2}\frac{\mathrm{d}y}{\mathrm{d}x}-6x^2y^{-1}=x^2,$$

即

$$-\frac{\mathrm{d}(y^{-1})}{\mathrm{d}x}-6x^2y^{-1}=x^2.$$

令 $z=y^{-1}$，则上述方程化为

$$\frac{\mathrm{d}z}{\mathrm{d}x}+6x^2z=-x^2.$$

这是一个线性方程，它的通解为

$$z=\mathrm{e}^{-2x^3}\left(\frac{1}{6}\mathrm{e}^{-2x^3}+C\right),$$

即

$$z=\frac{1}{6}\mathrm{e}^{-4x^3}+C\mathrm{e}^{-2x^3}.$$

以 $z=y^{-1}$代入上式，求得方程的通解为

$$y\left(\frac{1}{6}\mathrm{e}^{-4x^3}+C\mathrm{e}^{-2x^3}\right)=1.$$

可以看出伯努利方程的求解依托于变量代换．经过变量代换，将方程可以化为已知其求

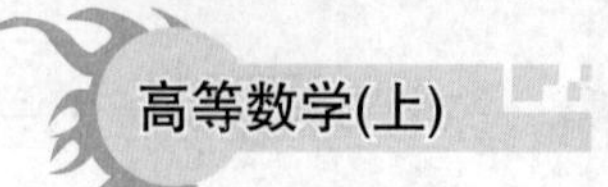

解方法的方程，是一种求解微分方程的基本思想.

例 6.2.11 解方程$\frac{dy}{dx}=(x+y)^2$.

解 令 $z=x+y$，则两边求 x 的导数，得

$$1+\frac{dy}{dx}=\frac{dz}{dx},$$

$$\frac{dy}{dx}=\frac{dz}{dx}-1.$$

所以原方程可化为

$$\frac{dz}{dx}-1=z^2,$$

即

$$\frac{dz}{dx}=z^2+1.$$

这是一个变量可分离方程. 所以

$$\frac{dz}{z^2+1}=dx,$$

$$z=\tan(x+C).$$

以 $z=x+y$ 代入上式得

$$x+y=\tan(x+c).$$

因此原方程的通解为

$$y=\tan(x+C)-x.$$

6.2.4 全微分方程

一个一阶微分方程写成

$$P(x,y)dx+Q(x,y)dy=0 \tag{6.2.22}$$

形式后，如果它的左端恰好是某一个函数 $u=u(x,y)$的全微分

$$du(x,y)=P(x,y)dx+Q(x,y)dy, \tag{6.2.23}$$

那么方程 $P(x,y)dx+Q(x,y)dy=0$ 就叫做全微分方程. 这里

$$\frac{\partial u}{\partial x}=P(x,y),\ \frac{\partial u}{\partial y}=Q(x,y),$$

而方程可写为

$$du(x,y)=0.$$

此处给定一个全微分方程的判定定理.

定理 6.2.1 若 $P(x,y)$，$Q(x,y)$在单连通域 G 内具有一阶连续偏导数，且

$$\frac{\partial P}{\partial y}=\frac{\partial Q}{\partial x}, \tag{6.2.24}$$

则方程 $P(x, y)\mathrm{d}x+Q(x, y)\mathrm{d}y=0$ 是全微分方程.

若方程 $P(x, y)\mathrm{d}x+Q(x, y)\mathrm{d}y=0$ 是全微分方程，且

$\mathrm{d}u(x, y)=P(x, y)\mathrm{d}x+Q(x, y)\mathrm{d}y$，

则

$$u(x, y)=C,$$

即

$$\int_{x_0}^{x} P(x,y)\mathrm{d}x+\int_{y_0}^{y} Q(x_0, y)\mathrm{d}x=C \quad ((x_0, y_0)\in G) \tag{6.2.25}$$

是方程 $P(x, y)\mathrm{d}x+Q(x, y)\mathrm{d}y=0$ 的通解.

例 6.2.12 求解 $(5x^4+3xy^2-y^3)\mathrm{d}x+(3x^2y-3xy^2+y^2)\mathrm{d}y=0$.

解 这里

$$\frac{\partial P}{\partial y}=6xy-3y^2=\frac{\partial Q}{\partial x},$$

所以这是全微分方程．取 $(x_0, y_0)=(0, 0)$，有

$$\begin{aligned}u(x, y)&=\int_0^x(5x^4+3xy^2-y^3)\mathrm{d}x+\int_0^y y^2\mathrm{d}y\\&=x^5+\frac{3}{2}x^2y^2-xy^3+\frac{1}{3}y^3.\end{aligned}$$

于是，方程的通解为

$$x^5+\frac{3}{2}x^2y^2-xy^3+\frac{1}{3}y^3=C.$$

若方程 $P(x, y)\mathrm{d}x+Q(x, y)\mathrm{d}y=0$ 不是全微分方程,但存在一个函数 $\mu=\mu(x, y)$ $(\mu(x, y)\neq 0)$，使方程

$$\mu(x, y)P(x, y)\mathrm{d}x+\mu(x, y)Q(x, y)\mathrm{d}y=0 \tag{6.2.26}$$

是全微分方程，则函数 $\mu(x, y)$ 叫做方程 $P(x, y)\mathrm{d}x+Q(x, y)\mathrm{d}y=0$ 的积分因子.

例 6.2.13 通过观察求方程的积分因子并求其通解．

(1) $y\mathrm{d}x-x\mathrm{d}y=0$；

(2) $(1+xy)y\mathrm{d}x+(1-xy)x\mathrm{d}y=0$.

解 (1) 方程 $y\mathrm{d}x-x\mathrm{d}y=0$ 不是全微分方程．因为

$$\mathrm{d}\left(\frac{x}{y}\right)=\frac{y\mathrm{d}x-x\mathrm{d}y}{y^2},$$

所以 $\frac{1}{y^2}$ 是方程 $y\mathrm{d}x-x\mathrm{d}y=0$ 的积分因子，于是 $\frac{y\mathrm{d}x-x\mathrm{d}y}{y^2}=0$ 是全微分方程，所给方程的通解为 $\frac{x}{y}=C$.

(2) 方程 $(1+xy)y\mathrm{d}x+(1-xy)x\mathrm{d}y=0$ 不是全微分方程.

将方程的各项重新合并，得

$$(y\mathrm{d}x+x\mathrm{d}y)+xy(y\mathrm{d}x-x\mathrm{d}y)=0,$$

再把它改写成

$$\mathrm{d}(xy)+x^2y^2\left(\frac{\mathrm{d}x}{x}-\frac{\mathrm{d}y}{y}\right)=0.$$

这时容易看出$\frac{1}{(xy)^2}$为积分因子，乘以该积分因子后，方程就变为

$$\frac{\mathrm{d}(xy)}{(xy)^2}+\frac{\mathrm{d}x}{x}-\frac{\mathrm{d}y}{y}=0.$$

积分得通解

$$-\frac{1}{xy}+\ln\left|\frac{x}{y}\right|=\ln C,$$

即

$$\frac{x}{y}=C\mathrm{e}^{\frac{1}{xy}}.$$

我们也可用积分因子的方法来解一阶线性方程 $y'+P(x)y=Q(x)$.

可以验证$\mu(x)=\mathrm{e}^{\int P(x)\mathrm{d}x}$是一阶线性方程$y'+P(x)y=Q(x)$的一个积分因子. 在一阶线性方程的两边乘以$\mu(x)=\mathrm{e}^{\int P(x)\mathrm{d}x}$得

$$y'\mathrm{e}^{\int P(x)\mathrm{d}x}+yP(x)\mathrm{e}^{\int P(x)\mathrm{d}x}=Q(x)\mathrm{e}^{\int P(x)\mathrm{d}x},$$

即

$$y'\mathrm{e}^{\int P(x)\mathrm{d}x}+y[\mathrm{e}^{\int P(x)\mathrm{d}x}]'=Q(x)\mathrm{e}^{\int P(x)\mathrm{d}x},$$

亦即

$$[y\mathrm{e}^{\int P(x)\mathrm{d}x}]'=Q(x)\mathrm{e}^{\int P(x)\mathrm{d}x}.$$

两边积分，便得通解

$$y\mathrm{e}^{\int P(x)\mathrm{d}x}=\int Q(x)\mathrm{e}^{\int P(x)\mathrm{d}x}\mathrm{d}x+C$$

或
$$y=\mathrm{e}^{-\int P(x)\mathrm{d}x}\left[\int Q(x)\mathrm{e}^{\int P(x)\mathrm{d}x}\mathrm{d}x+C\right].$$

例 6.2.14 用积分因子求$\frac{\mathrm{d}y}{\mathrm{d}x}+2xy=4x$的通解.

解 方程的积分因子为

$$\mu(x)=\mathrm{e}^{\int 2x\mathrm{d}x}=\mathrm{e}^{x^2}.$$

方程两边乘以 e^{x^2} 得

$$y'\mathrm{e}^{x^2}+2x\mathrm{e}^{x^2}y=4x\mathrm{e}^{x^2},$$

即

$$(\mathrm{e}^{x^2}y)'=4x\mathrm{e}^{x^2},$$

于是

$$\mathrm{e}^{x^2}y=\int 4x\mathrm{e}^{x^2}\mathrm{d}x=2\mathrm{e}^{x^2}+C,$$

因此原方程的通解为

$$y=\int 4xe^{x^2}\mathrm{d}x=2+Ce^{-x^2}.$$

习题 6.2

1. 求下列可分离变量微分方程的通解.

(1) $xy'=y\ln y$；

(2) $4y'+x^3+x^2+5=0$；

(3) $(1+x^2)y'=1+y^2$；

(4) $y'-2xy'=y^3$；

(5) $\csc^2 x\cot y\mathrm{d}x-\csc^2 y\cot x\mathrm{d}y=0$；

(6) $\dfrac{\mathrm{d}y}{\mathrm{d}x}=2^{3x+y}$；

(7) $(e^{x+y}+e^x)\mathrm{d}x+(e^{x+y}+e^y)\mathrm{d}y=0$；

(8) $\sin x\cos y\mathrm{d}x+\cos x\sin y\mathrm{d}y=0$；

(9) $y^3\dfrac{\mathrm{d}y}{\mathrm{d}x}+(x+1)^2=0$.

2. 求下列齐次方程的通解.

(1) $xy'-y-2\sqrt{y^2-x^2}=0$；

(2) $3x\dfrac{\mathrm{d}y}{\mathrm{d}x}=y\ln\dfrac{y}{x}$；

(3) $(x^2+y^2)\mathrm{d}x+xy\mathrm{d}y=0$；

(4) $(1+e^{\frac{x}{y}})\mathrm{d}x+e^{\frac{x}{y}}\left(1-\dfrac{x}{y}\right)\mathrm{d}y=0$；

(5) $y'=\dfrac{y}{x}-\dfrac{x}{y}$.

3. 求下列一阶线性微分方程的通解.

(1) $\dfrac{\mathrm{d}y}{\mathrm{d}x}+2y=e^x$；

(2) $xy'+y=x^3+4x-5$；

(3) $y'-y\sin x=e^{\cos x}$；

(4) $\dfrac{\mathrm{d}y}{\mathrm{d}x}+y\tan x=-\sec x$；

(5) $\dfrac{\mathrm{d}y}{\mathrm{d}x}+2y=5$；

(6) $y'\cos x+y\sin x=3\sin x\cos^2 x$;

(7) $(x^2-1)y'+2xy+\sin x=0$;

(8) $(x-\ln y)\mathrm{d}y-y\ln y\mathrm{d}x=0$;

(9) $(x-3)\frac{\mathrm{d}y}{\mathrm{d}x}=y-4(x-3)^2$.

4. 求下列伯努利方程的通解.

(1) $\frac{\mathrm{d}y}{\mathrm{d}x}-y=y^2(\sin x+\cos x)$;

(2) $\frac{\mathrm{d}y}{\mathrm{d}x}+xy=2xy^2$;

(3) $\frac{\mathrm{d}y}{\mathrm{d}x}+2y=(2+3x)y^4$;

(4) $\frac{\mathrm{d}y}{\mathrm{d}x}+2y=xy^5$.

5. 判断下列方程中哪些是全微分方程，并求全微分方程的通解.

(1) $(3x^2+2xy^2)\mathrm{d}x+(2x^2y+y^2)\mathrm{d}y=0$;

(2) $(2xy+y^2)\mathrm{d}x+(x+y)^2\mathrm{d}y=0$;

(3) $\mathrm{e}^y\mathrm{d}x+(x\mathrm{e}^y+y^2)\mathrm{d}y=0$;

(4) $(x\cos y-\cos x)y'+y\sin x+\sin y=0$;

(5) $y(x+2y)\mathrm{d}x-x^2\mathrm{d}y=0$;

(6) $(1+\mathrm{e}^{-2\theta})\mathrm{d}\rho-2\rho\mathrm{e}^{-2\theta}\mathrm{d}\theta=0$;

(7) $(x^2-y^2)\mathrm{d}x+xy\mathrm{d}y=0$.

6. 利用观察法求出下列方程的积分因子，并求其通解.

(1) $(x-y)(\mathrm{d}x+\mathrm{d}y)=\mathrm{d}x-\mathrm{d}y$;

(2) $y\mathrm{d}x-x\mathrm{d}y-xy^2\mathrm{d}x=0$;

(3) $y^3(x-3y)\mathrm{d}x+(1-3xy^3)\mathrm{d}y=0$;

(4) $2x\mathrm{d}x+2y\mathrm{d}y=(x^2+y^2)\mathrm{d}x$;

(5) $(x^2-y^2)\mathrm{d}x+2xy\mathrm{d}y=0$.

6.3 二阶微分方程

二阶及二阶以上的微分方程，称为高阶微分方程．就其解法而言，首先研究可用降阶的方法划归为低阶微分方程的高阶微分方程，并使用已掌握的方法进行求解．其次对于一些特殊类型方程，如方程系数为常数的常系数微分方程的解法进行研究．因物理学和其他工程技术的需要，以及数学数学方法论的可拓展性，本节以二阶微分方程为主要内容进行介绍.

6.3.1 可降阶的二阶微分方程

1. $y''=f(x, y')$型的微分方程

对于

$$y''=f(x, y'), \tag{6.3.1}$$

这类方程的特点是，方程中不显含未知函数 y，所以依据这一特点将其称为“缺 y 型”微分方程．求解这一类方程的思想是，因为 y''是 y'的一阶导数，所以，如果把 y'作为新的未知函数，就可把原方程降阶为一阶微分方程，从而求出 y'，再进行一次积分运算，就可将未知函数 y 求出.

设 $y'=p(x)$，则 $y''=p'$，于是方程化为

$$p'=f(x, p).$$

它为一阶微分方程，设 $p'=f(x, p)$的通解为 $p=\varphi(x, C_1)$，则

$$\frac{\mathrm{d}y}{\mathrm{d}x}=\varphi(x, C_1).$$

原方程的通解为

$$y=\int\varphi(x,C_1)\mathrm{d}x+C_2. \tag{6.3.2}$$

例 6.3.1 求微分方程 $y''=y'+x$ 的通解.

解 所给方程是“缺 y 型”，设 $y'=p(x)$，则 $y''=p'$，将其代入方程

$$p'=p+x.$$

该式为一阶非齐次线性方程，其通解为

$$y=C_1\mathrm{e}^x-\frac{1}{2}x^2-x+C_2.$$

2. $y''=f(y, y')$型的微分方程

对于

$$y''=f(y, y'), \tag{6.3.3}$$

这类方程的特点是方程中不显含未知函数 x，所以依据这一特点将其称为“缺 x 型”微分方

程．这时可做变换 $y'=p(y)$，有

$$y''=\frac{dp}{dx}=\frac{dp}{dy}\cdot\frac{dy}{dx}=p\frac{dp}{dy}. \tag{6.3.4}$$

原方程化为

$$p\frac{dp}{dy}=f(y,\ p). \tag{6.3.5}$$

设方程 $p\frac{dp}{dy}=f(y,\ p)$的通解为 $y'=p=\varphi(y,\ C_1)$，则原方程的通解为

$$\int\frac{dy}{\varphi(y,C_1)}=x+C_2. \tag{6.3.6}$$

注意：此时 y'不能假设为 $p(x)$，因为原方程是不显含自变量 x 的．如果假设为 $p(x)$，则在新得的方程中会同时出现 p，x，y 三个变量，进而不能求解出未知函数，所以此处的 $y'=p(y)$必须注意.

例 6.3.2 求微分 $y''=(y')^2$ 的通解.

解 该方程既可以看作“缺 x 型”，也可看作“缺 y 型”.

(解法 1)首先将其看作“缺 x 型”．设 $y'=p(y)$，则

$$y''=\frac{dp}{dy}\cdot\frac{dy}{dx}=p'\cdot p.$$

原方程化为

$$pp'=p^2.$$

当 $p\neq 0$ 时，约分得

$$\frac{dp}{dy}=p.$$

上式为可分离变量方程，分离变量得

$$\frac{dp}{p}=dy.$$

两边积分得

$$\ln|p|=y+C_1,$$

即

$$p=C_1e^y.$$

又因为

$$\frac{dy}{dx}=p(y)=C_1e^y,$$

所以

$$e^{-y}dy=C_1dx,$$

求得

$$y=-\ln(-C_1x+C_2).$$

当 $p=0$ 时，$y=C$，包含在通解之中，所以微分方程通解为 $y=-\ln(-C_1x+C_2)$.

（解法 2） 将其视为"缺 y 型".

令 $y'=p(x)$，则 $y''=p'$. 原方程化为 $p'=p^2$，分离变量得

$$p^{-2}\mathrm{d}p=\mathrm{d}x,$$

解得

$$p=\frac{1}{-x+C_1}.$$

以 $y'=p(x)$代入上式得

$$\frac{\mathrm{d}y}{\mathrm{d}x}=\frac{1}{-x+C_1},$$

所以

$$\mathrm{d}y=\frac{1}{C_1-x}\mathrm{d}x.$$

原方程通解为 $y=-\ln(C_1-x)+C_2$，通过变换，它与解法一的结果一致.

6.3.2 二阶线性微分方程解的结构

二阶线性微分方程的一般形式为

$$y''+P(x)y'+Q(x)y=f(x).\tag{6.3.7}$$

若方程右端 $f(x)=0$ 时，方程称为齐次的，否则称为非齐次的 .

1. 二阶齐次线性方程解的结构

先讨论二阶齐次线性方程

$$y''+P(x)y'+Q(x)y=0,\tag{6.3.8}$$

即

$$\frac{\mathrm{d}^2y}{\mathrm{d}x^2}+P(x)\frac{\mathrm{d}y}{\mathrm{d}x}+Q(x)y=0.$$

定理 6.3.1 如果函数 $y_1(x)$与 $y_2(x)$是方程

$$y''+P(x)y'+Q(x)y=0$$

的两个解，那么

$$y=C_1y_1(x)+C_2y_2(x)\tag{6.3.9}$$

也是方程的解,其中 C_1，C_2 是任意常数.

证明 对给定的 y 进行求一阶导数及二阶导数.

$$(C_1y_1+C_2y_2)'=C_1y'_1+C_2y'_2.$$

$$(C_1y_1+C_2y_2)''=C_1y''_1+C_2y''_2.$$

因为 y_1 与 y_2 是方程 $y''+P(x)y'+Q(x)y=0$ 的解，所以有

$$y_1''+P(x)y_1'+Q(x)y_1=0 \text{ 及 } y_2''+P(x)y_2'+Q(x)y_2=0,$$

从而

$$\begin{aligned}&(C_1y_1+C_2y_2)''+P(x)\cdot(C_1y_1+C_2y_2)'+Q(x)\cdot(C_1y_1+C_2y_2)\\&=C_1[y_1''+P(x)y_1'+Q(x)y_1]+C_2[y_2''+P(x)y_2'+Q(x)y_2]\\&=0+0=0.\end{aligned}$$

这就证明了 $y=C_1y_1(x)+C_2y_2(x)$ 也是方程 $y''+P(x)y'+Q(x)y=0$ 的解.

定理 6.3.1 表明，齐次线性方程的解符合线性叠加原理，并且定理 6.3.1 的结论只是指出 y 是原方程的解，而通常我们是要求解出方程的通解．为求出微分方程的通解，下面介绍函数的线性相关与线性无关的概念.

设 $y_1(x)$，$y_2(x)$，…，$y_n(x)$为定义在区间 I 上的 n 个函数，如果存在 n 个不全为零的常数 k_1，k_2，…，k_n，使得当 $x\in I$ 时有恒等式

$$k_1y_1(x)+k_2y_2(x)+\cdots+k_ny_n(x)=0 \tag{6.3.10}$$

成立，那么称这 n 个函数在区间 I 上**线性相关**；否则称为**线性无关**．式(6.3.10)称为 $y_1(x)$，$y_2(x)$，…，$y_n(x)$的**线性组合**.

对于两个函数，它们线性相关与否，只要看它们的比是否为常数．如果比为常数，那么它们就线性相关，否则就线性无关.

例如，函数 1，$\tan^2(x)$，$\sec^2(x)$在整个数轴上是线性相关的．因为取 $k_1=k_2=1$，$k_3=-1$时，$1+\tan^2x-\sec^2x=0$.

函数 1，x，x^2 在任何区间(a, b)内是线性无关的.

对于两个函数，它们线性相关与否，只要看它们的比是否为常数，如果比为常数，那么它们就线性相关，否则就线性无关.

定理 6.3.2 如果函数 $y_1(x)$与 $y_2(x)$是方程

$$y''+P(x)y'+Q(x)y=0$$

的两个线性无关的解，那么

$$y=C_1y_1(x)+C_2y_2(x)\text{（}C_1\text{、}C_2\text{ 是任意常数）}$$

是方程的通解.

定理 6.3.2 指出，对于二阶微分方程，我们只需找到该方程两个线性无关的解，其线性组合就是原方程的通解.

例 6.3.3 验证 $y_1=\cos x$ 与 $y_2=\sin x$ 是方程 $y''+y=0$ 的线性无关解，并写出其通解.

解 因为

$$y''_1+y_1=-\cos x+\cos x=0,$$
$$y''_2+y_2=-\sin x+\sin x=0,$$

所以 $y_1=\cos x$ 与 $y_2=\sin x$ 都是方程的解.

因为对于任意两个常数 k_1，k_2，要使

$$k_1\cos x+k_2\sin x=0,$$

只有 $k_1+k_2=0$，所以 $\cos x$ 与 $\sin x$ 在$(-\infty,+\infty)$内是线性无关的.

因此 $y_1=\cos x$ 与 $y_2=\sin x$ 是方程 $y''+y=0$ 的线性无关解.

方程的通解为

$$y=C_1\cos x+C_2\sin x.$$

例 6.3.4　验证 $y_1=x$ 与 $y_2=\mathrm{e}^x$ 是方程$(x-1)y''-xy'+y=0$ 的线性无关解，并写出其通解.

解　因为

$$(x-1)y_1''-xy_1'+y_1=0-x+x=0,$$

$$(x-1)y_2''-xy_2'+y_2=(x-1)\mathrm{e}^x-x\mathrm{e}^x+\mathrm{e}^x=0,$$

所以 $y_1=x$ 与 $y_2=\mathrm{e}^x$ 都是方程的解.

因为比值$\frac{\mathrm{e}^x}{x}$不恒为常数，所以 $y_1=x$ 与 $y_2=\mathrm{e}^x$ 在$(-\infty,+\infty)$内是线性无关的.

因此 $y_1=x$ 与 $y_2=\mathrm{e}^x$ 是方程$(x-1)y''-xy'+y=0$ 的线性无关解.

方程的通解为

$$y=C_1x+C_2\mathrm{e}^x.$$

推论 6.3.1　如果 $y_1(x)$，$y_2(x)$，…，$y_n(x)$是方程

$$y_1^{(n)}+a_1(x)y^{n-1}+\cdots+a_{n-1}(x)y'+a_n(x)y=0$$

的 n 个线性无关的解，那么，此方程的通解为

$$y=C_1y_1(x)+C_2y_2(x)+\cdots+C_ny_n(x),$$

其中，C_1，C_2，…，C_n 为任意常数.

2. 二阶非齐次线性方程解的结构

二阶非齐次线性方程为

$$y''+P(x)y'+Q(x)y=f(x) \tag{6.3.11}$$

即

$$\frac{\mathrm{d}^2y}{\mathrm{d}x^2}+P(x)\frac{\mathrm{d}y}{\mathrm{d}x}+Q(x)y=f(x),$$

我们把方程

$$y''+P(x)y'+Q(x)y=0$$

叫做非齐次方程对应的齐次方程.

定理 6.3.3　设 $y^*(x)$是二阶非齐次线性方程

$$y''+P(x)y'+Q(x)y=f(x)$$

的一个特解，$Y(x)$是对应的齐次方程的通解，那么

$$y=Y(x)+y^*(x)$$

是二阶非齐次线性微分方程的通解.

证明略.

例如，$Y=C_1\cos x+C_2\sin x$ 是齐次方程 $y''+y=0$ 的通解，$y^*=x^2-2$ 是 $y''+y=x^2$ 的一个特解，因此

$$y_1=C_1\cos x+C_2\sin x+x^2-2$$

是方程 $y''+y=x^2$ 的通解.

定理 6.3.4　设非齐次线性微分方程 $y''+P(x)y'+Q(x)y=f(x)$ 的右端是 $f(x)$ 几个函数之和，如

$$y''+P(x)y'+Q(x)y=f_1(x)+f_2(x),$$

而 $y_1^*(x)$ 与 $y_2^*(x)$ 分别是方程

$$y''+P(x)y'+Q(x)y=f_1(x) \text{ 与 } y''+P(x)y'+Q(x)y=f_2(x)$$

的特解，那么 $y_1^*(x)+y_2^*(x)$ 就是原方程的特解.

证明略.

例如，$y_1^*(x)=\dfrac{1}{4}xe^x$ 是 $y''+2y'-3y=e^x$ 的特解，$y_2^*(x)=\dfrac{1}{21}e^{4x}$ 是 $y''+2y'-3y=e^{4x}$ 的特解，则 $y_1^*(x)+y_2^*(x)=\dfrac{1}{4}xe^x+\dfrac{1}{21}e^{4x}$ 是 $y''+2y'-3y=e^x+e^{4x}$ 的特解.

6.3.3　二阶常系数线性微分方程

1. 二阶常系数齐次线性微分方程

形如

$$y''+py'+qy=0 \tag{6.3.12}$$

的方程，称为二阶常系数齐次线性微分方程，其中 p，q 均为常数.

由定理 6.3.2 可知，如果 y_1，y_1 是二阶常系数齐次线性微分方程的两个线性无关解，那么 $y=C_1y_1+C_2y_2$ 就是它的通解.

在寻找两个线性无关解之前先思考满足式(6.3.12)的解的形式，因为当 r 为常数时，指数函数 $y=e^{rx}$ 和它的各阶导数都只相差一个常数因子．由于指数函数的这个特点，因此用 $y=e^{rx}$ 来尝试，看能否选取到适当的常数 r，使其满足二阶常系数齐次线性微分方程，为此将 $y=e^{rx}$ 代入方程

$$y''+py'+qy=0,$$

得

$$(r^2+pr+q)e^{rx}=0.$$

由此可见，只要 r 满足代数方程 $r^2+pr+q=0$，函数 $y=e^{rx}$ 就是微分方程的解．这一过程巧妙地将求解常系数线性微分方程转化为求解代数方程．我们将方程 $r^2+pr+q=0$ 叫做微分方程 $y''+py'+qy=0$ 的特征方程．特征方程是一个一元二次代数方程，其中 r^2，r 的系数

及常数项恰好是微分方程中 y''，y'及 y 的系数.

特征方程的两个根 r_1，r_2 可用公式

$$r_{1,2}=\frac{-p\pm\sqrt{p^2-4q}}{2}$$

求出，称其为**特征根**. 它们有三种不同的情形：

(1) 当 $p^2-4q>0$ 时，r_1，r_2 是两个相异的实根：

$$r_1=\frac{-p+\sqrt{p^2-4q}}{2},\ r_2=\frac{-p-\sqrt{p^2-4q}}{2}.$$

(2) 当 $p^2-4q=0$ 时，r_1，r_2 是两个相等的实根：

$$r_1=r_2=-\frac{p}{2}.$$

(3) 当 $p^2-4q<0$ 时，r_1，r_2 是一对共轭实根：

$$r_1=\alpha+\mathrm{i}\beta,\ r_2=\alpha-\mathrm{i}\beta.$$

其中，

$$\alpha=-\frac{p}{2},\ \beta=\frac{\sqrt{4q-p^2}}{2}.$$

对应于上述代数方程解的三种情况，微分方程的通解也有三种不同的情形：

(1) 特征方程有两个不相等的实根 r_1，r_2 时，函数 $y_1=\mathrm{e}^{r_1x}$，$y_2=\mathrm{e}^{r_2x}$是方程的两个线性无关的解. 这是因为，函数 $y_1=\mathrm{e}^{r_1x}$，$y_2=\mathrm{e}^{r_2x}$是方程的解，又$\frac{y_1}{y_2}=\frac{\mathrm{e}^{r_1x}}{\mathrm{e}^{r_2x}}=\mathrm{e}^{(r_1-r_2)x}$不是常数. 因此方程的通解为

$$y=C_1\mathrm{e}^{r_1x}+C_2\mathrm{e}^{r_2x}. \tag{6.3.13}$$

(2) 特征方程有两个相等的实根 $r_1=r_2$ 时，函数 $y_1=\mathrm{e}^{r_1x}$，$y_2=x\mathrm{e}^{r_1x}$是二阶常系数齐次线性微分方程的两个线性无关的解. 这是因为，$y_1=\mathrm{e}^{r_1x}$是方程的解，又

$$\begin{aligned}&(x\mathrm{e}^{r_1x})''+p(x\mathrm{e}^{r_1x})'+q(x\mathrm{e}^{r_1x})\\&=(2r_1+xr_1^2)\mathrm{e}^{r_1x}+p(1+xr_1)\mathrm{e}^{r_1x}+qx\mathrm{e}^{r_1x}\\&=\mathrm{e}^{r_1x}(2r_1+p)+x\mathrm{e}^{r_1x}(r_1^2+pr_1+q)\\&=0,\end{aligned}$$

所以 $y_2=x\mathrm{e}^{r_1x}$也是方程的解，且$\frac{y_2}{y_1}=\frac{x\mathrm{e}^{r_1x}}{\mathrm{e}^{r_1x}}=x$ 不是常数.

因此方程的通解为

$$y=C_1\mathrm{e}^{r_1x}+C_2x\mathrm{e}^{r_1x}. \tag{6.3.14}$$

(3) 特征方程有一对共轭复根 r_1，$r_2=\alpha\pm\mathrm{i}\beta$ 时，函数 $y=\mathrm{e}^{(\alpha+\mathrm{i}\beta)x}$，$y=\mathrm{e}^{(\alpha-\mathrm{i}\beta)x}$是微分方程的两个线性无关的复数形式的解；函数 $y=\mathrm{e}^{\alpha x}\cos\beta x$，$y=\mathrm{e}^{\alpha x}\sin\beta x$ 是微分方程的两个线性无关的实数形式的解.

函数 $y_1=e^{(\alpha+i\beta)x}$ 和 $y_2=e^{(\alpha-i\beta)x}$ 都是方程的解，而由欧拉公式，得

$$y_1=e^{(\alpha+i\beta)x}=e^{\alpha x}(\cos\beta x+i\sin\beta x),$$

$$y_2=e^{(\alpha-i\beta)x}=e^{\alpha x}(\cos\beta x-i\sin\beta x),$$

$$y_1+y_2=2e^{\alpha x}\cos\beta x,\quad e^{\alpha x}\cos\beta x=\frac{1}{2}(y_1+y_2),$$

$$y_1-y_2=2ie^{\alpha x}\sin\beta x,\quad e^{\alpha x}\sin\beta x=\frac{1}{2i}(y_1-y_2).$$

故 $y_1=e^{\alpha x}\cos\beta x$，$y_2=e^{\alpha x}\sin\beta x$ 也是方程解.

可以验证，$y_1=e^{\alpha x}\cos\beta x$，$y_2=e^{\alpha x}\sin\beta x$ 是方程的线性无关解.

因此方程的通解为

$$y=e^{\alpha x}(C_1\cos\beta x+C_2\sin\beta x). \tag{6.3.15}$$

综上所述，求二阶常系数齐次线性微分方程 $y''+py'+qy=0$ 的通解的步骤为：

第一步　写出微分方程的特征方程

$$r^2+pr+q=0.$$

第二步　求出特征方程的两个根 r_1，r_2.

第三步　根据特征方程的两个根的不同情况，写出微分方程的通解.

例 6.3.5　求微分方程 $y''-5y'+6y=0$ 的通解.

解　所给微分方程的特征方程为

$$r^2-5r+6=0,$$

即

$$(r-2)(r-3)=0.$$

其根 $r_1=2$，$r_2=3$ 是两个不相等的实根，因此所求通解为

$$y=C_1e^{2x}+C_2e^{3x}.$$

例 6.3.6　求方程 $y''+2y'+y=0$ 满足初始条件 $y|_{x=0}=4$，$y'|_{x=0}=-2$的特解.

解　所给方程的特征方程为

$$r^2+2r+1=0,$$

即

$$(r+1)^2=0.$$

其根 $r_1=r_2=-1$ 是两个相等的实根，因此所给微分方程的通解为

$$y=(C_1+C_2x)e^{-x}.$$

将条件 $y|_{x=0}=4$代入通解，得 $C_1=4$，从而

$$y=(4+C_2x)e^{-x}.$$

将上式对 x 求导，得

$$y'=(C_2-4-C_2x)e^{-x}.$$

再把条件 $y'|_{x=0}=-2$，代入上式，得 $C_2=2$，于是所求特解为

$$y=(4+2x)e^{-x}.$$

例 6.3.7 求微分方程 $y''-4y'+7y=0$ 的通解.

解 所给方程的特征方程为

$$r^2-4r+7=0.$$

特征方程的根 $r_1=2+\sqrt{3}i$，$r_1=2-\sqrt{3}i$ 是一对共轭复根，因此所求通解为

$$y=e^{2x}(C_1\cos\sqrt{3}x+C_2\sin\sqrt{3}x).$$

二阶常系数齐次线性微分方程所用的方法以及方程的通解形式，可推广到 n 阶常系数齐次线性微分方程上去，简述如下：

对于形如

$$y^{(n)}+p_1y^{(n-1)}+p_2y^{(n-2)}+\cdots+p_{n-1}y'+p_ny=0 \tag{6.3.16}$$

的方程，称为 **n 阶常系数齐次线性微分方程**，其中 p_1，p_2，…，$p_{(n-1)}$，p_n 都是常数.

引入微分算子 D 及微分算子的 n 次多项式

$$L(D)=D^n+p_1D^{n-1}+p_2D^{n-2}+\cdots+p_{n-1}D+p_n,$$

则 n 阶常系数齐次线性微分方程可记作

$$(D^n+p_1D^{n-1}+p_2D^{n-2}+\cdots+p_{n-1}D+p_n)y=0 \text{ 或 } L(D)y=0.$$

注：D 叫做微分算子，$D^0y=y$，$Dy=y'$，$D^2y=y''$，$D^3y=y'''$，…，$D^ny=y^{(n)}$.

分析：令 $y=e^{rx}$，则

$$L(D)y=L(D)e^{rx}=(r^n+p_1r^{n-1}+p_2r^{n-2}+\cdots+p_{n-1}r+p_n)e^{rx}=L(r)e^{rx},$$

因此如果 r 是多项式 $L(r)$ 的根，则 $y=e^{rx}$ 是微分方程 $L(D)y=0$ 的解.

n 阶常系数齐次线性微分方程的特征方程

$$L(r)=r^n+p_1r^{n-1}+p_2r^{n-2}+\cdots+p_{n-1}r+p_n=0 \tag{6.3.17}$$

称为微分方程 $L(D)y=0$ 的**特征方程**.

特征方程的根与通解中项的对应关系如下：

(1) 单实根 r 对应于一项：Ce^{rx}.

(2) 一对单复根 $r_{1,2}=\pm(\alpha+i\beta)$，对应于两项：$e^{\alpha x}(C_1\cos\beta x+C_2\sin\beta x)$.

(3) k 重实根 r 对应于 k 项：$e^{rx}(C_1+C_2x+\cdots+C_kx^{k-1})$.

(4) 一对 k 重复根 $r_{1,2}=\pm\alpha+i\beta$ 对应于 $2k$ 项

$$e^{rx}[(C_1+C_2x+\cdots+C_kx^{k-1})\cos\beta x+(D_1+D_2x+\cdots+D_kx^{k-1})\sin\beta x].$$

例 6.3.8 求方程 $y^{(5)}-2y^{(4)}+y'''-2y''=0$ 的通解.

解 这里的特征方程为

$$r^5-2r^4+r^3-2r^2=0,$$

即

$$r^2(r^2+1)(r-2)=0.$$

它的根是 $r_1=r_2=0$ 和 $r_{3,4}=\pm i$，$r_5=2$. 因此所给微分方程的通解为

$$y=C_1+C_2x+C_3\cos x+C_4\sin x+C_5\mathrm{e}^{2x}.$$

例 6.3.9 求方程 $y^{(4)}+\beta^4y=0$ 的通解，其中 $\beta>0$.

解 这里的特征方程为

$$r^4+\beta^4=0.$$

它的根为

$$r_{1,2}=\frac{\beta}{\sqrt{2}}(1\pm\mathrm{i}),\quad r_{3,4}=-\frac{\beta}{\sqrt{2}}(1\pm\mathrm{i}).$$

因此所给微分方程的通解为

$$y=\mathrm{e}^{\frac{\beta}{\sqrt{2}}x}\left(C_1\cos\frac{\beta}{\sqrt{2}}x+C_2\sin\frac{\beta}{\sqrt{2}}x\right)+\mathrm{e}^{-\frac{\beta}{\sqrt{2}}x}\left(C_3\cos\frac{\beta}{\sqrt{2}}x+C_4\sin\frac{\beta}{\sqrt{2}}x\right).$$

2. 二阶常系数非齐次线性微分方程

形如

$$y''+py'+qy=f(x) \tag{6.3.18}$$

的方程，称为二阶常系数非齐次线性微分方程，其中 p，q 是常数.

二阶常系数非齐次线性微分方程的通解是对应的齐次方程的通解 $Y(x)$ 与非齐次方程本身的一个特解 $y^*(x)$ 之和，$y=Y(x)+y^*(x)$.

对于对应的齐次方程的通解之前已经掌握，下面仅介绍当 $f(x)$ 为两种特殊形式时，方程的特解的求法.

(1) $f(x)=P_m(x)\mathrm{e}^{\lambda x}$ 型

当 $f(x)=P_m(x)\mathrm{e}^{\lambda x}$ 时，可以猜想，方程的特解也应具有这种形式. 因此，设特解形式为

$$y^*(x)=Q(x)\mathrm{e}^{\lambda x}.$$

其中 $Q(x)$ 为多项式，对于一个多项式要确定其阶数及各项系数，将其代入方程，得等式

$$Q''(x)+(2\lambda+p)Q'(x)+(\lambda^2+p\lambda+q)Q(x)=P_m(x).$$

第一种情形 如果 λ 不是特征方程 $r^2+pr+q=0$ 的根，则 $\lambda^2+p\lambda+q\neq0$，而对于多项式 $Q(x)$ 的导数，其幂次均比 $Q(x)$ 低，左端最高次幂项在 $Q(x)$ 中，要使等式成立，$Q(x)$ 次数应与 $P_m(x)$ 一致，即应设为 m 次多项式

$$Q_m(x)=b_0x^m+b_1x^{m-1}+\cdots+b_{m-1}x+b_m.$$

通过比较等式两边同次项系数，可确定 b_1，b_2，…，b_m 并得所求特解

$$y^*=Q_m(x)\mathrm{e}^{\lambda x}. \tag{6.3.19}$$

第二种情形 如果 λ 是特征方程 $r^2+pr+q=0$ 的单根，则 $\lambda^2+p\lambda+q=0$，但 $2\lambda+p\neq0$，左端最高次幂项在 $Q'(x)$ 中，要使等式

$$Q''(x)+(2\lambda+p)Q'(x)+(\lambda^2+p\lambda+q)Q(x)=P_m(x)$$

成立，$Q(x)$ 应设为 $m+1$ 次多项式，即

$$Q(x)=xQ_m(x),$$

$$Q_m(x)=b_0x^m+b_1x^{m-1}+\cdots+b_{m-1}x+b_m.$$

通过比较等式两边同次项系数，可确定 b_0，b_1，b_2，…，b_m，并得所求特解

$$y^*=xQ_m(x)e^{\lambda x}. \tag{6.3.20}$$

第三种情形 如果 λ 是特征方程 $r^2+pr+q=0$ 的二重根，则 $\lambda^2+p\lambda+q=0$，$2\lambda+p=0$，左端最高次幂项在 $Q''(x)$中，要使等式

$$Q''(x)+(2\lambda+p)Q'(x)+(\lambda^2+p\lambda+q)Q(x)=P_m(x)$$

成立，$Q(x)$应设为 $m+2$ 次多项式，即

$$Q(x)=x^2Q_m(x),$$

$$Q_m(x)=b_0x^m+b_1x^{m-1}+\cdots+b_{m-1}x+b_m.$$

通过比较等式两边同次项系数，可确定 b_0，b_1，b_2，…，b_m，并得所求特解

$$y^*=x^2Q_m(x)e^{\lambda x}. \tag{6.3.21}$$

综上所述，我们有如下结论：如果 $f(x)=P_m(x)e^{\lambda x}$，则二阶常系数非齐次线性微分方程 $y''+py'+qy=f(x)$有形如

$$y^*=x^kQ_m(x)e^{\lambda x} \tag{6.3.22}$$

的特解，其中 $Q_m(x)$是与 $P_m(x)$同次的多项式，而 k 按 λ 不是特征方程的根，是特征方程的单根或是特征方程的的重根，依次取为 0、1 或 2. 上述结论推广到 n 阶常系数非齐次线性微分方程，k 与 λ 的重根次数一致.

例 6.3.10 求微分方程 $y''+5y'+6y=4x+1$ 的一个特解.

解 这是二阶常系数非齐次线性微分方程，且函数 $f(x)$是 $P_m(x)e^{\lambda x}$ 型，其中 $P_m(x)=4x+1$，$\lambda=0$.

与所给方程对应的齐次方程为

$$y''+5y'+6y=0.$$

它的特征方程为

$$r^2+5r+6=0.$$

由于这里 $\lambda=0$ 不是特征方程的根，所以应设特解为

$$y^*=b_0x+b_1.$$

把它代入所给方程，得

$$6b_0x+5b_0+6b_1=4x+1.$$

比较两端 x 同次幂的系数，得

$$\begin{cases}6b_0=4,\\5b_0+6b_1=1.\end{cases}$$

由此求得 $b_0=\frac{2}{3}$，$b_1=-\frac{7}{18}$，于是求得所给方程的一个特解为

$$y^*=\frac{2}{3}x-\frac{7}{18}.$$

例 6.3.11 求微分方程 $y''-5y'+6y=xe^{3x}$ 的通解.

解 所给方程是二阶常系数非齐次线性微分方程，且 $f(x)$ 是 $P_m(x)e^{\lambda x}$ 型，其中 $P_m(x)=x$，$\lambda=2$. 所给方程对应的齐次方程为

$$y''-5y'+6y=0.$$

它的特征方程为

$$r^2-5r+6=0.$$

特征方程有两个实根 $r_1=2$，$r_2=3$，于是所给方程对应的齐次方程的通解为

$$Y=C_1e^{2x}+C_2e^{3x}.$$

由于 $\lambda=3$ 是特征方程的单根，所以应设方程的特解为

$$y^*=x(b_0x+b_1)e^{3x}.$$

把它代入所给方程，得

$$2b_0x+2b_0+b_1=x.$$

比较两端 x 同次幂的系数,得

$$\begin{cases}2b_0=1,\\2b_0+b_1=0.\end{cases}$$

由此求得 $b_0=\frac{1}{2}$，$b_1=-1$，于是求得所给方程的一个特解为

$$y^*=x\left(\frac{1}{2}x-1\right)e^{3x}.$$

从而所给方程的通解为

$$y=C_1e^{2x}+C_2e^{3x}+x\left(\frac{1}{2}x-1\right)e^{3x}.$$

(2) $f(x)=e^{\lambda x}[P_1(x)\cos\omega x+P_n(x)\sin\omega x]$的特解形式

应用欧拉公式可得：

$$\cos\theta=\frac{1}{2}(e^{i\theta}+e^{-i\theta})；\sin\theta=\frac{1}{2i}(e^{i\theta}-e^{-i\theta}).$$

$$\begin{aligned}&e^{\lambda x}[P_1(x)\cos\omega x+P_n(x)\sin\omega x]\\&=e^{\lambda x}\left[P_l(x)\frac{e^{i\omega x}+e^{-i\omega x}}{2}+P_n(x)\frac{e^{i\omega x}-e^{-i\omega x}}{2i}\right]\\&=\frac{1}{2}[P_l(x)-iP_n(x)]e^{(\lambda+i\omega)x}+\frac{1}{2}[P_l(x)+iP_n(x)]e^{(\lambda-i\omega)x}\\&=P(x)e^{(\lambda+i\omega)x}+\bar{P}(x)e^{(\lambda-i\omega)x}.\end{aligned}$$

其中，$P(x)=\frac{1}{2}(P_l-P_n i)$，$\bar{P}(x)=\frac{1}{2}(P_l+P_n i)$，是互成共轭的 m 次多项式，$m=\max\{l, n\}$.

设方程 $y''+py'+qy=P(x)e^{(\lambda+i\omega)x}$ 的特解为 $y^*=x^kQ_m(x)e^{(\lambda+i\omega)x}$，$y_1^*=x^kQ_m(x)e^{(\lambda+i\omega)x}$.

则 $\bar{y}_1^* = x^k\bar{Q}_m(x)\mathrm{e}^{(\lambda-\mathrm{i}\omega)}$ 必是方程 $y''+py'+qy=\bar{P}(x)\mathrm{e}^{(\lambda-\mathrm{i}\omega)}$ 的特解，其中 k 按 $\lambda\pm\mathrm{i}\omega$ 不是特征方程的根或是特征方程的根依次取 0 或 1.

于是根据定理 6.3.4，方程 $y''+py'+qy=\mathrm{e}^{\lambda x}[P_1(x)\cos\omega x+P_n(x)\sin\omega x]$ 的特解为

$$\begin{aligned} y^* &= x^kQ_m(x)\mathrm{e}^{(\lambda+\mathrm{i}\omega)x}+x^k\bar{Q}_m(x)\mathrm{e}^{(\lambda-\mathrm{i}\omega)x} \\ &= x^k\mathrm{e}^{\lambda x}[Q_m(x)(\cos\omega x+\mathrm{i}\sin\omega x)+\bar{Q}_m(x)(\cos\omega x-\mathrm{i}\sin\omega x)] \\ &= x^k\mathrm{e}^{\lambda x}[R_m^{(1)}(x)\cos\omega x + R_m^{(2)}(x)\sin\omega x]. \end{aligned}$$

综上所述，我们有如下结论.

如果 $f(x)=\mathrm{e}^{\lambda x}[P_1(x)\cos\omega x+P_n(x)\sin\omega x]$，则二阶常系数非齐次线性微分方程

$$y''+py'+qy=f(x)$$

的特解可设为

$$y^* = x^k\mathrm{e}^{\lambda x}[R_m^{(1)}(x)\cos\omega x + R_m^{(2)}(x)\sin\omega x]. \tag{6.3.23}$$

其中 $R_m^{(1)}(x)$，$R_m^{(2)}(x)$)是 m 次多项式 $m=\max\{l, n\}$，而 k 按 $\lambda+\mathrm{i}\omega$(或 $\lambda-\mathrm{i}\omega$)不是特征方程的根或是特征方程的单根依次取 0 或 1.

例 6.3.12 求微分方程 $y''-2y'+2y=x\cos x\mathrm{e}^x$ 的一个通解.

解 所给方程是二阶常系数非齐次线性微分方程，且 $f(x)$属于 $\mathrm{e}^{\lambda x}[P_l(x)\cos\omega x+P_n(x)\sin\omega x]$(其中 $\lambda=1$，$\omega=1$，$P_l(x)=x$，$P_n(x)=0$). 与所给方程对应的齐次方程为

$$y''-2y'+2y=0.$$

它的特征方程为

$$r^2-2r+2=0.$$

由于这里 $r=1\pm\mathrm{i}$，所以对应齐次方程的通解为

$$Y(x)=\mathrm{e}^x(C_1\cos x+C_2\sin x).$$

因为 $\lambda\pm\mathrm{i}\omega=1\pm\mathrm{i}$ 是特征根，所以非齐次方程的特解可假设为

$$y^* = x\mathrm{e}^x[(a_0+a_1x)\cos x+(b_0+b_1x)\sin x].$$

把它代入所给方程，得比较两端同类项的系数，得

$$a_0=\frac{1}{4}，a_1=0，b_0=0，b_1=\frac{1}{4}.$$

于是求得一个特解为 $y^* = \frac{1}{4}x(x\sin x+\cos x)\mathrm{e}^x$.

习题 6.3

1. 求下列可降阶的二阶微分方程的通解：

(1) $y''=x^2+\cos x$；

(2) $y''=x^2\mathrm{e}^{3x}$；

(3) $y''=\frac{2}{1+x^2}$；

(4) $y''=y'+2x$；

(5) $xy''-y'=0$；

(6) $y''=2+(y')^2$；

(7) $yy''+y'^2=0$；

(8) $y''-(y')^2=0$.

2. 求下列可降阶的二阶微分方程满足所给初始条件的特解：

(1) $y''+(y')^2=1$，$y|_{x=0}=0$，$y'|_{x=0}=0$；

(2) $y^3y''+1=0$，$y|_{x=1}=1$，$y'|_{x=1}=0$.

3. 验证 $y_1=\cos 3x$ 与 $y_2=\sin 3x$ 都是方程 $y''+9y=0$ 的解，并写出该方程的通解.

4. 验证 $y_1=\arcsin e^x$ 与 $y_2=\arcsin 2e^x$ 都是方程 $y''=(y')^3+y'$的解，并写出该方程的通解 .

5. 验证：

(1) $y=\frac{1}{x}(C_1e^x+C_2e^{-x})$($C_1$，$C_2$ 为任意常数)是方程 $xy''+2y'-xy=0$ 的通解；

(2) $y=C_1e^x+C_2e^{2x}+\frac{1}{12}e^{5x}$($C_1$，$C_2$ 为任意常数)是方程 $y''-3y'+2y=e^{5x}$的通解；

(3) $y=C_1\cos x+C_2\sin x+e^{2x}$($C_1$，$C_2$ 为任意常数)是方程 $y''+y=5e^{2x}$的通解；

(4) $y=C_1x^2+C_2x^2\ln x+\sin 2x$($C_1$，$C_2$ 为任意常数)是方程 $x^2y''-3xy'+4y=-4x^2\sin 2x-6x\cos 2x+4\sin 2x$ 的通解.

6. 求下列常系数齐次线性微分方程的通解：

(1) $y''-3y'+2y=0$；

(2) $y''-2y'=0$；

(3) $y''+y=0$；

(4) $y''+2y'+5y=0$；

(5) $y''-2y'+y=0$；

(6) $y^{(4)}-y=0$；

(7) $y^{(4)}+4y''+4y=0$；

(8) $y^{(4)}-2y'''+y''=0$；

(9) $y^{(4)}+4y''-5y=0$；

(10) $y^{(4)}+2y'''+2y''=0$.

7. 求下列二阶常系数非齐次线性微分方程的通解：

(1) $y''+y'-2y=e^{2x}$；

(2) $y''+4y=e^x$；

(3) $2y''+y'=3x^2-x+2$；

(4) $y''+4y'+3y=xe^{-x}$；

(5) $y''-2y'+2y=e^{x}\sin x$；

(6) $y''-4y'+4y=e^{3x}(2x+1)$；

(7) $y''+3y'+2y=5x-1$；

(8) $y''+9y=x\cos 2x$；

(9) $y''+2y=e^{x}+\sin x$；

(10) $y''-y=\cos^{2}x$.

6.4 总习题

1. 填空题

(1) $x^4y'''+x^2(y')^2+4xy^4=\sin x$ 是________阶微分方程；

(2) 一阶线性微分方程 $y'+P(x)y=Q(x)$ 的通解为________；

(3) 已知 $y=x$，$y=x^3$ 是某二阶齐次线性微分方程的两个解，则该方程的通解为______；

(4) 已知 $y=x$，$y=\sin x$，$y=1$ 是某二阶非齐次线性微分方程的三个解，则该方程的通解为______.

2. 求以下列各式所表示的函数为通解的微分方程：

(1) $(x+C)^2+2y^2=3$(其中 C 为任意常数)；

(2) $y=C_1\mathrm{e}^{-x}+C_2\mathrm{e}^{3x}$(其中 C_1，C_2 为任意常数).

3. 求下列微分方程的通解：

(1) $(y^2-1)\mathrm{d}x+(x^2-4x)\mathrm{d}y=0$；

(2) $(x^2+2xy-y^2)\mathrm{d}x+(y^2+2xy-x^2)\mathrm{d}y=0$；

(3) $(y^3+x)\dfrac{\mathrm{d}y}{\mathrm{d}x}+y=0$；

(4) $x\mathrm{d}y+[y+3xy^3(1+\ln x)]\mathrm{d}x=0$；

(5) $(x^2+2y)\mathrm{d}x+2x\mathrm{d}y=0$；

(6) $2y\mathrm{d}x-3xy^2\mathrm{d}x-x\mathrm{d}y=0$.

4. 求下列微分方程满足所给初始条件的特解：

(1) $\sin y\mathrm{d}x+(1+\mathrm{e}^{-x})\cos y\mathrm{d}y=0$，$y|_{x=0}=\dfrac{\pi}{4}$；

(2) $(1+\mathrm{e}^{\frac{x}{y}})\mathrm{d}x+\mathrm{e}^{\frac{x}{y}}\left(1-\dfrac{x}{y}\right)\mathrm{d}y=0$，$y|_{x=0}=1$；

(3) $\dfrac{\mathrm{d}y}{\mathrm{d}x}+\dfrac{y}{x}=\dfrac{\cos x}{x}$，$y|_{x=\pi}=0$；

(4) $y''+(y')^2=1$，$y|_{x=0}=0$，$y'|_{x=0}=0$；

(5) $y''+5y'+18y=0$，$y|_{x=0}=0$，$y'|_{x=0}=3$；

(6) $y''-2y'+3y=4$，$y|_{x=0}=2$，$y'|_{x=0}=3$；

(7) $y''-y=4x\mathrm{e}^x$，$y|_{x=0}=1$，$y'|_{x=0}=5$.